五南出版

普通化學實驗
Chemical Experiments

石鳳城 著

最新且實用的
普通化學實驗設計

五南圖書出版公司 印行

自序

　　本書適合於大專院校之（基礎）化學實驗，每週 3 小時之授課。

　　內容編寫配合化學之授課，期使學生能藉由實驗之實作，驗證各化學原理及相關知識，培養對化學現象之觀察、推理、判斷、記錄能力，並學習化學實驗之基本器材（藥品）使用、操作技術及撰寫實驗報告之能力。

　　本書編排特色，包括：

1. 實驗題材適合普通化學，教師可依據科系屬性，增刪或調整實驗項目。

2. 實驗編排循序漸進，內容深入淺出，圖文並列，實驗設計操作簡單，適合大多數科系。

3. 舉例特多，並詳細列出演算過程，學生學習較易吸收而融會貫通。

4. 實驗所需設備、器材、藥品簡單而普遍，準備工作輕鬆不繁雜。

5. 選用藥品注意安全與環保，避免使用毒化物；製備較少量及低濃度之化學試藥，降低廢液濃度及排棄量，以節能減廢。

　　每一實驗列有五個部分：一、目的，二、相關知識（含舉例計算說明），三、器材與藥品（含藥品製備方法），四、實驗步驟與結果（含實驗結果紀錄及計算表單、實驗廢棄物及廢液清理建議），五、心得與討論。編排方式適合學生閱讀、實作，另實驗步驟結合實驗結果紀錄及計算表單，可供學生直接依序之記錄及計算填寫，亦方便於教師逐予批閱。

　　本書雖盡力求證與勘誤，然誤謬疏漏自是難免，尚祈各方先進惠予指正及建議，不勝感激。

編者：石鳳城

學校實驗室廢棄物（廢液）之清理（行政院環境保護署）

　　「廢棄物清理法」明定學校實驗室所產生之廢棄物屬事業廢棄物，應依「有害事業廢棄物認定標準」、「事業廢棄物貯存清除處理方法及設施標準」相關規定，妥善分類、收集、貯存、清除、處理。〔相關規定可至行政院環境保護署（環保法規─廢棄物清理）網站查詢 http://ivy5.epa.gov.tw/epalaw/index.aspx〕

廢棄物（廢液）之減量、分類、收集、貯存與處理

【參考資料：行政院環境保護署公告之水質檢測方法總則 NIEA W102.51C－附錄三：廢棄物減量與處理】

(一) 對於廢棄物的處理與處置，實驗室應依據「有害事業廢棄物認定標準」中公告有害事業廢棄物的種類及其濃度規定，妥善分類、收集、貯存、處理這些有害物質，可以減少有害廢棄物的量及處理的成本。

(二) 實驗室必須有效管理廢棄物，以達到減量與污染防治之目的；減量有降低成本與處理量兩方面的好處。對於某些有害廢棄物的產生者而言，更是法規要求要管理的項目。

(三) 減量的方法包括來源減量、回收及再利用，廢棄物的處理也是減量的一種形式。來源減量可行的做法是採購較小量的包裝，以避免過期的藥量太多，且不要庫存太多試藥，把握先買的先用原則，沒有拆封的藥品也可以退還給藥商回收，儘可能以無害的化學物質替代有害的化學物質之使用。並可改善實驗室的管理，加強人員減廢的訓練，讓同一實驗室的不同部門，共同使用同一個標準品以及儲備液。有機溶劑通常可以蒸餾回收再利用，而金屬銀及水銀則能被回收。

(四) 有害廢棄物必須依照「廢棄物清理法」之規定進行清除與處理。實驗室須建立一套安全合法的化學及生物廢棄物之處置計畫，計畫應包含儲存、運送、處理及處置有害的廢棄物。

(五) 廢棄物處理包括減少體積、污染物固定化及降低有害物物質的毒性等。處理的方法包括熱處理、化學、物理、生物處理以及焚化處理等方式。

　　1. 熱處理：熱處理包括焚化及消毒，是利用高溫改變廢棄物的內容組成之成分。

　　2. 化學處理：包括氧化還原、中和反應、離子交換、化學固化、光解反應、膠凝及沉澱等。

　　3. 物理方法：包括固化、壓實、蒸餾、混凝、沉泥、浮除、曝氣、過濾、離心、逆滲透、紫外光、重力沉澱及樹脂與吸附等。

　　4. 生物處理：包括生物污泥，堆肥及生物活性污泥等方法。

　　5. 最終處置：經廢棄物減量及處理後的廢棄物需要妥善處置。

(六) 實驗產生的廢液及第一次洗滌液應視污染物的種類分類收集，再委請合格清運及代處理業者清運、處理，並依規定將處理遞送聯單寄交縣（市）環保局，留存聯單則作成

紀錄存檔備查。廢液貯存時應參考廢液的相容性，混合後易產生高熱、毒氣、爆炸的廢液應分開收集、貯存。

(七) 實驗室廢液分類：有關廢液分類與檢驗項目之歸屬對照如表 1 所示，而廢液貯存容器及標示規定如表 2 之區分。

(八) 廢液貯存的容器應妥善標示，隨時保持加蓋狀態。廢液貯存應選擇適當的區域，考慮的因素包括：

　　1. 廢液傾倒、搬運方便。

　　2. 不易傾倒翻覆，不會阻礙通道。

　　3. 遠離電源、熱源。

(九) 實驗室常見的廢氣包括酸性氣體逸散、有機溶劑揮發或實驗產生的廢氣，應在排煙櫃（通風櫥）中取用酸液、有機溶劑及操作處理可能產生廢氣的實驗。在主管機關的同意下，當實驗室產生廢棄物低於特定排放濃度（例如：放流水標準）或產生揮發性廢氣，可以小心地排放入衛生下水道或在排煙櫃中抽氣排放。

(十) 實驗室產生的大多數有害廢棄物均必須運離實驗室，進行更進一步的處理後再行最終處置。實驗室對於產生的廢棄物必須妥善包裝及標示，並須慎選合法的廢棄物清運及處理廠商，委託清運過程中，應依法保留委託處理聯單，必要時應至處理現場確認其處理方式。

(十一) 對於感染性或生物性的廢棄物需要先經過消毒或殺菌程序後，才能進行廢棄處理。設備或回收性耗材在接觸過感染性廢棄物後，也應經過消毒殺菌等程序才可以重複使用。

(十二) 雖然一般的水質檢驗室並不會接觸到放射性廢棄物，對於儀器設備中裝設的放射源偵測器丟棄時，應依據行政院原子能委員會之規定，交由合法之處理廠商代為清運處理。

表 1：環境檢驗室檢驗項目與廢液分類之歸屬對照表

廢液類別		檢驗項目
有機廢液	1.非含氯有機廢液	(1)水質類：如酚類、陰離子界面活性劑、油脂（正己烷抽出物）、甲醛、總有機磷劑（如巴拉松、大利松、達馬松、亞素靈、一品松等）、總氨甲酸鹽（滅必蝨、加保扶、納乃得、安丹、丁基滅必蝨等）、安特靈、靈丹、飛佈達及其衍生物、滴滴涕及其衍生物、阿特靈、地特靈、五氯酚及其鹽類、除草劑（丁基拉草、巴拉刈、2-4地拉草、滅草、加磷塞等）、安殺番、毒殺芬等項目。 (2)空氣類：硝酸鹽、二氧化硫。 (3)毒化物與廢棄物類：檢測過程（包括淨化、萃取、稀釋、移動相）有使用丙酮、正己烷、甲醇、乙醇、乙酸乙酯、異丙醇等。 (4)其他不含鹵素類化合物之有機廢棄樣品（註1）。
	2.含氯有機廢液	(1)水質類：如多氯聯苯、五氯硝苯等項目。 (2)其他含氯化甲烷、二氯甲烷、氯仿、四氯化碳、甲基碘、氯苯、苯甲氯等脂肪族或芳香族鹵素類化合物者。

（續下表）

無機廢液	1.氰系廢液	(1)水質類：氰化物。 (2)其他檢測過程有使用氰甲烷（CH_3CN）者，或任何含氰化合物、氰錯化合物（註3）之游離廢液且pH≧10.5者。
	2.汞系廢液	(1)水質類：氨氮、總汞、有機汞。 (2)空氣類：氯鹽。 (3)其他含無機汞或有機汞之游離廢液者（註4）。
	3.一般重金屬廢液（註2）	(1)水質類：溶解性鐵、溶解性錳、鎘、鉛、銅、鋅、銀、鎳、硒、砷、硼。 (2)空氣類：硫酸鹽。 (3)其他含有金屬元素或金屬化合物之酸鹼廢液者。
	4.六價鉻廢液	水質類：總鉻、六價鉻。 其他含有六價鉻之游離廢液者。
	5.酸系廢液	水質類：BOD、硝酸鹽氮。 其他如硫酸、硝酸、鹽酸、磷酸等pH值小於2者。
	6.鹼系廢液	水質類：硫化物。 其他如苛性納、碳酸鹽、氨類等pH值大於12者。
	7.COD廢液	水質類：COD。 廢液中含重鉻酸鉀、硫酸汞、硝酸銀（註4）等成分者。

[註]：1. 有機檢驗項目如無法明確分類者，得歸類為「含氯有機溶劑」。

2. 無機檢驗項目如無法明確分類，且確定未含 CN^- 或 Hg^{2+}，得歸類為「一般重金屬廢液」。

3. 含難分解性氰化錯合體如 $Rag(CN)_2$、$R_2Ni(CN)_2$、$R_3Cu(CN)_4$、$R_5Fe(CN)_6$ 等電離常數 10^{-21} 以下之氰系廢液，應列入「非含氯有機溶劑」，以焚化方式處理。

4. 金屬汞、硫酸汞、硝酸銀具有回收汞、銀之效益，應儘量單獨分類收集。

表 2：環境檢驗所廢液貯存容器及標示規定

廢液類別		貯存容器之顏色、材質、容積	貯存容器標示
有機廢液	1.非含氯有機廢液	(1)紅色附彈簧蓋之防爆型不鏽鋼桶（20公升） (2)漆上「非含氯有機溶劑」白色字體	易燃性物質
	2.含氯有機廢液	(1)紅色附彈簧蓋之防爆型不鏽鋼桶（20公升） (2)漆上「含氯有機溶劑」黑色字體	可燃性物質
無機廢液	1.氰系廢液	(1)白色高瓶口之HDPE桶（20公升） (2)漆上「氰系廢液」橙色字體	毒性事業廢棄物
	2.汞系廢液	(1)白色高瓶口之HDPE桶（20公升） (2)漆上「汞系廢液」橙色字體	毒性事業廢棄物
	3.一般重金屬廢液（註2）	(1)白色高瓶口之HDPE桶（20公升） (2)漆上「一般重金屬廢液」黑色字體	毒性事業廢棄物
	4.六價鉻廢液	(1)白色高瓶口之HDPE桶（20公升） (2)漆上「六價鉻廢液」黑色字體	毒性事業廢棄物
	5.酸系廢液	(1)白色高瓶口之HDPE桶（20公升） (2)漆上「酸系廢液」藍色字體	腐蝕性事業廢棄物
	6.鹼系廢液	(1)白色高瓶口之HDPE桶（20公升） (1)漆上「鹼系廢液」藍色字體	腐蝕性事業廢棄物
	7.COD廢液	(1)白色高瓶口之HDPE桶（20公升） (2)漆上「COD廢液」藍色字體	腐蝕性事業廢棄物

[註]：1. 過期藥劑請廠商回收，不得併入廢液處理。

2. 環衛用藥檢體、有害固體樣品等，檢驗後應將其收集，並逕退原採樣者（地）自行處理。

3. 以上塑膠容器材質可為聚乙烯（PE）、聚丙烯（PP）、聚氯乙烯（PVC）、高密度聚乙烯（HDPE）等。為提高貯存之安全性建議採用高密度聚乙烯桶為貯存容器。

實驗廢液處理（教育部）

【參考資料：教育部學校安全衛生資訊網（實驗廢液處理）http://140.111.34.161/index.asp】

(一) 實驗室廢棄物（廢液）須依成份、特性分類，再予收集、貯存，其目的為：

1. 有利於後續之清理：各種廢液之化性、毒性迥異，清理方法各不相同，需依其成分、特性予以分類。

2. 避免危險：廢棄物（廢液）如任意混合，極易產生不可預知之危險，例如：氰化物（KCN、NaCN）倒入酸液中，會產生劇毒的氰酸（HCN）氣體；鋅（Zn）放入酸液中會產生易爆（燃）性的氫氣（H_2）；疊氮化鈉（NaN_3）和銅（Cu）接觸會產生爆炸性的疊氮化銅〔$Cu(N_3)_2$〕。

3. 降低處理成本：分類不清、標示不明之廢棄物（廢液），處理前需檢測分析，確定成分後方能妥適處理。廢棄物（廢液）中若含有性質迥異之物質者，其清理程序更為複雜，處理成本亦將增加。

4. 分類收集、分類貯存時，「不相容」者嚴禁相互混合，以免產生危險，所謂不相容係指：

(1) 兩物相混合會產生大量熱量。

(2) 兩物相混合會產生激烈反應。

(3) 兩物相混合會產生燃燒。

(4) 兩物相混合會產生毒氣。

(5) 兩物相混合會產生爆炸。

(二) 實驗室廢液依「教育部學校實驗室廢液暫行分類標準」（表1）分類收集、貯存後，需移至暫存區貯存，貯存時亦需考慮相容性之問題，貯存原則如下：

1. 水反應性類需單獨貯存。

2. 空氣反應性類需單獨貯存。

3. 氧化劑類需單獨貯存。

4. 氧化劑與還原劑需分開貯存。

5. 酸液與鹼液需分開貯存。

6. 氰系類與酸液需分開貯存。

7. 含硫類與酸液需分開貯存。

8. 碳氫類溶劑與鹵素類溶劑需分開貯存。

表 1：教育部學校實驗室廢液暫行分類標準（90.9.19.）

A. 有機廢液類	1.油脂類：由學校實驗室或實習工廠所產生的廢棄油（脂），例如：燈油、輕油、松節油、油漆、重油、雜酚油、錠子油、絕緣油（脂）（不含多氯聯苯）、潤滑油、切削油、冷卻油及動植物油（脂）等。	
	2.含鹵素有機溶劑類：由學校實驗室或實習工廠所產生的廢棄溶劑，該溶劑含有脂肪族鹵素類化合物，如氯仿、二氯甲烷、氯代甲烷、四氯化碳、甲基碘等；或含芳香族鹵素類化合物，如氯苯、苯甲氯等。	
	3.不含鹵素有機溶劑類：由學校實驗室或實習工廠所產生的廢棄溶劑，該溶劑不含脂肪族鹵素類化合物或芳香族鹵素類化合物。	
B. 無機廢液類	1.含重金屬廢液：由學校實驗室或實習工廠所產生的廢液，該廢液含有任一類之重金屬（如鐵、鈷、銅、錳、鎘、鉛、鎵、鉻、鈦、鍺、錫、鋁、鎂、鎳、鋅、銀等）。	
	2.含氰廢液：由學校實驗室或實習工廠所產生的廢液，該廢液含有游離氰廢液（需保存在pH10.5以上）者或含有氰化合物或氰錯化合物。	
	3.含汞廢液：由學校實驗室或實習工廠所產生的廢液，該廢液含有汞。	
	4.含氟廢液：由學校實驗室或實習工廠所產生的廢液，該廢液含有氟酸或氟化合物者。	
	5.酸性廢液：由學校實驗室或實習工廠所產生的廢液，該廢液含有酸。	
	6.鹼性廢液：由學校實驗室或實習工廠所產生的廢液，該廢液含有鹼。	
	7.含六價鉻廢液：由學校實驗室或實習工廠所產生的廢液，該廢液含有六價鉻化合物。	
C. 污泥及固體類	1.可燃感染性廢污：由學校實驗室於實驗、研究過程中所產生的可燃性廢棄物，例如：廢檢體、廢標本、器官或組織等，廢透析用具、廢血液或血液製品等。	
	2.不可燃感染性廢污：由學校實驗室於實驗、研究過程中所產生的不可燃性廢棄物，例如：針頭、刀片、及玻璃材料之注射器、培養皿、試管、試玻片等。	
	3.有機污泥：由學校實驗室或實習工廠所產生的有機性污泥，例如：油污、發酵廢污等。	
	4.無機污泥：由學校實驗室或實習工廠所產生的無機性污泥，例如：混凝土實驗室或材料實驗室之沉砂池污泥、雨水下水道管渠或鑽孔污泥等。	

（三）實驗室廢液之收集與貯存容器

　　1. 實驗室廢液之收集依下列原則收集：

（1) 實驗室廢藥品：依「教育部學校實驗室廢液暫行分類標準」，以原包裝置於方形塑膠桶中。

（2) 實驗室廢液：依「教育部學校實驗室廢液暫行分類標準」，混於貯存桶內。

　　2. 廢液貯存容器：

（1) 實驗室廢藥品，不論剩餘量多寡，均以原包裝置於 50 公升之方形桶槽內（開口無蓋），原包裝需有瓶蓋，不可溢漏。為了防止運輸時碰撞破裂，桶內需有緩衝材料。

（2) 實驗室廢液貯存容器則根據容器材質與廢液之相容性分成下列二部分：

a. 一般溶劑類與含鹵素溶劑類以 50 加崙鐵桶或 30 公升之不鏽鋼桶貯存。

b. 其餘之實驗室廢液則以 20 公升或 30 公升之 PE 塑膠桶貯存。

（四）準備消防及急救器材

實驗室廢液貯存或處理時，於貯存場所及處理區域需準備消防設施器材，對於化學類的

火災，以乾粉滅火器及二氧化碳滅火器較為適用。急救方面，如被廢液噴濺沾黏，應儘速以清水沖洗，避免接觸皮膚、眼睛。急救箱亦為必要之物。

(五) 廢液處理注意事項

實驗室廢液特性為：成份及數量穩定度低，種類繁多或濃度高。其危險性也相對增高。清理時，應注意事項說明如下：

1. 充分瞭解處理的方法：實驗室廢液的處理方法因其特性而異，任一廢液如未能充分瞭解其處理方法，切勿嘗試處理，否則極易發生意外。

2. 注意皮膚吸收致毒的廢液：大部份的實驗室廢液觸及皮膚僅有輕微的不適，少部分腐蝕性廢液會傷害皮膚，有一部份廢液則會經由皮膚吸收而致毒，最著名的例子則為高雄縣大樹鄉造成二人死亡之苯胺廢液。會經由皮膚吸收產生劇毒的廢液，於搬運或處理時需要特別注意，不可接觸皮膚。

3. 注意毒性氣體的產生：實驗室廢液處理時，如操作不當會有毒性氣體產生，最常見者列舉如下：

(1) 氰類與酸混合會產生劇毒的氰酸。

(2) 漂白水與酸混合會產生劇毒性之氯氣或偏次氯酸。

(3) 硫化物與酸混合會產生劇毒性之硫化物。

4. 注意爆炸性物質的產生：實驗室廢液處理時，應完全按照已知的處理方法進行處理，不可任意混咱其他廢液，否則容易產生爆炸的危險。一些較易產生爆炸危害的混合物列舉如下：

(1) 疊氮化鈉與鉛或銅的混合。

(2) 胺類與漂白水的混合。

(3) 硝酸銀與酒精的混合。

(4) 次氯酸鈣與酒精的混合。

(5) 丙酮再鹼性溶液下與氯仿的混合。

(6) 硝酸與醋酸酐的混合。

(7) 氧化銀、氨水、酒精酸種廢液的混合。

其他一些極容易產生過氧化物的廢液（如：異丙醚），也應特別注意，因過氧化物極易因熱、摩擦、衝擊而引起爆炸，此類廢液處理前應將其產生的過氧化物先行消除。

5. 其他應注意事項：實驗室廢液因濃度高，易於處理時因大量放熱火反應速率增加而致發生意外。為了避免這種情形，再處理實驗室廢液時應把握下列原則：

(1) 少量廢液進行處理，以防止大量反應。

(2) 處理劑倒入時應緩慢，以防止激烈反應。

(3) 充分攪拌，以防止局部反應。

必要時於水溶性廢液中加水稀釋，以緩和反應速率以及降低溫度上升的速率，如處理設備含有移設裝置則更佳。

(六) 實驗室廢液標籤：爲了方便實驗室廢液之暫存與處理，實驗室廢液之貯存容器應貼有標籤（如表2），標籤內容應具備下列事項：

表2：實驗室廢液標籤

實驗室廢液標籤（請張貼於廢液容器明顯位置）　　　　　編號：
(1)廢液類別： 　　□有機廢液類之：□油脂類、□含鹵素有機溶劑類、□不含鹵素有機溶劑類。 　　□無機廢液類之：□含重金屬廢液、□含氰廢液、□含汞廢液、□含氟廢液、□酸性廢液、 　　　　　　　　　　□鹼性廢液、□含六價鉻廢液。
(2)分類碼：＿＿＿＿＿＿＿＿＿＿＿＿＿＿＿＿＿＿＿＿＿＿＿＿＿＿＿＿＿＿＿。
(3)廢液危害性之標誌：＿＿＿＿＿＿＿＿＿＿＿＿＿＿＿＿＿＿＿＿＿＿＿＿＿。
(4)廢液主要成分種類：＿＿＿＿＿＿＿＿＿＿＿＿＿＿＿＿＿＿＿＿＿＿＿＿＿。
(5)廢液數量：＿＿＿＿＿＿＿＿＿公升＿＿＿＿＿＿＿＿＿＿＿＿＿公斤。
(5)(學校)科系所名稱：＿＿＿＿＿＿＿＿＿＿＿＿＿＿＿＿＿＿＿＿＿＿＿＿＿。
(6)實驗室名稱：＿＿＿＿＿＿＿＿＿＿＿＿＿＿＿＿＿＿＿＿＿＿＿＿＿＿＿＿。
(7)管理人簽名＿＿＿＿＿＿＿＿＿＿＿電話：＿＿＿＿＿＿＿＿＿＿＿＿＿＿。
(8)集中日期：＿＿＿＿＿＿＿＿＿＿＿＿＿＿＿＿＿＿＿＿＿＿＿＿＿＿＿＿。
【註】實驗室廢藥品除貼有上述標籤外，原包裝之標籤亦應完整牢固。

實驗室安全衛生須知

實驗室名稱		實驗室地點	
管理教師		連絡電話	

一、個人防護

(一)「安全」是進行任何實驗最重要的考量，若不留意，經常會造成永久的傷害與遺憾。

(二) 進入實驗室者，應確實遵守「實驗室安全衛生須知」。

(三) 實驗室內禁止從事與實驗無關之活動及工作。

(四) 進實驗室時應穿著適合的實驗衣。視需要配戴個人必要之安全衛生防護具，包括眼睛、皮膚、頭部、聽力、呼吸道及足部的保護。

(五) 近視者應配戴（有框）眼鏡；實驗室備有公用的安全眼鏡及防護面罩，應先熟悉放置位置；於配製酸鹼溶液、有毒溶液或進行有噴濺危險實驗時，應戴上安全眼鏡保護眼睛。

(六) 戴防護手套保護皮膚，必須選擇適當材質的手套。處理高溫物品時應戴隔熱手套；搬運或使用具腐蝕性之酸鹼及其他化學品時，應戴橡（乳）膠手套。

(七) 使用儀器、設備及化學品前，應先閱讀相關手冊及熟知安全事項，並依照標準操作方法使用及遵守各項實驗之安全操作方法。

(八) 實驗應隨時注意安全，熟悉實驗內容及相關知識，並依實驗步驟進行實驗。非經任課老師（或管理人員）許可，不得隨意開啓電源、不得啓用非在教學實驗內之機械或儀器設備、不得進行未經許可之實驗、不得擅自取用其他實驗室之器材設備及藥品。

(九) 取用化學品應確認種類及濃度（看不懂應主動問任課老師），並依需要取量，不可過量及隨意添加，以免危險。取化學品之藥杓、吸管、滴管應專用，避免交叉使用造成污染及危險。

(十) 使用電器用品時，應先確認電源之電壓（110V 或 220V）是否相符？禁止觸摸運轉中之馬達、幫浦、輸送帶等動力機械，若要進行檢查應先關閉電源停止操作，並有實驗室管理老師在旁指導。

(十一) 避免單獨一人進行實驗，亦不要在過度疲勞情況下勉強進行實驗。

(十二) 實驗室應由使用人員負責經常保持整潔。整潔的桌面，可以避免濺出的化學品破壞到衣物、書本甚至身體，減少災害的發生。

(十三) 衣物著火時，不可奔跑或撲扇火焰，最好以防火毯裹著身體滅火，或利用安全淋洗設備沖洗（水），或以二氧化碳滅火器滅火。

(十四) 化學品濺入眼睛，應立即以大量自來水沖洗眼睛，沖水時要將眼瞼撐開，一面沖水一面轉動眼球，沖水 15 分鐘後立即送醫。

(十五) 取用有毒、腐蝕性、致癌藥品時，應戴防護手套取用，並避免擴散污染。

（十六）養成實驗前、後皆洗手的習慣。離開實驗室時，需檢查水、電、瓦斯等是否關好，不使用之儀器設備應予關閉，以策安全。

二、安全衛生管理

（一）實驗室應隨時保持通路、安全門、安全梯及出入口清潔暢通。

（二）實驗室應有急救箱、防火毯等緊急救護器材，並將其井然有序地放置於貯存櫃，貯存櫃應靠近實驗室出口，遠離爐火及藥品、實驗設備的地方。

（三）處理危險之安全衛生設備及防護器具應置於明顯易取之處；認清並牢記最近之「滅火器」、「緊急洗眼器」、「緊急淋洗設備」及「急救箱」位置，並確知使用方法。

（四）實驗室內空氣應保持良好之流通性、照明設備應保持正常運轉使用狀態、實驗桌嚴禁擺設在出入門口、消防及安全器材設備可正常使用。

（五）實驗室內禁止：配戴隱形眼鏡、穿拖鞋（涼鞋）、攜帶（烹調）食物、進食食物（飲料）、吸菸、化粧、嚼口香糖、喧嘩、嬉戲（玩手機、電子遊戲）、跑步、打鬧及推擠。非經許可禁止使用煙火，勿戴手飾及蓄長髮（留長髮者，應將頭髮綁紮束好）。

（六）實驗室若有「危險物」或「有害物」，其儲存容器（任何袋、瓶、箱、罐、反應器、儲槽、管路）應依行政院勞工委員會之「危險物與有害物標示及通識規則」、「化學品分類及標示全球調和制度（Global Harmonized System）」規定加以分類及標示。每瓶化學藥品均應張貼危害標示及圖式分類。

（七）實驗室應備置所使用化學品之「物質安全資料表」（MSDS：material safety data sheet），置於易取得之處；實驗者使用危險物、有害物等化學藥品時，應先閱讀物質安全資料表及危險警告訊息。

（八）實驗室所安置的滅火器為多效乾粉（蓄壓式）滅火器，可用於A類（一般物品、紙類）、B類（可燃液體）、C類（電類火災）等類型火災。

（九）「危險性機械或設備」未經檢查合格不得使用，或超過規定期限未經再檢查合格，不得繼續使用；若規定使用（操作）者必須有合格證照者，方可使用。

（十）所有藥品容器及鋼瓶（含空的鋼瓶）皆應貼上標籤標示清楚。

（十一）配製的化學試劑要註明內容物、濃度、配製日期及配製人；為避免污染，不可將未用完的試藥、溶液再倒回原來的容器內。

（十二）實驗時，應隨時保持實驗桌整齊清潔，可攜帶課本、筆記、文具進實驗室，但書包、背包、手機、電子遊戲機及其他非實驗所需之物品，應置於實驗室外之置物櫃。

（十三）實驗室藥品、儀器、設備應依規定置於適當位置；易受溫度影響而分解的藥品，應儲存於冰箱內，其餘藥品則需擺在藥品架（櫃）上，藥品架（櫃）必須靠牆穩固，並避免陽光照射及預防地震時倒塌的危險性。藥品室嚴禁煙火並保持空氣流通。

（十四）必須設置安全衛生防護裝置之機械設備工具，不得任意拆卸或使其失去效能，發現被拆或喪失效能時，應立即報告管理人員或任課教師。

（十五）實驗中不愼濺出或打翻任何藥品試劑時，應報告管理人員並隨時清理。

（十六）可燃性液體應儲存在合格的儲存櫃中；於使用高可燃性液體（如丙酮、乙醚）時要熄滅或移除附近所有的火、熱源。

（十七）濺出的酸可以撒上固體的碳酸氫鈉中和後再用水洗除，強鹼濺到實驗桌上時先用清水，再用稀醋酸清洗。

（十八）進行危險性實驗或處理危險化學藥品時，應豎立明顯之告示牌或標誌，以警告他人。

（十九）化學藥品、試劑廢棄物（廢液）不可隨意往水槽傾倒或隨意放置，許多化學物質具有「不相容性」，亦即當兩化學物質（含貯存容器）相混後會產生熱、起火、放出有害氣體、劇烈反應或爆炸、材料劣化等後果，應於實驗廢棄物（廢液）分類、收集、貯存、處理等位置張貼「實廢驗液相容表」〔可於學校環安衛業管單位或網路取得（須辨別其正確性）〕，並依規定進行實驗廢棄物（廢液）分類、收集、貯存、處理；廢棄物（廢液）貯存容器務必標明分類標籤。非經實驗室管理人員許可，不得任意接觸搬動。

（二十）離開實驗室前，應將實驗區域清理擦拭乾淨，實驗器材清洗後歸定位，並關閉水、電、瓦斯及門窗，實驗室管理人應於實驗結束後檢查。

三、操作安全

（一）不可直接碰觸剛加熱過的玻璃（器材）、蒸發皿或坩鍋，必須等其冷卻後才可碰觸。烘箱取物時（如蒸發皿、坩鍋）應以坩鍋夾取用，不可直接以手拿取。

（二）要從橡皮塞中拔出玻璃管或溫度計時，應抓緊靠近橡皮塞部分的管身，旋轉後拔出，必要時可以水或甘油作爲潤滑劑。

（三）緊塞的瓶塞要用安全的方法開啓，避免使用過當壓力造成瓶口破裂。

（四）破裂損壞的玻璃器皿、玻璃藥品空瓶，應戴防護手套清洗後按顏色（透明無色、茶褐色）區分置入專用玻璃類回收箱（塑膠材質）；塑膠藥品空瓶應清洗後，置入專用塑膠類回收箱（塑膠材質）。

（五）球底燒瓶應放置在特製的橡皮墊或軟木環上。

（六）爲安全及整潔，試管應放置在「試管架」上。

（七）試管加熱時，熱（火）源應靠近管內液體或固體表面「緩緩」加熱，並隨時準備移開熱（火）源，以防突沸，並禁止將試管對著別人或自己。

（八）實驗桌上除實驗進行中所需器材藥品外，應隨時保持乾淨，加熱操作時熱（火）源周圍不可有易燃之藥品或器材。

（九）傾倒有害液體時，一定要接著於水槽上方。

（十）稀釋強酸、強鹼時，一定是將酸、鹼加入水中，絕不可將水加入酸、鹼中，以免噴濺造成危險。

（十一）使用（刻度）吸管量取用化學品、溶液時，應使用安全吸球，嚴禁以嘴吸取。

（十二）搬動化學品瓶子（器材、容器）時，要同時使用雙手，並靠近身體，以一手托住底部，另一手握住瓶頸或手指穿過瓶環，不可僅以一手握著瓶頸。

（十三）量取、配製或稀釋強酸（如硫酸、鹽酸、硝酸）、有毒或揮發性有機溶劑（如乙醚、丙酮、正己烷、乙醇），應在通風櫥（抽氣櫃）中進行。

（十四）實驗室機器設備應設置符合中央主管機關所定防護標準之機械、器具供教師及學生使用。

（十五）儀器設備購買時，應將安全防護設備、中文操作說明書、接地線或漏電斷路器列入標準配備。

常用器材介紹

1. **燒杯**（beaker）：有玻璃及塑膠製 2 種，常見者有 25、50、250、500、1000 及 2000cc（塑膠製亦有 5L 者），一般用於暫存液體、粗略配藥或盛水加熱。

2. **三角錐瓶**（**錐形瓶**，conical flask）：常見者為玻璃製 125、250 及 500cc，一般用於暫存液體，於溶液混合時可避免液體濺出（例如酸鹼滴定、氧化還原滴定）。

3. **量筒**（graduated cylinder）：有玻璃及塑膠製 2 種，常見者有 25、50、250、500、1000 及 2000cc，用於量取液體體積；準確性高於燒杯、三角錐瓶，但低於定量瓶、有刻度吸管。

| 燒杯 | 三角錐瓶 | 量筒 |

4. **定量瓶**（volumetric flask）：有玻璃及塑膠製 2 種，玻璃製常見者有 25、50、100、250、500、1000 及 2000cc，用於配製定體積溶液（如配製標準溶液），僅於瓶頸上有一刻線，因水之密度會隨溫度改變，瓶腹上有溫度及體積標示，例如 20℃、500cc，表示此定量瓶之體積 500cc 係於 20℃時所校正，瓶蓋與瓶口皆有磨砂，使能緊密防止洩漏。

5. **吸管**（pipette）：玻璃製，可精確量取液體體積，使用上可分 2 種，量取定量液體者為移液吸管（transfer pipet），常見者有 5、10、20、25cc；量取非定量液體者為刻度吸管（graduated pipet），常見者有 1、5、10、20、25cc。

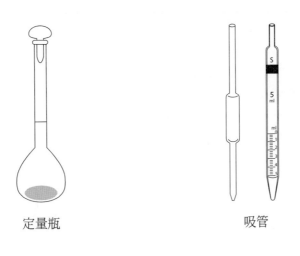

定量瓶　　　　吸管

6. **安全吸球（safety pipet filler）**：橡（矽）膠製，裝於吸管上以吸取液體溶液，球上有 3 個閥，分別為：A 排氣閥；S 吸液閥；E 排液閥。不用時吸球應回復原狀以免材料彈性疲乏。

7. **滴管（medicine dropper）**：有玻璃及塑膠製 2 種，塑膠製者有刻度（3cc），操作方便，用於添加少量溶液（如酸鹼指示劑）。

8. **滴瓶（dropping bottle）**：褐色玻璃製，容量一般為 100cc，常用於盛裝指示劑。

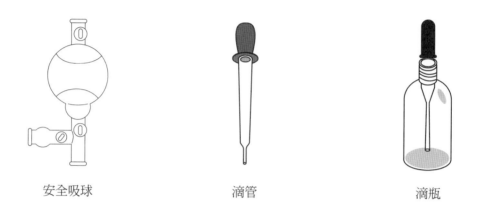

安全吸球　　　　　　　　滴管　　　　　　　　　滴瓶

9. **滴定管（burette）**：為有刻度之細長玻璃管，容量有 25、50cc 者，有一鐵氟龍開關（耐酸鹼），用於酸鹼滴定或氧化還原滴定。

10. **四角鐵台（rectangular cast-iron support）**：四角鐵台（附棒）有不鏽鋼製及鐵製（易生鏽），用於支撐滴定管夾、漏斗架、不鏽鋼（鐵）環、固定夾、活動夾、三叉夾等。

11. **滴定管夾（double buret clamp）**：鋅合金，置於四角鐵台架上，夾滴定管用。

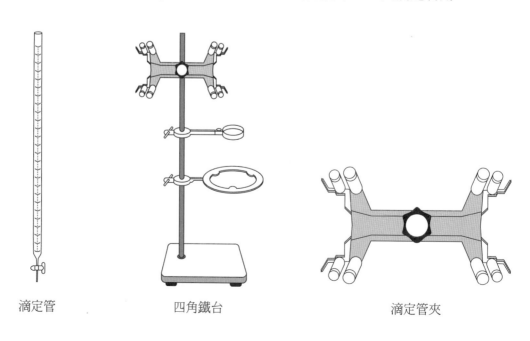

滴定管　　　　　　　　四角鐵台　　　　　　　　滴定管夾

12. **試管**（test tube）：常見爲玻璃製，常見者為 10mm ϕ ×70mm（L）、 15mm ϕ ×200mm（L），適用於觀察、混合反應或加熱；如用於加熱反應，須將試管夾緊牢固，試管口不可朝人，以防突沸飛濺傷人。

13. **試管架**（test tube rack）：不鏽鋼線製、木製皆有，盛放試管用，孔洞大小須與試管直徑吻合。

14. **試管夾**（test tube holder）：不鏽鋼線製、木製皆有，夾試管用。

試管   試管架   試管夾

15. **漏斗**（funnel）：常見玻璃及塑膠製 2 種，用於濾紙過濾、液體或粉末狀物質導流（入）窄口容器（如滴定管、定量瓶），有些塑膠製者內有螺旋導紋，可加速液體導流速度。

16. **分液漏斗**（separating funnel）：玻璃製，上呈圓球形或錐球形，中有一鐵氟龍開關，用於溶劑萃取、分離二種彼此不互溶或低溶解度之液體。

17. **布氏漏斗**（Buchner funnel）：瓷製品，以直徑計有多種規格，常與過濾瓶及水流抽氣機一起使用，稱爲抽氣過濾裝置，過濾速度稍快於一般藉重力過濾之漏斗，使用之濾紙直徑須能與之配合。

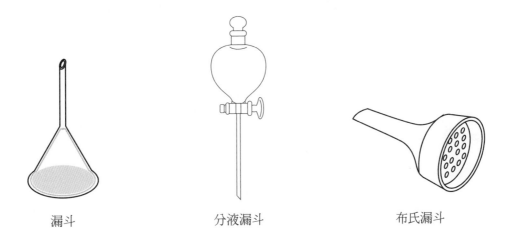

漏斗   分液漏斗   布氏漏斗

18. **過濾瓶**（filter flask）：又稱抽氣過濾瓶（suction flask），外觀似錐形瓶，但多一側枝以橡皮管連接至抽氣裝置上使用。

19. **蒸發皿**（evaporating disk）：口大底淺，常見者為瓷製圓底，亦有玻璃、石英、鉑等製成，有多種規格（以直徑或容量計），小至 50mm（20cc）、大至 360mm（5700cc），為用於蒸發濃縮溶液或灼燒固體之器皿。

20. **坩鍋及坩鍋蓋**（crucible and lid）：材質有瓷、氧化鋁、白金、鎳製等，容量有 10、280、1000cc，視材質不同可耐高溫 500、1100、1700℃，為高溫反應用之容器，亦可蒸發濃縮液體，有蓋以避免噴濺，高溫移動時須使用坩鍋夾。

過濾瓶　　　　　　　　　蒸發皿　　　　　　　坩鍋及坩鍋蓋

21. **坩鍋夾**（crucible tong）：不鏽鋼製，用於夾取移動高溫之蒸發皿或坩鍋。

22. **乾燥器**（desiccator）：可緊閉內置乾燥劑（如矽膠、氯化鈣）之玻璃容器，用以冷卻、乾燥實驗之物質，例如置 103℃烘箱之蒸發皿、坩鍋，於冷卻至室溫過程，試驗物質會吸收空氣中之水分，可置入乾燥器中冷卻並維持乾燥。

23. **溫度計**（thermometer）：量測溫度用，實驗室常用 $-20\sim50\sim110$℃、$0\sim200$℃之（紅色）酒精溫度計；另有金屬溫度計（附錶）、數字式溫度計、溫濕度計等，型式及適用溫度範圍各異。（水銀對人體及環境危害極大，建議勿使用水銀溫度計）

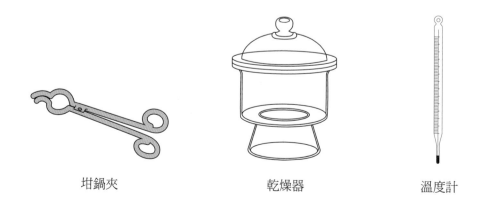

坩鍋夾　　　　　　　　　乾燥器　　　　　　　溫度計

24. **洗瓶**（washing bottle）：塑膠製，裝純水或試劑水，供清（淋）洗用。

25. **藥瓶**（reagent bottle）：存放試藥用，細口瓶存放液體試藥，廣口瓶存放固體試藥；透明無色者存放一般試藥，茶褐色者存放受陽光照射易起化學變化之試藥。

26. **藥勺**（spoon）：常見塑膠及不鏽鋼製，用於秤取固體試藥，具大、小兩端可依需要使用。

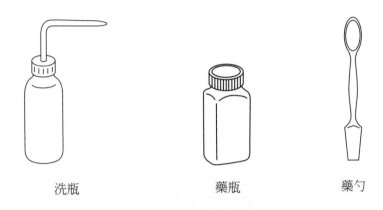

| 洗瓶 | 藥瓶 | 藥勺 |

27. **研缽及杵**（mortar and pestle）：實驗室常用瓷製，用於研磨質硬、脆、塊狀之藥品使成細粉末狀，用畢後須清洗乾淨，避免殘留物污染下次使用之藥品。

28. **錶玻璃**（watch glass）：為一圓形具有曲面的玻璃板，可盛裝固體藥品稱重，取代稱量紙或稱量盤；或作為燒杯或蒸發皿之蓋子，蓋在燒杯上使用，可防止加熱的液體蒸發太快或遮蔽掉落的灰塵，使用時應使凹面向上，則蒸發上來之蒸氣於錶玻璃上冷凝時，可以滴回杯內而不致沿杯壁外流。

29. **刷子**（brush）：用於刷洗實驗器具，有試管刷、注射筒刷、滴定管刷、吸管刷、燒杯刷、三角燒瓶刷等。

| 研缽及杵 | 錶玻璃 | 刷子 |

30. **酒精燈（alcohol lamp）：**無色透明玻璃製（內置酒精及棉線），實驗加熱用之器具，應使用火柴或打火機點燃，嚴禁以酒精燈互點，以免酒精外洩燃燒爆炸之危險。

31. **烘箱（oven）：**加熱烘乾用，常見有普通型烘箱、熱風循環烘箱，加熱溫度範圍，室溫～200～300℃。

32. **天平（balance）：**秤重用，種類型式繁多，有天平、精密上皿天平、化學分析天平、磅秤、電子秤、電子天平、電子分析天平等，須依秤重範圍（如 100、200、500、1000、2000g）及所需精密度（如 1、0.1、0.01、0.05、0.001、0.005、0.0001g）選定適用者。較精密者附有防風蓋，秤重前須調整水平及歸零。

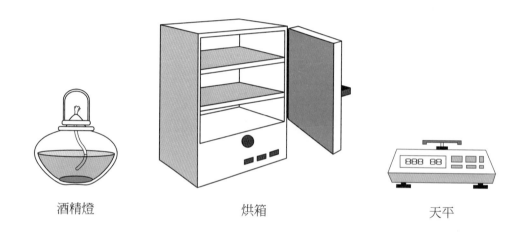

酒精燈　　　　　　　　烘箱　　　　　　　　天平

33. **橡膠管（rubber tubing）、矽膠管（silicone tubing）、鐵氟龍管（Teflon tubing）、太空管（Tygon tubing）：**用於傳輸氣體或液體，常與管路夾、接管（大小接管、L 形管、T 形管、Y 形管、三通接管、十字形接管）共同使用，材質、規格、尺寸繁多，耐酸、鹼、化學性、抗氧化性、溫度性、抗紫外線、耐壓力、柔軟性等差異極大，視實驗需求選定適用者。

34. **橡皮塞（rubber stopper）：**橡膠製，用來蓋住瓶口（如試管、錐形瓶），保存物質；或是塞在瓶口而中間鑽孔，以供插入連接管（如玻璃管、塑膠接管、金屬接管）連接不同器材之用，橡皮塞大小要能與瓶口尺寸配合。

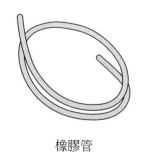

橡膠管

橡皮塞

玻璃、陶瓷、塑膠器皿之洗滌

　　化學實驗經常使用玻璃、陶瓷、塑膠製器皿，若其表面附著髒污或油漬，則將造成實驗誤差，故如何清潔洗滌實屬重要。

　　如何判別玻璃、陶瓷、塑膠器皿是否洗淨呢？於清洗器皿時，若器壁表面仍附著髒污或油漬，則流經其上之水膜（痕）呈破裂分散水滴狀；若器壁表面潔淨，則流經其上之水膜（痕）呈片狀薄膜流下，且表面光亮。

　　如何將玻璃、陶瓷、塑膠器皿洗淨呢？

　　清洗器皿前（須戴保護手套），清洗人員應將器皿內具危險或腐蝕性物質先行取出；取適合之刷子沾取洗滌液，先刷洗器皿外部，再刷洗內部；再以充分之自來水沖去洗滌液，再以少量的試劑水淋洗 2～3 次；再將洗淨之器皿倒放於架子上自然風乾。

　　根據不同器材、沾附不同污物之清洗，有各種不同之洗滌液，常見者如下：

(一) 合成清潔劑洗滌液

實驗室合成清潔劑洗滌液之配製法，為：取 5g 中性合成清潔劑，溶於 200cc 水中，再稀釋成 1000cc。

(二) 鹼性洗液

鹼性洗液適用於洗滌沾附有油污之器材，用此洗液是採長時間（24 小時以上）浸泡法，或浸煮法。

常用之鹼性洗液有：碳酸鈉（Na_2CO_3）、碳酸氫鈉（Na_2HCO_3）、磷酸鈉（Na_3PO_4）、磷酸氫二鈉（Na_2HPO_4）等溶液。例如：取約 25 克之碳酸鈉，加入少量的水使其溶解，再加水稀釋成 1000cc，將其貯存於容器中備用。於鹼性洗液中撈取器材時，需戴乳膠手套，以免腐蝕皮膚。

(三) 鹼性高錳酸鉀洗液

以鹼性高錳酸鉀溶液作為洗液，作用較緩慢，適合洗滌沾附油污之器材。配製法：取高錳酸鉀（$KMnO_4$）40 克加少量水溶解後，再加入含 10%氫氧化鈉（$NaOH$）溶液 1000cc。

(四) 有機溶劑

沾附有脂肪性污物之玻璃、陶瓷器材，可以汽油、甲苯、二甲苯、丙酮、酒精、乙醚等有機溶劑擦洗或浸泡（須注意通風良好，並避免有火源）。但以有機溶劑作為洗液較不經濟，儘量先以鹼性洗液刷洗大件器材，小件或特殊形狀的器材（如活塞內孔、移液管尖頭、滴定管尖頭、滴定管活塞孔、滴管、小瓶等）才使用有機溶劑洗滌。塑膠材質器材不適用有機溶劑浸泡洗滌。

(五) 強酸氧化劑洗液

重鉻酸鉀（$K_2Cr_2O_7$）於酸性溶液中，具強氧化力，本洗液以重鉻酸鉀和濃硫酸配成，較不會侵蝕玻璃器材，於實驗室內曾被廣泛使用。

配製 5～10% 濃度範圍都有，配製法為（須戴保護手套）：取一定量之 $K_2Cr_2O_7$（工業級），以約 1～2 倍的水加熱溶解，稍冷後，慢慢加入所需體積數之濃硫酸於 $K_2Cr_2O_7$ 溶液中（嚴

禁將水或溶液加入濃硫酸中），過程中以玻璃棒緩慢攪拌混合均勻，注意不要濺出；俟冷卻後，裝入玻璃製洗液瓶備用。例如，欲配製 5% 的洗液 1000 克：取 50 克工業級 $K_2Cr_2O_7$ 置入約 100mL 水中（加水量以能溶解爲度），加熱溶解，稍冷後，慢慢加入 850 克（約 462cc）濃硫酸（98%、比重 1.84），並以玻璃棒緩慢攪拌混合均勻，冷後裝玻璃瓶備用。

使用時，待洗器材應浸泡洗液中數小時或隔夜，再予沖洗；過程中須戴保護手套，洗液不可濺到身上，以防腐蝕衣物和皮膚。

新配製之洗液爲橘紅色（Cr^{6+}），氧化能力很強；當洗液多次使用後會變爲暗綠色（Cr^{3+}），即表示此洗液已無氧化洗滌能力，應予分類收集貯存於廢液桶。【註：本洗液含鉻（爲有害重金屬）及強酸，污染性、腐蝕性皆強，不建議使用。】

目錄

實驗 1：物體密度之量測

一、目的

(一) 學習測量單位及其換算。

(二) 學習密度之定義。

(三) 學習固體、液體密度之量測方法。

(四) 了解密度與比重之關係。

二、相關知識

(一)測量的單位

　　測量結果的表示包括了「數量」與「單位」兩部分，例如：測量某水樣溫度為 25.5℃、質量為 500.00g（克）、體積為 499.5cc（cm^3）；其中 25.5、500.00、499.5 為測量的數量，℃、g（克）、cc（cm^3）則為測量的單位。表 1、表 2、表 3、表 4 介紹常見測量的單位系統：

表 1：質量單位換算表

毫克（milligram，mg）	克（gram，g）	公斤（kilogram，kg）	公噸（metric ton）
1	$0.00,1(=10^{-3})$	$0.00,000,1(=10^{-6})$	$0.00,000,000,1(=10^{-9})$
$1,000(=10^3)$	1	$0.00,1(=10^{-3})$	$0.00,000,1(=10^{-6})$
$1,000,000(=10^6)$	$1,000(=10^3)$	1	$0.00,1(=10^{-3})$
$1,000,000,000(=10^9)$	$1,000,000(=10^6)$	$1,000(=10^3)$	1

表 2：長度單位換算表

毫米（millimeter，mm）	公分（centimeter，cm）	公尺（meter，m）	公里（kilometer，km）
1	$0.1(=10^{-3})$	$0.00,1(=10^{-3})$	$0.00,000,1(=10^{-6})$
$10(=10^1)$	1	$0.01(=10^{-2})$	$0.00,001(=10^{-5})$
$1,000(=10^3)$	$100(=10^2)$	1	$0.00,1(=10^{-3})$
$1,000,000(=10^6)$	$100,000(=10^5)$	$1,000(=10^3)$	1

表3：體（容）積單位換算表

毫升（milliliter，mL）	公升（liter，L）	立方公尺（cubic meter，m³）	備註
1	$0.00,1(=10^{-3})$	$0.00,000,1(=10^{-6})$	1毫升（mL）
$1,000(=10^3)$	1	$0.00,1(=10^{-3})$	=1西西（cc）
$1,000,000(=10^6)$	$1,000(=10^3)$	1	=1立方公分（cm³）

表4：時間單位換算表

日（day）	時（hr）	分（min）	秒（sec）
1	24	1,440	86,400
1/24	1	60	3,600
1/1,440	1/60	1	60
1/86,400	1/3,600	1/60	1

例1：試轉換下列單位： (1)70.85(L/hr)＝？(m³/day) 解：70.85(L/hr)＝70.85×〔0.001／(1/24)〕 　　　　　　＝1.700(m³/day) (2)70.85(L/hr)＝？(cm³/sec) 解：70.85(L/hr)＝70.85×(1000／3600) 　　　　　　＝19.68(cm³/sec) 　　或1.700(m³/day)＝1.700×(10^6／86400) 　　　　　　　　＝19.68(cm³/sec)	例2：試轉換下列單位： (1)790.5(g/L)＝？(ton/m³) 解：790.5(g/L)＝790.5×(10^{-6}／10^{-3}) 　　　　　　＝0.7905(ton/m³) (2)790.5(g/L)＝？(mg/mL) 解：790.5(g/L)＝790.5×(10^3／10^3) 　　　　　　＝790.5(mg/mL) 　　或0.7905(ton/m³)＝0.7905×(10^9／10^6) 　　　　　　　　＝790.5(mg/mL)

(二) 密度

　　「密度（density，D）」被定義為每單位體積（V）所含物質的（質）量（M）；可以數學式表示為：

$$密度（D）＝\frac{物質的質量（M）}{物質的體積（V）}$$

式中

D：物質的密度，g/cm³、g/cc、g/L、kg/m³

M：物質的質量，g、kg

V：物質的體積，cm³、cc、L、m³

　　密度的單位，於固體物質常為 g/cm³、kg/m³；於液體物質常為 g/cm³、g/cc、kg/m³；於氣體物質常為 g/L、mg/m³、g/m³。

　　不溶於水之固體物質（如鐵塊、石塊、木材），其密度與其孔隙大小有關，但受壓力與

溫度之影響極小；當其密度大於水時，會沉沒於水底；當其密度等於水時，可置於水中任何位置；當其密度小於水時，部分會沉沒於水中，部分會漂浮於水面上。

　　液體物質之密度受壓力與溫度之影響亦極小。

　　氣體物質之密度受壓力與溫度之影響則極大；氣體物質之密度可以理想氣體方程式推算：

$$PV = nRT = (\frac{W}{M})RT$$

$$PM = (\frac{W}{V})RT = DRT$$

式中

P：氣體壓力，atm

V：氣體體積，L

n：氣體莫耳數 =W/M，mole

W：氣體質量，g

M：氣體莫耳質量（分子量），g/mole

R：氣體常數 = 0.082 (atm · L/mole · K)

T：凱式溫度（= 273 + t℃），K

D：氣體密度，g/L

　　表5列出常見物質之密度。

表 5：常見物質之密度

固體	密度（g/cm³）	液體	密度（g/cm³）	氣體 (0℃、1atm)	密度 (g／L)
保麗龍 （發泡聚苯乙烯）	0.0065～0.0075 或 0.01～0.05	汽油	0.66	氫氣	0.090
白塞木（Balsa）	0.16	酒精	0.79	氦氣	0.179
癒瘡木 （Llignum Vitate）	1.30	水（4℃）	1.00	甲烷	0.714
冰	0.92	牛奶	1.04	氮氣	1.251
鋁	2.70	濃鹽酸（36%）	1.19	空氣（乾燥）	1.289
鉛	11.34	濃硫酸（98%）	1.84	氧氣	1.429
金	19.30	水銀（汞）	13.6	二氧化碳	1.966

【註1】固體物質之密度與孔隙率、含水量、取樣部位有關；例如木頭、磚塊、玻璃。

(三) 比重

　　「比重（specific gravity）」被定義為物質的密度與 4℃水的密度之比值。故

$$比重（sp\ gr）= \frac{物質的密度（D_{物質}）}{水的密度（D_{水，4℃}）}$$

「水」於 1 大氣壓、4℃時之密度最大，訂爲 $1g/cm^3$ 或 $1000kg/m^3$。「水」爲地球表面最多之液體，故被作爲參考標準物質。

比重無單位，常用於固體、液體；液體比重常以比重計量測之。

例 3：長度、溫度、體積之量測讀值記錄

例 4：量筒中水位高度爲 100.0cc，取玻璃彈珠樣品 5 顆，秤重得 90.48g，將其置入量筒沉沒於水中，結果水位升高爲 136.5cc，則

(1) 玻璃彈珠密度爲？(g/cm^3)

解：密度 (D) ＝物質的質量 (M) / 物質的體積 (V)

　　玻璃彈珠密度＝ 90.48/(136.5 − 100.0) = 2.48(g/cc) = 2.48(g/cm^3)

(2) 玻璃彈珠比重爲？〔1atm、4℃時水之密度＝ $1g/cm^3$〕

解：玻璃彈珠比重＝ 2.48/1 ＝ 2.48（比重無單位）

例 5：取 50cc 量筒，秤空重得 58.191g；置入廢潤滑油 19.80cc，再秤重得 74.690g，則

(1) 廢潤滑油密度爲？(g/cm^3)

解：密度 (D) ＝物質的質量 (M) / 物質的體積 (V)

　　廢潤滑油密度＝ (74.690 − 58.191) / 19.80 = 0.833(g/cc) = 0.833(g/cm^3)

(2) 廢潤滑油比重爲？〔1atm、4℃時水之密度 ＝ $1g/cm^3$〕

解：廢潤滑油比重＝ 0.833/1 ＝ 0.833（比重無單位）

(3) 已知化學槽車槽體容積爲 $8m^3$，則最多可載運之廢潤滑油爲？（公噸，ton）

解：$8m^3$ 之廢潤滑油，設質量爲 M(g)，代入

　　0.833 = M / (8×1,000,000)

　　M = 6664000(g) = 6664(kg) = 6.664(ton)

（續下表）

例 6：已知實驗室重量百分率濃度 98% 之濃硫酸比重爲 1.84，則

(1)1000cc 之濃硫酸質量爲？(g)〔1atm、4℃時水之密度＝ 1g/cm^3〕

解：比重（sp gr）＝物質的密度（D$_{物質}$）／水的密度（D$_{水，4℃}$）

設濃硫酸密度爲 D(g/cm^3)，則

$1.84 = D(g/cm^3) / (1g/cm^3)$

$D = 1.84 \times (1g/cm^3) = 1.84(g/cm^3)$

1000cc 之濃硫酸質量 $= 1000 \times 1.84 = 1840(g)$

(2)1000cc 之濃硫酸含有之 H_2SO_4 質量爲？(g)

解：1000cc 之濃硫酸含有之 H_2SO_4 質量 $= 1840 \times 98\% = 1803(g)$【註：另 2% 爲水】

例 7：試計算 1kg 之下列物質，體積各爲？（cm^3）

解：

物質	密度D(g/cm^3)	質量M(g)	體積V = M/D (cm^3)
水（4℃）	1	1000	1000
保麗龍（發泡聚苯乙烯）	0.01	1000	100000
冰	0.92	1000	1087
鉛	11.34	1000	88.2
金	19.30	1000	51.81
酒精	0.79	1000	1265.8
濃硫酸（98%）	1.84	1000	543.5
水銀（汞）	13.6	1000	73.5
氫氣（0℃、1atm）	0.179×10^{-3}	1000	5586592
甲烷（0℃、1atm）	0.714×10^{-3}	1000	1400560
空氣（乾燥）（0℃、1atm）	1.289×10^{-3}	1000	775795
氧氣(0℃、1atm)	1.429×10^{-3}	1000	699790

例 8：設空氣中氣體體積：氧氣（O_2）占 21%、氮氣（N_2）占 79%，餘忽略不計；則

(1)0℃、1 大氣壓時，試求乾空氣之密度爲？（g/cm^3）〔原子量：O = 16.0、N = 14.01〕

解：PM = DRT

乾空氣之平均莫耳質量 $= (16.0 \times 2) \times 21\% + (14.01 \times 2) \times 79\% = 28.86(g/mole)$

設 0℃、1 大氣壓時，乾空氣之密度爲 $D_0(g/L)$，代入

$1 \times 28.86 = D_0 \times 0.082 \times (273 + 0)$

$D_0 = 1.289(g/L) = 1.289 \times 10^{-3}(g/cm^3)$

(2)25℃、1 大氣壓時，試求乾空氣之密度爲？(g/cm^3)

解：設 25℃、1 大氣壓時，乾空氣之密度爲 $D_{25}(g/L)$，代入

$1 \times 28.86 = D_{25} \times 0.082 \times (273 + 25)$

$D_{25} = 1.181(g/L) = 1.181 \times 10^{-3}(g/cm^3)$

三、器材與藥品

1.實驗課本	6.刻度吸管（10或20cc）
2.矩形木塊	7.溫度計
3.固體樣品〔例如：玻璃彈珠、石頭、鋼釘、竹節鋼筋、螺絲釘、鐵塊、錢幣、保麗龍、木頭〕	8.比重計
4.液體樣品〔例如：海水、酒精、廢潤滑油、活性污泥、洗碗精〕	9.電子秤
5.量筒	10.捲尺（最小刻度1mm）

四、實驗步驟與結果

(一) 固體物質密度之量測

1. 規則形狀之固體物質

　(1) 取實驗課本、矩形木塊，以尺分別量取其長、寬、高，記錄之；計算其體積。

　(2) 秤重實驗課本、矩形木塊，記錄之。

　(3) 計算實驗課本、矩形木塊之密度：

項　目	實驗課本		矩形木塊	
	第1次	第2次	第1次	第2次
1.長（cm）×寬（cm）×高（cm）	___×___×___	___×___×___	___×___×___	___×___×___
2.體積V(cm³)				
3.質量M(g)				
4.密度D(g/cm³)				
5.平均密度D_{ave}(g/cm³)				

【註2】密度 (D) ＝物質的質量 (M) / 物質的體積 (V)

2. 不規則形狀之固體物質

　(1) 取不規則形狀之固體樣品，例如：玻璃彈珠、石頭、鋼釘、竹節鋼筋、螺絲釘、鐵塊、錢幣、保麗龍、木頭。

　(2) 取量筒，置入適量（50～100～200cc）之水，記錄水之初始體積 V_i(cc)。

　(3) 將固體樣品〔例如：玻璃彈珠、石頭、鋼釘、竹節鋼筋、螺絲釘、鐵塊、錢幣、保麗龍、木頭〕置入量筒中，讀取水位上升後之體積 V_f(cc)，記錄之。【注意，應使固體樣品沉沒於水面下。】

(4) 實驗結果記錄及密度之計算：

1.固體樣品名稱						
	第1次	第2次	第1次	第2次	第1次	第2次
2.固體樣品質量M(g)						
3.量筒中水之初始體積V_i(cc)						
4.量筒中〔水之初始體積＋(沉沒)固體樣品之體積〕V_f(cc)						
5.固體樣品之體積V = (V_f − V_i)(cc)						
6.固體樣品之密度D(g/cc)						
7.固體樣品之平均密度D_{ave}(g/cc)						

【註 3】 密度 (D) ＝物質的質量 (M) ／物質的體積 (V)

(5) 實驗結束，固體樣品可回收再使用。

(二) 液體物質密度（或比重）之量測

1. 取 50cc 或 100cc 之量筒，秤空重，記錄之。
2. 以吸管吸取約 30～50～100cc 之液體樣品〔例如：水、海水、酒精、廢潤滑油、活性污泥、洗碗精〕，置入量筒中，讀取液體樣品之體積、秤重，記錄之。【注意，量筒液面上之壁面勿沾附液體樣品。】
3. 記錄液體樣品溫度。
4. 如有液體比重計，選擇適當範圍之比重計，徐徐放入液中，待其平衡後讀取其比重值，記錄之。
5. 實驗結果記錄及計算：

1.液體樣品名稱						
	第1次	第2次	第1次	第2次	第1次	第2次
2.50cc或100cc之量筒空重W_1(g)						
3.液體樣品之體積V(cc)						
4.（量筒空重＋液體樣品重）W_2(g)						
5.液體樣品重W = (W_2 − W_1)(g)						
6.液體樣品密度D(g/cc)						
9.液體樣品之平均密度D_{ave}(g/cc)						
7.液體樣品之平均比重						
8.液體樣品溫度（℃）						

【註 4】

(1) 密度（D）＝物質的質量（M）／物質的體積（V）

(2) 比重（sp gr）＝物質的密度（$D_{物質}$）／水的密度（$D_{水, 4℃}$）

(3)「水」於 1 大氣壓、4℃時之密度最大，訂為 1g/cm^3 或 1000kg/m^3。

6. 實驗結束，酒精、廢潤滑油、洗碗精之液體樣品可回收再使用。

五、心得與討論：

實驗 2：水溫及水流量（容器法）測定方法

一、目的

(一) 學習本生燈之操作。
(二) 學習溫標之種類及計算、溫度計之使用及水溫之測定。
(三) 學習水流量之測定及計算。

二、相關知識

(一) 水溫之測定

　　「溫度」為表示物體冷熱程度之物理量，是物體內分子間平均動能的一種表現形式，微觀上係物體分子熱運動的劇烈程度。用於量度物體溫度數值的標尺稱「溫標」，它規定了溫度的讀數起點（零點）和測量溫度的基本單位；常用的溫標有攝氏溫標（℃）、華氏溫標（℉）、凱氏（熱力學）溫標（K），其關係示意如圖 1，溫標依比例關係互換如下：

$$\frac{(℃-0)}{(100-0)} = \frac{(℉-32)}{(212-32)} = \frac{(K-273)}{(373-273)}$$

整理後得：$\dfrac{℃}{100} = \dfrac{℉-32}{180} = \dfrac{K-273}{100}$

或：$\dfrac{℃}{100} = \dfrac{℉-32}{180}$ ；$K = 273 + ℃$

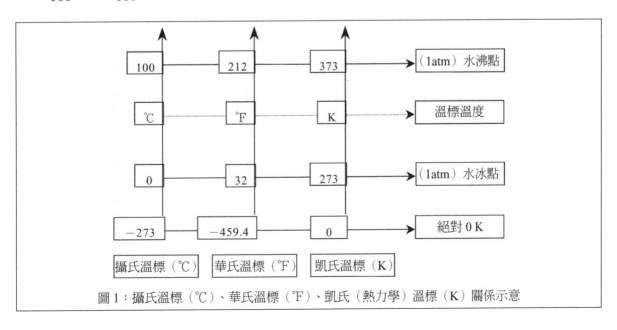

圖 1：攝氏溫標（℃）、華氏溫標（℉）、凱氏（熱力學）溫標（K）關係示意

例1：攝氏溫標（℃）、華氏溫標（°F）、凱氏溫標（K）之轉換
解：℃／100＝（°F － 32）／180；K＝273＋℃
(1)氮（N_2）氣於1大氣壓時，低於-196℃時呈液態。
解：攝氏溫標：-196℃代入
　　（-196）／100＝（°F － 32）／180
　　得華氏溫標°F＝320.8
　　凱氏溫標K＝273＋（-196）＝77
(2)於72℃溫泉水中發現某水生嗜熱細菌。
解：攝氏溫標：72℃代入
　　（72）／100＝（°F － 32）／180
　　得華氏溫標°F＝161.6
　　凱氏溫標K＝273＋（72）＝345
(3)人體正常體溫為98.6°F。
解：華氏溫標：98.6°F代入
　　℃／100＝（98.6 － 32）／180
　　得攝氏溫標℃＝37
　　凱氏溫標K＝273＋37＝310

　　溫度之理論低極點為「絕對零度，0 K（或 -273.15℃）」，但沒有高極點〔例如，太陽表面溫度約 5500℃，太陽中心溫度約 1500～2000 萬℃，太陽日冕（日冕層－太陽大氣層的最外層大氣）溫度約 1～5 百萬℃。〕。

　　絕對零度（0 K）無法藉測量得到，其係依計算所得；研究發現溫度降低時，分子活動就會變慢；理論上，達到 0 K 時所有的原子和分子之熱運動都停止，呈靜止狀態。實務上 0 K 只能逼近而無法到達。

　　「溫度計」是一種運用不同原理來測量物體溫度或溫度梯度（Temperature Gradient）的儀器，測定溫度使用溫度計，常見溫度計如：酒精溫度計、水銀溫度計、紅外線溫度計、熱電偶溫度計、電阻溫度計、雙金屬溫度計、… 等。選用時需考慮：溫度計工作原理、工作環境（如腐蝕、潮濕、溫度）、被測物狀態（固、液、氣態）及大小、量測距離及接觸與否、溫度測定範圍、準確度、回應時間、校正方法、價錢、… 等；並與供應商討論之。【註 1：因水銀廢棄物對環境危害甚大，有些國家已禁止使用水銀溫度計。】

　　本實驗於實驗室內備冰塊、水、煮沸之水等，使用酒精溫度計量測其溫度，若欲攜至室外現場使用者，溫度計外殼最好套金屬保護裝置以防破裂；亦可至校內廢（污）水處理廠現場進行放流水及水體之水溫測定。

(二) 水流量之測定－容器法

　　「流量（Q）」係指單位時間（t）內，通過管路（道）或渠道某一橫截面之流體（液體或氣體）的量（體積或質量）。若流體的量以體積（V）表示，稱為「體積流量」，單位常用：m^3/sec。若流體的量以質量（M）表示，稱為「質量流量」，單位常用：kg/sec。

　　本文係介紹「水之體積流量 Q」，以公式表示為：

$$Q = \frac{V}{T} = v \times A$$

式中【假設水之體積流量 Q 為穩定流】

Q：水之體積流量，m^3/sec（或 m^3/min、m^3/hr、m^3/day）、L/sec、cm^3/sec

V：水之體積，m^3、L

T：時間，sec、min、hr、day

v：水之平均流速，m/sec、cm/sec

A：水流斷面積，m^2、cm^2

於水質採樣分析檢測時，欲取得具代表性之水樣，常需測定水體之流量，並選定適當之測定方法。水體流量測定需依據測量目的、待測流體種類性質、流量大小、流動狀態、測量場所環境等，選定最適合之方法，以確保流量測值之正確性。

行政院環境保護署環境檢驗所公告之水（流）量測定方法有：容器法、量水堰法、流速計法、流量計法等。

本實驗介紹：水流量測定方法－容器法。係將水流導入適當已知體積之容器或已知表面積之水槽內，測定到達某一水位所需之時間，進而計算水流量。本方法適用於水流量較小之排放管路、牽定實驗室用小型抽水機或定量幫浦或蠕動幫浦之流量。

例2：水流量測定計算－容器法【假設水流量Q皆為穩定流】

(1)小容量容器測定：取2000cc之量筒，以小流量幫浦將水注入容器內，開始計時，記錄水位到達1500cc時所需之時間，結果記錄於下表，計算其平均流量為？（L/min）

(2)圓柱形水槽測定：取1圓柱形水槽（直徑90cm、高度150cm），以幫浦將水注入容器內，開始計時，記錄注水高度為80cm時所需之時間，結果記錄於下表，計算其平均流量為？（m^3/min）

(3)下窄上寬之圓形水槽測定：取1下窄上寬之圓形水槽（高度150cm），以幫浦將水注入容器內，開始計時（初始水位時之直徑為40cm），記錄注水高度為80cm時所需之時間，結果記錄於下表（最終水位時之直徑為60cm），計算其平均流量為？（m^3/min）

	(1) 小容量容器測定	(2) 圓柱形水槽測定	(3) 下窄上寬之圓形水槽測定
	測定水位到達 1500cc 時所需之時間（sec）	測定注水高度為80cm 時所需之時間（sec）	測定注水高度為80cm 時所需之時間（sec）
第1次	15.1	12.5	12.5
第2次	15.0	12.6	12.6
第3次	15.2	12.4	12.4
平均值	(15.1 + 15.0 + 15.2)/3 = 15.1	(12.5 + 12.6 + 12.4)/3 = 12.5	(12.5 + 12.6 + 12.4)/3 = 12.5

解：$1cm^3$ = 1cc = 1mL = 1/1000(L) = 1/1,000,000(m^3)或$1m^3$ = 1000L；1L = 1000mL = 1000cc = $1000cm^3$
流量（Q）＝體積（V）／時間（T）
(1)小容量容器測定
平均流量(Q) = (1500/1000)/(15.1/60) = 5.96(L/min)
(2)圓柱形水槽測定（圓柱形水槽：直徑90cm、注水高度80cm）
圓柱形水槽面積 = $(\pi D^2)/4$ = $(\pi \times 90^2)/4$ = 6361.7(cm^2)
平均流量(Q) = [(6361.7×80)/(1,000,000)]/(12.5/60) = 2.443(m^3/min)
(3)下窄上寬之圓形水槽測定（初始水位時之直徑40cm、最終水位時之直徑60cm、注水高度80cm）
下窄上寬之圓形水槽注水體積 = 80× {[$(\pi \times 40^2)/4$] + [$(\pi \times 60^2)/4$]}/2 = 163363.2(cm^3)
平均流量(Q) = [(163363.2)/(1,000,000)]/(12.5/60) = 0.784(m^3/min)

三、器材與藥品

(一)水溫之測定

1.冰塊	2.本生燈	3.鐵架（鐵環、陶瓷纖維網）	4.玻璃燒杯（500或1000cc）	5.塑膠燒杯（2000cc以上）
6.酒精溫度計（攝氏溫標，量測範圍−10～110℃，刻度需準確至0.1℃）				

(二)（水）流量之測定—容器法

1.量筒（1000或2000cc）	2.塑膠軟管（接水龍頭）	3.碼錶（可測至0.1秒）	4.捲尺
5.圓形塑膠桶（50公升以上）		6.蠕動幫浦（含太空管Tygon tubing）	

四、實驗步驟與結果

(一)水溫之測定

1. 取冰塊，將酒精溫度計接觸於冰塊表面，俟溫度計讀數穩定後，直接由溫度計讀數，記錄之。

2. 取 500cc 玻璃燒杯，置入約 200cc 水、約 100g 之（破碎）冰塊，混合之；將酒精溫度計置入於冰水混合液中，俟溫度計讀數穩定後，直接由溫度計讀數，記錄之。

3. 備本生燈、鐵架（鐵環、陶瓷纖維網），將 2. 之燒杯（內置溫度計）以小火加熱，當冰塊完全熔化時（移去火源），記錄瞬時溫度。

4. 以中火繼續加熱 3. 之燒杯，至水沸騰時，取溫度計插入水深約 1/2 處，記錄溫度。

【實驗室內之實驗部分至此結束；以下則至廢（污）水處理廠現場進行。】

5. 至校內廢（污）水處理廠現場進行放流水或水體之水溫測定。

6. 以容積至少 2000cc 之塑膠燒杯採集足量之放流水水樣，或於現場將溫度計插入（或置於）水體中，使溫度計底部至少能浸在液面下，待溫度達穩定後，記錄之。

7. 結果記錄與計算：

項　目	結果記錄、計算	
	攝氏溫標（℃）	凱氏溫標（K）
A.冰塊之溫度		
B.冰水混合液之溫度		
C.冰塊完全熔化時之溫度		
D.水沸騰時之溫度		
E.廢（污）水處理廠現場放流水之溫度		
F.廢（污）水處理廠現場水體（位置：＿＿＿＿＿＿＿）之溫度		

【註2】K = 273 + ℃

(二)水流量之測定－容器法【本實驗假設水流量Q皆為穩定流】

1. 使用小容量容器測定

(1) 備 1000 或 2000cc 之量筒。

(2) 準備操作實驗室水龍頭，可將水龍頭接上塑膠軟管，並嘗試調整流量之大小。【註3：或可使用小抽水量之蠕動幫浦，測定其抽水量。】

(3) 將水龍頭開關調至一固定之流量（Q）後，使水開始注入量筒內，同時按下碼錶（計時器），測定水位到達某一特定高度時之體積（V_n）止，記錄所需之時間（t_n）（精確至 0.1 秒）。

(4)（仍固定水龍頭開關大小，維持原流量 Q）至少重複操作 3 次，並求其平均流量 Q_{ave}。

(5) 結果記錄與計算：

項　目		第1次	第2次	第3次
A.水位到達某一特定高度時之體積V_n(cc)				
B.所需之時間t_n(sec)				
C.流量$Q_n = (V_n/t_n)$ (cc/sec)	【A／B】			
D.平均流量Q_{ave}(cc/sec)	【$(Q_1 + Q_2 + Q_3)/3$】			
E.平均流量Q_{ave}(L/min)	【D×60/1000】			

【註4】流量 Q = V/t (cc/sec) = (V/1000)/(t/60) (L/min)

　　　　V：注入容器中水之體積（cc）

　　　　t：注水時間（sec）

2. 使用較大容器（如大塑膠桶、水槽）測定

(1)容器有體積刻度時

　　a. 備容積 50 公升以上之下窄上寬圓形塑膠桶 1 個。【註5：於實驗前，需先自行於容器壁面標示體積刻度（公升，L）。】

b. 準備操作實驗室水龍頭，可將水龍頭接上塑膠管，並嘗試調整流量之大小。

c. 將水龍頭開關調至一固定之流量（Q）後，按下碼錶（計時器），同時使水開始注入容器內，測定水位上升至某一特定高度（約 1/2 容器高度）時之體積 V_n（L）止，記錄所需之時間 t_n（sec）（精確至 0.1 秒）。

d. 計算注入容器中水之流量 Q_n（L/sec）。

e.（仍固定水龍頭開關大小，維持原流量 Q）至少重複操作 3 次，並求其平均流量 Q_{ave}。

f. 結果記錄與計算：

容器有體積刻度時		第1次	第2次	第3次
A.水位上升至某一特定高度時之體積V_n(L)				
B.所需之時間t_n(sec)				
C.流量$Q_n = (V_n/t_n)$ (L/sec)				
D.平均流量Q_{ave}(L/sec)	【$(Q_1 + Q_2 + Q_3)/3$】			
E.平均流量Q_{ave}(L/min)	【$D\times60$】			

【註6】容器有體積刻度時

流量 $Q = V/ t$ (L/sec) $= V/(t/60)$ (L/min)

V：注入容器中水之體積（cm^3，L）

t：注水時間（sec）

(2)容器無體積刻度時（例如容器為下窄上寬之圓形塑膠桶）

a. 備容積 50 公升以上之下窄上寬圓形塑膠桶 1 個，如圖所示。【註 7：於實驗前，無需於容器壁面標示體積刻度。】

b. 取尺量測容器底部之直徑 d_1（cm）、水位高度 h_1（cm），記錄之。

c. 準備操作實驗室水龍頭，可將水龍頭接上塑膠軟管，並嘗試調整流量之大小。

d. 將水龍頭開關調至一固定之流量（Q）後，按下碼錶（計時器），同時使水開始注入容器內，俟水位上升到達某一特定高度（約 1/2 容器高度）時，記錄所需之時間 t_n(sec)（精確至 0.1 秒）；再取尺量測容器內水面之直徑 d_2(cm)、水位高度 h_2(cm)，記錄之。

e. 計算注入容器中水之體積 V_n(cm^3)、流量 Q_n(cm^3/sec)。

f.（仍固定水龍頭開關大小，維持原流量 Q）至少重複操作 3 次，並求其平均流量 Q_{ave}。

g. 結果記錄與計算：

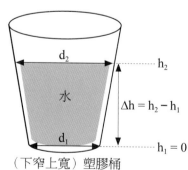

（下窄上寬）塑膠桶

容器無體積刻度時【容器為下窄上寬之圓形塑膠桶】	第1次	第2次	第3次
A.容器進水，開始計時前之直徑d_1 (cm)			
B.容器進水，開始計時前之表面積$S_1 = \pi d_1^2/4$ (cm^2)			
C.容器進水，開始計時前之水位高度h_1 (cm)			
D.水位上升至某一高度時，所需之時間t_n (sec)			
E.容器進水，停止計時後之直徑d_2 (cm)			
F.容器進水，停止計時後之表面積$S_2 = \pi d_2^2/4$ (cm^2)			
G.進水平均之（水）表面積$S_{ave} = (S_1 + S_2)/2$ (cm^2)			
H.容器進水，停止計時後之水位高度h_2 (cm)			
I.水位差$\Delta h = (h_2 - h_1)$ (cm)			
J.注入容器中水之體積$V_n = (S_{ave} \times \Delta h)$ (cm^3)			
K.流量$Q_n = (V_n/t_n)$ (cm^3/sec)			
L.平均流量Q_{ave} (cm^3/sec)　　　　　　【$(Q_1 + Q_2 + Q_3)/3$】			
M.平均流量Q_{ave} (L/min)　　　　　　　　【$L \times 60/1000$】			

【註8】容器無體積刻度時 (例如容器為下窄上寬之圓形塑膠桶)

流量 $Q = V/t = [(S_1 + S_2)/2] \times \Delta h/t$ (cm^3/sec) $= \{[(S_1 + S_2)/2] \times \Delta h/1000\}/(t/60)$ (L/min)

V：注入容器中水之體積（cm^3，L）

t：注水時間（sec）

S_1：容器進水，開始計時前之表面積（cm^2）$= \pi d_1^2/4$

d_1：（S_1 水面）直徑（cm）

S_2：容器進水，停止計時後之表面積（cm^2）$= \pi d_2^2/4$

d_2：（S_2 水面）直徑（cm）

Δh：水位差（cm）$= h_2 - h_1$

h_2：注水後水位高度（cm）

h_1：注水前水位高度（cm）

五、心得與討論

_____

_____

_____

_____

_____

_____

_____

_____

_____

_____

實驗 3：物質含水率之測定

一、目的

(一) 了解物質含水率（含水量、水分）之意義及計算。

(二) 學習測定污泥之含水率。

(三) 學習測定含水硫酸銅中所吸附之吸附水及結晶水。

二、相關知識

(一)物質含水率（含水量、水分）

物質含水率（含水量、水分）為物質所含水重占該物質總重之百分率，以下式表示：

$$物質含水率（\%）= \frac{物質所含水重}{物質總重} \times 100\%$$

$$= \frac{物質所含水重}{物質所含水重 + 物質乾重} \times 100\%$$

(二)污泥之含水率

「污泥」依其所含無機質、有機質成分特性，有無機質污泥、有機質污泥及混合污泥。依其來源，有來自自然界之污泥，如海洋、河川、湖泊及沼澤之底泥；有來自人類淨化處理「污染物」過程所產生之污泥，如自來水場於淨水過程（如混凝沉澱）產生之污泥、廢（污）水處理廠於廢（污）水處理過程（如沉砂池、沉澱池、化學沉降、生物處理）產生之污泥；有來自雨水（或污水）下水道管線所沉積之污泥（溝泥）等。

污泥含水率之多寡，將影響其清運及處理（置）方法。

例1：含水率98%之污泥1000kg，試計算：

(1)污泥所含之乾固體物及水重各為？(kg)

解：設污泥所含水重為X kg，則

$98\% = (X/1000) \times 100\%$

$X = 980$ (kg)

乾固體物重 $= 1000 - 980 = 20$(kg)

(2)欲將此污泥乾燥脫水至含水率70%，須去除之水量為？(kg)

解：設含水量70%之污泥中水量為Y kg，則

$70\% = [Y/(Y + 20)] \times 100\%$

$Y = 46.7$ (kg)

須去除之水量 $= 980 - 46.7 = 933.3$(kg)

(三)化合物之含水率

　　化合物如爲固體型態，其表面常會或多或少吸附有環境中之水蒸氣，此爲「吸附水」。另當化合物形成時，某些無機鹽類的離子化合物（例如 $CuSO_4$、$MgSO_4$、$CaCO_3$、… 等），亦會包裹住固定比例數目的水分子，此爲「結晶水」。含有水分子的結晶體，又稱「水合物（hydrate）」；例如：$CuSO_4 \cdot 5H_2O$、$NiSO_4 \cdot 7H_2O$、$Na_2CO_3 \cdot 10H_2O$ 等。

　　完全不含水分子的結晶物叫做「無水化合物」，例如：無水硫酸銅（$CuSO_4$）、無水碳酸鈣（$CaCO_3$）。

　　「污泥之含水率」、「化合物之含水率」皆可藉加熱方式予以測定。

例2：計算理論上含5個結晶水之硫酸銅（$CuSO_4 \cdot 5H_2O$）中結晶水之重量百分比爲？（%）
【原子量：Cu = 63.5、S = 32.06、O = 16.0、H = 1.008】
解：（$CuSO_4 \cdot 5H_2O$）之莫耳質量 = 63.5 + 32.06 + 4×16.0 + 5×(2×1.008 + 16.0)
　　　　　　　　　　　　　　　 = 249.64(g/mole)
　　（$CuSO_4 \cdot 5H_2O$）中結晶水之重量百分比 = {[5×(2×1.008 + 16.0)]/249.64}×100%
　　　　　　　　　　　　　　　　　　　 = 36.08%

　　本實驗使用之含水硫酸銅，其中之「水」包括有「吸附水」及「結晶水」；若加熱（100℃）將吸附水移除，則成含結晶水硫酸銅 $CuSO_4 \cdot 5H_2O$；若再加熱（180～200℃）將結晶水移除，則成無水硫酸銅 $CuSO_4$。

三、器材與藥品

1.污泥（有機污泥或無機污泥）	2.含水硫酸銅（$CuSO_4 \cdot 5H_2O$）	3.蒸發皿	4.坩堝夾
5.不鏽鋼盤	6.烘箱	7.電子秤	

四、實驗步驟與結果

(一)污泥含水率之測定

1. 取蒸發皿，洗淨後置 100℃烘箱過夜，移至乾燥箱冷卻後秤重（W_0），記錄之。
2. 取（濕）污泥（約 1～2 克）於蒸發皿，精秤總重爲（W_1），記錄之。
3. 將 2. 含（濕）污泥之蒸發皿置於已預熱至 103～105℃烘箱中（去除水分）；每隔 15～20 分鐘取出至（玻璃）乾燥箱中，冷卻後秤重 W_2，記錄之。
4. 重複烘乾、冷卻、秤重（記錄）步驟，直至達恆重（重量不再減少或前後 2 次秤重相差在 0.01g 以內），停止烘乾，重量記錄爲（W_n ＝蒸發皿＋乾污泥重）。
5. 依下式計算：

$$（濕）污泥含水率（\%） = \frac{水重}{濕污泥重} \times 100\% = \frac{濕污泥重 - 乾污泥重}{濕污泥重} \times 100\%$$

$$= \frac{W_1 - W_n}{W_1 - W_0} \times 100\%$$

6. 實驗結束後，乾污泥集中收集貯存，待處理。

7. 實驗結果記錄與計算：

項　目		結果記錄與計算
A.蒸發皿空重W_0(g)　　　　　　　　　　【蒸發皿編號：　　　　】		
B.〔蒸發皿＋濕污泥重〕W_1(g)		
C.濕污泥重＝（$W_1 - W_0$）（g）		
〔蒸發皿＋濕污泥〕置103～105℃烘箱〔（去除水分）至達恆重（W_n）止〕	D.第1次秤重W_2（g）	
	E.第2次秤重W_3（g）	
	F.第3次秤重W_4（g）	
	G.第4次秤重W_5（g）	
	H.第5次秤重W_6（g）	
I.達恆重後之乾污泥重＝（$W_n - W_0$）（g）		
J.水重＝濕污泥重－乾污泥重＝($W_1 - W_n$)（g）　　　　　　【C－I】		
K.（濕）污泥含水率（\%）＝（水重／濕污泥重）×100\%		

(二)含水（吸附水及結晶水）硫酸銅中所吸附之吸附水

1. 取蒸發皿，洗淨後置 100℃烘箱過夜，移至乾燥箱冷卻後秤重（W_0），記錄之。

2. 取含水（吸附水及結晶水）硫酸銅（藍色：約 1～2 克）於蒸發皿，精秤總重為（W_1），記錄之。

3. 將 2. 帶有含水硫酸銅之蒸發皿置於已預熱至 103～105℃烘箱中（去除吸附水），每隔 15～20 分鐘取出至（玻璃）乾燥箱中，冷卻後秤重，記錄之。

4. 重複烘乾、冷卻、秤重（記錄）步驟，直至達恆重（重量不再減少或前後 2 次秤重相差在 0.01g 以內），停止烘乾，重量記錄為（W_2＝蒸發皿＋含結晶水硫酸銅重）。

5. 依下式計算：

含水（吸附水及結晶水）硫酸銅中吸附水之重量百分比（\%）

$$= \frac{吸附水重}{含水硫酸銅重} \times 100\%$$

$$= \frac{W_1 - W_2}{W_1 - W_0} \times 100\%$$

6. 實驗結果記錄與計算（含水硫酸銅中吸附水之重量百分比）：

項　目（去除吸附水）		結果記錄與計算
A.蒸發皿空重W_0(g)　　　　　　　　【蒸發皿編號：　　　】		
B.〔蒸發皿＋含水（吸附水及結晶水）硫酸銅重〕W_1(g)		
C.含水（吸附水及結晶水）硫酸銅重＝（$W_1 - W_0$）（g）		
〔蒸發皿＋含水硫酸銅〕置103～105℃烘箱〔（去除吸附水）至達恆重（W_2）止〕	D.第1次秤重（g）	
	E.第2次秤重（g）	
	F.第3次秤重（g）	
	G.第4次秤重（g）	
	H.第5次秤重（g）	
I.去除吸附水後，達恆重後之（仍含結晶水）硫酸銅重＝（$W_2 - W_0$）（g）		
J.吸附水重＝〔含水硫酸銅重－達恆重後之（仍含結晶水）硫酸銅重〕 　　＝（$W_1 - W_2$）（g）　　　　　　　　　　　【C－I】		
K.含水硫酸銅中吸附水之重量百分比（％） 　＝（吸附水重／含水硫酸銅重）×100%　　　　　【(J/C)×100%】		

(三)含5個結晶水之硫酸銅中之結晶水

1. 接續（二），將蒸發皿〔含達恆重後之（仍含結晶水）硫酸銅〕再置於180～200℃烘箱中（去除結晶水），每隔15～20分鐘取出至（玻璃）乾燥箱中，冷卻後秤重，記錄之。

2. 重複烘乾、冷卻、秤重（記錄）步驟，直至達恆重（重量不再減少或前後2次秤重相差在0.01g以內），停止烘乾，重量記錄為（W_3＝蒸發皿＋無水硫酸銅重）。

3. 依下式計算：

含結晶水之硫酸銅中結晶水之重量百分比（％）

$$= \frac{結晶水重}{含結晶水硫酸銅重} \times 100\% = \frac{含結晶水硫酸銅重 - 無水硫酸銅重}{含結晶水硫酸銅重} \times 100\%$$

4. 實驗結束後，無水硫酸銅集中收集貯存，於其他實驗可再使用。

5. 實驗結果記錄與計算（含結晶水之硫酸銅中結晶水之重量百分比）：

項　目（去除結晶水）		結果記錄與計算
A.蒸發皿空重W_0（g）　　　　　　　　【蒸發皿編號：　　　】		
B.〔蒸發皿＋含結晶水之硫酸銅重〕W_2（g）		
C.含結晶水之硫酸銅重＝（$W_2 - W_0$）（g）		
〔蒸發皿＋含結晶水之硫酸銅〕置180～200℃烘箱〔（去除結晶水）至達恆重（W_3）止〕	D.第1次秤重	
	E.第2次秤重	
	F.第3次秤重	
	G.第4次秤重	

（續下表）

	H.第5次秤重	
I.去除結晶水後，達恆重後之無水硫酸銅重＝（$W_3 - W_0$）（g）		
J.結晶水重＝〔含結晶水之硫酸銅重－無水硫酸銅重〕＝（$W_2 - W_3$）（g）　【C－I】		
K.含結晶水之硫酸銅中結晶水之重量百分比（%） 　＝（結晶水重／含結晶水硫酸銅重）×100%　　　　　　　　　【(J/C)×100%】		
L.理論上含結晶水之硫酸銅（$CuSO_4 \cdot 5H_2O$）中結晶水之重量百分比（%）【參例2.】		

五、心得與討論：

實驗 4：混合物之分離

一、目的

（一）利用物質不同的物理特性，學習分離混合物的方法與技巧。

（二）學習溶解、萃取、過濾、蒸發（煮）、烘乾及活性碳吸附等方法。

二、相關知識

由化學觀點，物質組成可分類如下表：

物質	純物質	元素	原子元素	例如：鈉原子（Na）、鐵原子（Fe）、銅原子（Cu）、金原子（Au）、碳原子（C）、氦原子（He）、氖原子（Ne）等
			分子元素	例如：氫分子（H_2）、氧分子（O_2）、臭氧分子（O_3）、氮分子（N_2）、氟分子（F_2）、氯分子（Cl_2）、碘分子（I_2）等
		化合物	分子化合物	例如：水（H_2O）、氨（NH_3）、二氧化碳（CO_2）、氯化氫（HCl）、硫酸（H_2SO_4）、醋酸（CH_3COOH）、乙醇（C_2H_5OH）、葡萄糖（$C_6H_{12}O_6$）、甲烷（CH_4）、苯（C_6H_6）等
			離子化合物	例如：氯化鈉（NaCl）、硝酸鉀（KNO_3）、碳酸氫鈉（$NaHCO_3$）、碳酸鈣（$CaCO_3$）、氧化鎂（MgO）、氫氧化鈉（NaOH）、硫酸銅（$CuSO_4$）等
	混合物	均勻混合物		例如：汽水、米酒、碘酒、（局部）空氣、合金（如不鏽鋼、青銅、黃銅）、水溶液等
		非均勻混合物		例如：土壤、岩石、污泥、海水、醬油、石油、油水混合等

物質之物理特性包括有：顆粒大小、溶解度、沸點、熔點、極性與非極性等。藉由物性之不同，可將含有不同物質之混合物予以分離，以得到個別之物質。

常見分離混合物之方法簡介如下：

（一）傾析

當液體中之固體顆粒密度（比重）、粒徑較大且不溶於該液體時，其會明顯沉澱於液體之底部，可使用此法。「傾析」即先讓該液體靜置，待固體顆粒完全沉澱，再將上層液

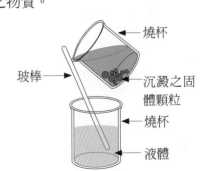

圖 1：傾析示意圖

體沿玻棒緩慢傾入另一容器中，以達成固液分離之目的，如圖1所示。例如清洗紅豆、綠豆。

(二) 過濾

　　當液體中之固體顆粒密度（比重）、粒徑較小時，其不易沉澱於液體之底部，常呈懸濁（浮）狀態，可使用此法。「過濾」係選取不同孔隙大小之濾紙（或不同粒徑之濾砂），將含不易沉澱固體顆粒之液體進行固液分離。過濾有重力過濾、真空（抽氣）過濾及高壓過濾，如圖 2-1、 2-2 所示。例如：水處理程序中之過濾，常以石英砂或矽砂為濾材，濾除水中之懸浮固體物；實驗室常以玻璃纖維濾片（Whatman grade 934AH；Pall type A/E；Millipore Type AP-40；E-D Scientific Specialties grade 161）過濾分離含溶解固體及懸浮固體之水溶液。

【註1】市售濾紙（膜）的種類有很多種，其製造材料、形狀（型式）、製造型（編）號、特性（如重量、厚度、過濾速度、吸水速度、破裂強度、滯留粒徑、壓力降、耐溫、過濾收集效率、其他）、用途等各有不同，選用時應依規範（標準檢驗方法）指定選用或依實驗目的需要洽詢供應商。

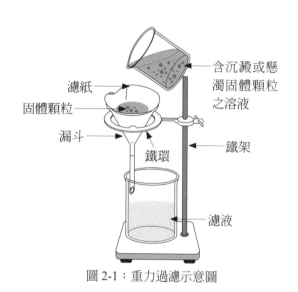

圖 2-1：重力過濾示意圖　　　　　　圖 2-2：抽氣（真空）過濾示意圖

(三) 篩分

　　利用不同孔徑之篩網，將（粒徑）大小不同之固體顆粒物質分開方法，如圖 3 所示；常見有振動篩、旋轉篩。篩分之應用如：篩分顆粒大小不同之水果（如柳丁分級、橘子分級）；篩分顆粒大小不同之天然級配（砂、石）；求取土、砂、石混合料之粒徑分布；物質回收中，經（剪）破碎之電線、電纜中，銅粒與塑膠粒之振動篩分。

【註2】美國材料與試驗協會（American Society for Testing and Materials，ASTM）之標準篩，具有各種不同直徑（如 10、20、30cm）及篩網孔徑（20 μ m～125 mm）規格之篩。

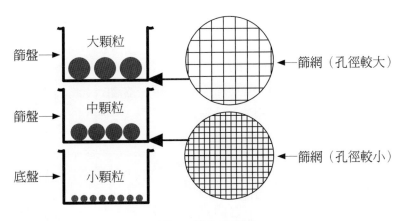

圖 3：篩分示意圖

(四) 高速離心

基於固體密度多大於液體，利用離心機高速旋轉（如 1000～100000rpm）的方式使離心管中之各個質點（如膠體物質）得到一個加速度，使得固液分離。主要用於分離膠體溶液中之固相和液相，例如：以高速離心機濃縮含低濃度固體物之水溶液；血清、血漿之離心分離；洗衣機、脫水機之衣物離心脫水。

(五) 乾燥脫水

以加熱或日曬通風方式，將固液共存之混合物分離出固體物及液體。例如：「水中總溶解固體及懸浮固體檢測方法：103～105℃乾燥」，將攪拌均勻之水樣置於 103～105℃之烘箱烘乾至恆重，可得總固體物重；另將攪拌均勻之水樣以玻璃纖維濾片過濾，於 103～105℃烘箱中烘乾至恆重，可得懸浮固體物重；污泥曬乾床藉日曬與風使污泥乾燥脫水（降低含水量）。

(六) 溶解

利用混合物中物質於水中之溶解性，分離出可溶解物質與不可溶解物質。例如：以水可分離食鹽（可溶解）與砂（不可溶解）之混合物。

(七) 溶劑萃取法

利用物質於不互溶溶劑中具有不同的溶解度，選擇適當的溶劑進行溶質之萃取，藉以達到將溶質濃縮及分離。實驗室常藉分液漏斗進行萃取、分離兩層不互溶之液體，如圖 4 所示。例如：水與乙醚不互溶，碘可稍溶於水，但於乙醚中溶解度更大，故可將乙醚混入碘水溶液，則碘將由水層移（萃取）至乙醚層中，再藉分液漏斗分離之，重複數次，水中之碘幾乎全移至乙醚中，再將乙醚加熱使揮發，即得碘結晶；「水中油脂檢測方法－萃取重量法」，係以正己烷萃取水中油脂。

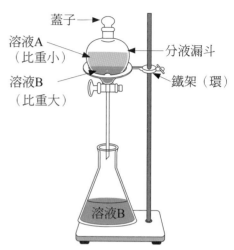

圖 4：溶劑萃取示意圖（分液漏斗）

(八) 蒸發或蒸餾

利用物質具不同沸點，分離物質。例如：氯化鈉水溶液置入蒸發皿中，加熱使水分蒸發，可得氯化鈉結晶，如圖 5-1 所示；若欲收集水則以蒸餾裝置冷凝收集之，如圖 5-2 所示；實驗使用之試劑水，可由矽化玻璃及石英管之蒸餾系統來製備；高粱酒中之酒精（沸點 78.4℃）及水（沸點 100℃）可藉由蒸餾而分離；煮沸蒸餾水 15 分鐘後再降到室溫可移除溶解於水中之二氧化碳。

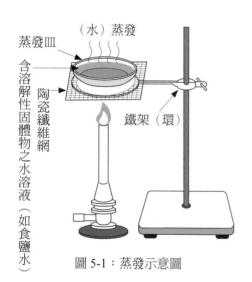

圖 5-1：蒸發示意圖

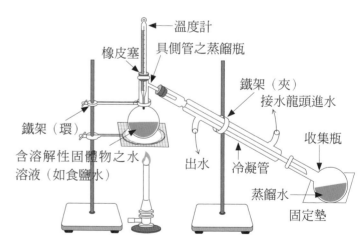

圖 5-2：簡易蒸餾裝置示意圖

(九) 活性碳吸附

　　活性碳是一種多微孔性、高表面積的含碳物質，可作為吸附劑，其吸附作用是藉由物理性吸附力與化學性吸附力達成；活性碳種類繁多，原料來源有煤質碳、木質碳、果殼碳及椰殼碳等；外觀形態有粉狀、顆粒、網狀纖維活性碳等。活性碳吸附之應用，例如：水處理程序中可用於吸附形成水中色、臭、味之（溶解性）有機物及餘氯；空氣污染物處理時，可吸附處理含揮發性有機物之廢氣。

三、器材與藥品

(一) 溶解、過濾、蒸發（煮）、烘乾

1.燒杯（50、100cc）	8.細砂或石英砂（洗淨烘乾）
2.分液漏斗（125cc）	9.氯化鈉（NCl）
3.漏斗	10.量筒（100cc）
4.濾紙	11.蒸發皿（50或100cc）
5.玻棒	12.不鏽鋼盤
6.四角鐵架（含鐵環）	13.坩鍋夾或棉手套
7.沙拉油	14.烘箱

(二) 活性碳吸附

1.顆粒狀活性碳（以清水清洗乾淨後烘乾）	5.安全吸球
2.玻璃試管	6.橡皮塞
3.試管架	7.濾紙
4.定量吸管	8.漏斗
9.配製10mg/L甲烯藍（methylene blue）溶液1000cc：秤0.010g甲烯藍於1000cc定量瓶（或量筒），以試劑水溶解稀釋至刻度，得10mg/1000cc。	

四、實驗步驟與結果

(一) 配製人工混合物（液）、溶解、萃取、過濾、蒸發（煮）、烘乾法

1. 配製人工混合物（液）

　　(1) 取 100cc 燒杯，秤重、記錄之。

　　(2) 於燒杯中分別加入 2.0g 細砂（或石英砂）、2.0g 氯化鈉（NaCl）、10.0g 沙拉油、50g

（cc）自來水，秤重、記錄之。

(3) 以玻棒充分攪拌混合並觀察之，得人工混合物（液）樣品。

(4) 結果記錄與計算：

項　目		結果記錄與計算
A.100cc燒杯重(g)		
B.（100cc燒杯＋細砂）重(g)		
C.細砂重(g)	【B－A】	
D.（100cc燒杯＋細砂＋氯化鈉）重(g)		
E.氯化鈉重(g)	【D－B】	
F.（100cc燒杯＋細砂＋氯化鈉＋沙拉油）重(g)		
G.沙拉油重(g)	【F－D】	
H.（100cc燒杯＋細砂＋氯化鈉＋沙拉油＋水）重(g)		
I.水重(g)	【H－F】	
J.人工混合物（液）總重(g)	【C＋E＋G＋I】	
K.混合物中細砂所佔（理論）重量百分率（%）	【(C/H)×100%】	
L.混合物中氯化鈉所佔（理論）重量百分率（%）	【(E/H)×100%】	
M.混合物中沙拉油所佔（理論）重量百分率（%）	【(G/H)×100%】	
N.混合物中水所佔（理論）重量百分率（%）	【(I/H)×100%】	

2. 萃取

(1) 取分液漏斗，秤重，記錄之。

(2) 將人工混合物（液）傾入分液漏斗中，搖動混合後，靜置使沙拉油（上層）、水（下層）、細砂（底部）分層。

(3) 另取 50cc 燒杯，將分液漏斗中之水（下層）、細砂（底部）漏出於燒杯中；分液漏斗中殘留者為沙拉油層。

(4) 將含沙拉油層之分液漏斗秤重，記錄之。

(5) 實驗結果記錄與計算：

項　目		結果記錄與計算
A.分液漏斗重(g)		
B.（分液漏斗＋沙拉油層）重(g)		
C.沙拉油層重(g)	【B－A】	
D.混合物中回收沙拉油所佔重量百分率（%） 【〔C/（人工混合物總重）〕×100%】		

3. 過濾

(1) 秤重一洗淨烘乾之 50 或 100cc 蒸發皿備用，記錄之。

(2) 秤重一烘乾之濾紙，記錄之。

(3) 將濾紙對摺再對摺，再將濾紙打開使呈圓錐狀（一邊為單層，另一邊為三層），將其置於漏斗中，以水潤濕濾紙使貼於漏斗壁上。

(4) 以玻棒充分攪拌燒杯中之混合物，再使溶液沿著玻棒順流於濾紙中，以重力過濾；過程中溶液不得溢過濾紙上緣，濾液以 50 或 100cc 蒸發皿收集之，過程中並以塑膠滴管吸取蒸發皿中之濾液，將燒杯壁上殘留之混合物完全淋洗至濾紙上，使燒杯壁上無殘留之混合物。

4. 蒸發或烘乾

(1) 將含濾液之蒸發皿以微火蒸發至乾（或隔水加熱，或入 103～105℃烘箱中烘乾至恒重），得氯化鈉結晶，秤重，記錄之。

(2) 另將濾紙置入 103～105℃烘箱中烘乾至恒重，記錄之。（重複烘乾、冷卻、秤重步驟，直至前後 2 次秤重相差在 0.01g 以內，停止烘乾，記錄重量）

(3) 判別烘乾後蒸發皿內之殘留物及濾紙上之殘留物各為何種物質？

(4) 細砂、食鹽皆可集中回收，重複使用。

(5) 實驗結果記錄與計算：

項　目	結果記錄與計算
A.洗淨烘乾之蒸發皿重(g)　　　　　　　　　【蒸發皿編號：　　　】	
B.烘乾之濾紙重(g)	
C.（蒸發皿＋氯化鈉結晶）重(g)	
D.氯化鈉結晶重(g)　　　　　　　　　　　　　【C－A】	
E.混合物中回收氯化鈉所佔重量百分率(%) 【〔D／（人工混合物總重）〕×100%】	
F.（濾紙＋細沙）烘乾後重(g)	
G.濾紙上之細砂烘乾後重(g)　　　　　　　　【J－D】	
H.混合物中回收細砂所佔重量百分率(%) 【〔G／（人工混合物總重）〕×100%】	

(二)活性碳吸附

1. 取玻璃試管 5 支（編號 A、B、C、D、E），置試管架上備用。

2. 於編號 A、B、C 之玻璃試管各加入 20cc 甲烯藍溶液（10mg/L），觀察其外觀顏色，記錄之。

3. 秤取 3～5g 之（顆粒狀）活性碳，置入（編號 A）玻璃試管中，蓋上橡皮塞。

4. 以手搖動（編號 A）玻璃試管，使活性碳顆粒充分與甲烯藍溶液接觸之，約 2～3 分鐘。

5. 另取濾紙 2 張，各對摺再對摺，將濾紙打開使呈圓錐狀（一邊為單層，另一邊為三層），分別置於（2 個）漏斗中；再將漏斗分別置於（編號 D、E）玻璃試管上，置試管架上備用。

6. 打開（編號 A）玻璃試管之橡皮塞，將試管中混合之活性碳顆粒與甲烯藍溶液於（編號 D）玻璃試管過濾之，濾液收集於（編號 D）玻璃試管中，觀察其外觀顏色，記錄之。

7. 另將（編號 B）玻璃試管之甲烯藍溶液於（編號 E）玻璃試管過濾之，濾液收集於（編號 E）玻璃試管中，觀察其外觀顏色，記錄之。

8. 比較 3 支試管（編號 C、D、E）中溶液之外觀顏色有何差異？原因為何，說明之？

9. 實驗結束後，活性碳、濾紙集中收集貯存待處理；甲烯藍溶液集中收集貯存於廢液桶待處理或排入廢水處理場處理之。

10. 實驗結果記錄：

項　目	試管A	試管B	試管C
A.加入20cc甲烯藍溶液（10mg/L）之顏色			
B.加入（顆粒狀）活性碳後之顏色		略	略
C.加入活性碳再經濾紙過濾後之顏色	（試管D）	略	略
D.經濾紙過濾後之顏色	略	（試管E）	略
E.未經活性碳、濾紙過濾之顏色	略	略	
F.3支試管（編號C、D、E）中溶液之外觀顏色為何有差異，原因為何，說明之？			

五、心得與討論：

實驗 5：定組成定律

一、目的

(一) 了解化合物之定組成定律（定比定律）。

(二) 測定化合物（硫酸銅）中，銅元素之重量百分率。

(三) 應用定組成定律，測定未知試樣中硫酸銅之重量百分率。

二、相關知識

(一) 物質分類及定組成定律

由化學觀點，物質可分類如下表所示：

物質	純物質	元素	原子元素	例如：鈉原子（Na）、鐵原子（Fe）、銅原子（Cu）、金原子（Au）、碳原子（C）、氦原子（He）、氖原子（Ne）等
			分子元素	例如：氫分子（H_2）、氧分子（O_2）、臭氧分子（O_3）、氮分子（N_2）、氟分子（F_2）、氯分子（Cl_2）、碘分子（I_2）等
		化合物	分子化合物	例如：水（H_2O）、氨（NH_3）、二氧化碳（CO_2）、氯化氫（HCl）、硫酸（H_2SO_4）、醋酸（CH_3COOH）、乙醇（C_2H_5OH）、葡萄糖（$C_6H_{12}O_6$）、甲烷（CH_4）、苯（C_6H_6）等
			離子化合物	例如：氯化鈉（NaCl）、硝酸鉀（KNO_3）、碳酸氫鈉（$NaHCO_3$）、碳酸鈣（$CaCO_3$）、氧化鎂（MgO）、氫氧化鈉（NaOH）、硫酸銅（$CuSO_4$）等
	混合物	均勻混合物		例如：汽水、米酒、碘酒、（局部）空氣、合金（如不鏽鋼、青銅、黃銅）、水溶液等
		非均勻混合物		例如：土壤、岩石、污泥、海水、醬油、石油、油水混合等

「化合物」不論來源為何，其組成各元素之種類相同、比例一定，即其組成元素之質量比為一定值，此為「定組成定律（或定比定律）」。

> 例1：水（H_2O），無論其來源為雨水、溪河、湖泊、水庫、海水或地下水，其組成元素皆為氫（H）與氧（O）；且氫與氧之原子數比皆為2：1。故組成水（H_2O）之氫（H）與氧（O）重（質）量比 = (1.01×2)：(16.00×1) = 2.02：16.00≒1：8；即水（H_2O）之重量百分組成為：氫(H)% = [2.02/(2.02 + 16.00)]×100% = 11.2%、氧(O)% = [16.00 /(2.02 + 16.00)]×100% = 88.8%。

> 例2：二氧化碳（CO_2），無論其來源為人類呼吸吐出、有機物（C_xH_y）燃燒產生、細菌行（好氧）代謝有機物產生，其組成元素皆為碳（C）與氧（O）；且碳（C）與氧（O）之原子數比皆為1：2。故組成二氧化碳（CO_2）之碳（C）與氧（O）重（質）量比 = （12.01×1）：（16.00×2）= 12.01：32.00 ≒ 1.00：2.66；即二氧化碳（CO_2）之重量百分組成為：碳(C)% = [12.01/(12.01 + 16.00×2)]×100% = 27.3%、氧(O)% = [(16.00×2)/(12.01 + 16.00×2)]×100% = 72.7%。

【補充】原子量、分子量、莫耳之概念

項　目	說　明	舉　例
原子量	原子量為一比較量，以碳（$^{12}_6C$）原子為標準，並訂碳的原子量為12；原子量為一比較之結果，故沒有單位。	若1個鎂原子質量是1個碳原子質量的2倍，故鎂(Mg)的原子量 = 2×12 = 24。
分子量	分子量為各組成原子之原子量總和，亦沒有單位。	原子量：H = 1.01、O = 16.00、C = 12.01 例3：水（H_2O）的分子量 = 2×1.01 + 16.00 = 18.02 例4：二氧化碳（CO_2）的分子量 = 12.01 + 2×16.00 = 44.01
莫耳	為一數量 1莫耳（mole）= $6.02×10^{23}$（個） 於化學中，原子、分子、離子等粒子之數量，以莫耳（數）計算。	例5：2mole = 2×$6.02×10^{23}$ = $1.204×10^{24}$（個） 例6：$9.03×10^{23}$（個）= $9.03×10^{23}$/($6.02×10^{23}$) = 1.5(mole)
原子量、分子量與莫耳之關係	(1)1莫耳原子的質量等於原子量之克數。 (2)1莫耳分子的質量等於分子量之克數。	例7：碳（C）原子量 = 12.01 1莫耳C原子 = $6.02×10^{23}$個C原子 = 12.01克 例8：水（H_2O）的分子量 = 18.02 1莫耳H_2O分子 = $6.02×10^{23}$個H_2O分子 = 18.02克 【或H_2O之莫耳質量 = 2×1.01 + 16.00 = 18.02(g/mole)】 例9：二氧化碳（CO_2）的分子量 = 44.01 1莫耳CO_2分子 = $6.02×1023$個CO_2分子 = 44.01克 【或CO_2之莫耳質量 = 12.01 + 2×16.00 = 44.01(g/mole)】
莫耳數計算	莫耳數 = 原子質量 / 原子量 = 分子質量 / 分子量 = 粒子個數 / （$6.02×10^{23}$）	例10：60.05克C原子 = 60.05 / 12.01 = 5莫耳C原子 例11：220.05克CO_2分子 = 220.05 / 44.01 = 5莫耳CO_2分子 例12：$3.01×10^{24}$個CO_2分子 = $3.01×10^{24}$ / ($6.02×10^{23}$) = 5莫耳CO_2分子

(二) 鋅（Zn）與硫酸銅（$CuSO_4$）之置換（氧化還原）反應

本實驗係測定硫酸銅（$CuSO_4$）中銅（Cu）之重量百分率，說明如下：

加鋅（Zn）粉（灰色）於硫酸銅（$CuSO_4$）溶液（藍色）中，硫酸銅（$CuSO_4$）中的銅離子（Cu^{2+}）會被鋅原子（Zn）還原成銅原子（Cu），產生銅（Cu）的紅棕色沉澱；鋅原子（Zn）則被銅離子（Cu^{2+}）氧化成鋅離子（Zn^{2+}）；溶液顏色由藍色變為無色，全反應方程式如下：

$$CuSO_{4(aq)} + Zn_{(s)} \rightarrow ZnSO_{4(aq)} + Cu_{(s)} \downarrow$$

（藍色溶液）　　（灰色粉末）　　（無色溶液）　　（紅棕色沉澱）

或　$Cu^{2+}_{(aq)} + SO_4^{2-}_{(aq)} + Zn_{(s)} \rightarrow Zn^{2+}_{(aq)} + SO_4^{2-}_{(aq)} + Cu_{(s)} \downarrow$

或以淨離子反應方程式表示如下：

$$Cu^{2+}_{(aq)} + Zn_{(s)} \rightarrow Zn^{2+}_{(aq)} + Cu_{(s)} \downarrow$$

此為氧化還原反應，其中：銅離子（Cu^{2+}）獲得 2 個電子（e^-），被還原成為銅原子（Cu）；鋅原子（Zn）失去 2 個電子（e^-），被氧化成為鋅離子（Zn^{2+}）。

【註1】金屬原子、離子之氧化還原

「金屬原子離子化（失去電子）傾向」係指：金屬原子於水溶液中失去電子形成金屬陽離子的傾向。

常見「金屬原子離子化能力」順序（即還原劑之強弱傾向）：

鋰（Li）＞鉀（K）＞鋇（Ba）＞鍶（Sr）＞鈣（Ca）＞鈉（Na）＞鎂（Mg）＞鋁（Al）＞錳（Mn）＞ 鋅（Zn） ＞鉻（Cr）＞鐵（Fe）＞鈷（Co）＞鎳（Ni）＞錫（Sn）＞鉛（Pb）＞氫（H2）＞ 銅（Cu） ＞汞（Hg）＞銀（Ag）＞鉑（Pt）＞金（Au）

即：於溶液中，左邊之金屬原子能將右邊之金屬離子還原為金屬原子，自身被氧化為金屬離子。

例：

Zn(s)〔還原劑，被氧化成鋅離子（Zn^{2+}）〕+ $Cu^{2+}_{(aq)}$〔氧化劑，被還原成銅原子（Cu）〕$\rightarrow Cu_{(s)} + Zn^{2+}_{(aq)}$

排列於右邊之金屬離子爭取電子之能力較左者為大，例：

金屬離子原子化(爭取電子)傾向：$Ag^+_{(aq)} > Cu^{2+}_{(aq)} > Zn^{2+}_{(aq)} > Mg^{2+}_{(aq)}$

金屬原子離子化(失去電子)傾向：Mg > Zn > Cu > Ag

於反應中，常會加過量之鋅（Zn）粉（灰色），以確保硫酸銅（$CuSO_4$）中的銅離子（Cu^{2+}）會被鋅原子（Zn）完全還原取代，而產生銅（Cu）的沉澱。故反應完畢後，溶液中會有殘餘之灰色鋅（Zn）粉與紅棕色銅原子（Cu）沉澱共存；此過量之（未溶解）鋅（Zn）粉可藉加入稀硫酸（H_2SO_4）使之溶解為鋅離子（Zn^{2+}），反應生成硫酸鋅（$ZnSO_4$）溶液及氫氣（H_2），全反應方程式如下：

$$Zn_{(s)} + H_2SO_{4(aq)} \rightarrow ZnSO_{4(aq)} + H_{2(g)} \uparrow$$

或　$Zn_{(s)} + 2H^+_{(aq)} + SO_4^{2-}_{(aq)} \rightarrow Zn^{2+}_{(aq)} + SO_4^{2-}_{(aq)} + H_{2(g)} \uparrow$

或以淨離子反應方程式表示如下：

$$Zn_{(s)} + 2H^+_{(aq)} \rightarrow Zn^{2+}_{(aq)} + H_{2(g)} \uparrow$$

故溶液中之固體沉澱物僅餘紅棕色之銅原子（Cu），再將溶液過濾、乾燥、秤重，即可得「銅（Cu）」之質量，進而可計算出銅（Cu）在硫酸銅（$CuSO_4$）中所佔之重量百分率。

$$CuSO_4 \text{ 中 Cu 所佔之重量百分率（\%）} = \frac{\text{Cu 的質量}}{CuSO_4\text{的質量}} \times 100\%$$

應用定組成定律，可測定含 $CuSO_4$ 混合物中 Cu 之重量，即可計算 $CuSO_4$ 含量，進而再推算混合物中所含 $CuSO_4$ 之重量百分率。

$$\text{混合物中 } CuSO_4 \text{ 所佔之重量百分率（\%）} = \frac{\text{Cu 重} \times \dfrac{159.61}{63.55}}{\text{混合物重}} \times 100\%$$

例13：計算理論上，（無水）硫酸銅（$CuSO_4$）中銅（Cu）、硫（S）、氧（O）所佔之重量百分率（%）各爲？【原子量：Cu = 63.55、S = 32.06、O = 16.00】

解：硫酸銅（$CuSO_4$）莫耳質量 = 63.55＋32.06＋16.00×4 = 159.61(g/mole)

銅（Cu）重量百分率（%）= [(63.55)/(63.55＋32.06＋16.00×4)]×100% = 39.81%

硫（S）重量百分率（%）= [(32.06)/(63.55＋32.06＋16.00×4)]×100% = 20.09%

氧（O）重量百分率（%）= [(16.00×4)/(63.55＋32.06＋16.00×4)]×100% = 40.10%

例14：已知硫酸銅溶液中含3.00g硫酸銅（含5個結晶水，$CuSO_4 \cdot 5H_2O$），欲加入鋅（Zn）粉，使完全反應以還原取代銅離子（Cu^{2+}）爲銅原子（Cu）；試求理論上應加入鋅（Zn）粉量爲？（g）可產生銅（Cu）量爲？（g）【原子量：Zn = 65.38、Cu = 63.55】

解：3.00g之$CuSO_4 \cdot 5H_2O$含$CuSO_4$ = 3.00×{159.61/[159.61＋(5×18.02)]} = 1.92(g)

設理論上須加入鋅粉爲X(g)；可產生之銅（Cu）爲Y(g)

由：$CuSO_{4(aq)} + Zn_{(s)} \rightarrow ZnSO_{4(aq)} + Cu_{(s)} \downarrow$

則1/(1.92/159.61) = 1/(X/65.38) = 1/(Y/63.55)

X = 0.786(g)；Y = 0.764(g)

另解：設理論上須加入鋅粉爲X(g)；可產生之銅（Cu）爲Y(g)

由：$Cu^{2+}_{(aq)} + Zn_{(s)} \rightarrow Zn^{2+}_{(aq)} + Cu_{(s)} \downarrow$

則1/[(1.92×39.81%)/63.55] = 1/(X/65.38) = 1/(Y/63.55)

X = 0.786(g)；Y = 0.764(g)

即：理論上應加入鋅(Zn)粉量 = 0.786(g)；可產生之銅（Cu）量 = 0.764(g)

另解：1.92g硫酸銅（$CuSO_4$）中含有之銅量 = 1.92×39.81% = 0.764(g)

即：理論上可產生之銅（Cu）量 = 0.764(g)

例15：一含硫酸銅（$CuSO_4$）之混合物10.00g，經分析結果得1.27g之銅（Cu），則此混合物中硫酸銅（$CuSO_4$）佔有重量百分率爲？（%）

解：因硫酸銅（$CuSO_4$）中銅（Cu）所佔之重量百分率 = 39.81(%)≡0.3981

又已知硫酸銅（$CuSO_4$）中銅（Cu）= 1.27(g)，設混合物中含硫酸銅（$CuSO_4$）量爲W(g)，則

39.81% = 1.27/W　【或63.55/159.61 = 1.27/W】

W = 3.19(g)

故混合物中硫酸銅（$CuSO_4$）佔有重量百分率 = (3.19/10.00)×100% = 31.9(%)

例16：苯甲酸化學式（C_6H_5COOH），試計算其中碳（C）、氫（H）、氧（O）所佔之重量百分率（%）各爲？【原子量：C = 12.01、H = 1.008、O = 16.00】

解：苯甲酸（C_6H_5COOH）莫耳質量 = 12.01×6＋1.008×5＋12.01＋16.00×2＋1.008 = 122.12（g/mole）

碳（C）重量百分率（%）= [(12.01×7)/122.12]×100% = 68.85%

氫（H）重量百分率（%）= [(1.008×6)/122.12]×100% = 4.95%

氧（O）重量百分率（%）= [(16.00×2)/122.12]×100% = 26.20%

三、器材與藥品

1.含5個結晶水之硫酸銅（$CuSO_4 \cdot 5H_2O$）	7.濾紙（烘乾）
2.燒杯（250cc）	8.四角鐵台、鐵環、漏斗架、漏斗
3.玻棒	9.錐形瓶（125或250cc）
4.鋅粉（灰色）（Zn）	10.塑膠滴管
5.量筒（50cc）	11.烘箱
6.氯化鈉（NaCl）	
12. 3M硫酸（H_2SO_4）溶液1000cc：取1000cc定量瓶，加入約750～800cc試劑水；再取濃硫酸（約98%，18.4M）163cc加入定量瓶中；再以試劑水稀釋至刻度，即得。	

四、實驗步驟與結果

(一)無水硫酸銅（$CuSO_4$）中含銅（Cu）之重量百分率

1. 取蒸發皿秤重，記錄之。

2. 於蒸發皿中秤取約 3.00g 含 5 個結晶水之硫酸銅（$CuSO_4 \cdot 5H_2O$，藍色），記錄之；以小火持續加熱並以玻棒攪拌，以去除水分，直至藍色固體轉化為灰白色之（無水）硫酸銅（$CuSO_4$）粉末止，再秤重，記錄之。不可以大火加熱，避免成咖啡色粉末。

3. 將 2. 之（無水）$CuSO_4$ 倒入 250cc 燒杯中，加入 50cc 試劑水；以玻棒攪拌使溶解，溶液呈藍色。

4. 以秤量紙秤取（過量）1.00g 鋅（Zn）粉（灰色）；將其緩緩加入 3. 之溶液中，並以玻棒持續緩緩攪拌數分鐘，使反應直至溶液之藍色消失為止。【註 2：鋅（Zn）粉量若不足，$CuSO_4$ 中之銅離子（Cu^{2+}）無法被鋅（Zn）完全還原取代成銅（Cu），溶液中仍會殘留有銅離子（Cu^{2+}）未反應還原，此將造成誤差；但鋅（Zn）粉若過量，銅離子（Cu^{2+}）會被鋅（Zn）完全還原取代成銅（Cu），此時溶液中會有過量（殘留）之灰色鋅（Zn）粉與紅棕色之銅（Cu）粉末 2 種沉澱物混合共存。】

5. 以 50cc 量筒取 10cc 3M 硫酸（H_2SO_4）溶液，分 3～4 次緩緩加入 4. 之溶液中；並以玻棒持續緩緩攪拌，觀察是否有氣泡〔氫氣（H_2）〕產生？若仍有氣泡〔氫氣（H_2）〕產生，表示溶液中仍有過量（殘留）之鋅粉存在；直到溶液不再產生氣泡止（表示鋅粉 Zn 已被完全反應為鋅離子 Zn^{2+}）。【註 3：氫氣（H_2）應避免靠近、接觸熱或火源，以免產生劇烈反應。】

6. 取（烘乾）濾紙秤重，記錄之。

7. 將 5. 之溶液（含紅棕色之銅粉末）以濾紙過濾（以四角鐵台、鐵環、漏斗架、漏斗、濾紙、錐形瓶裝設），濾液以錐形瓶收集；過程中並以塑膠滴管吸取錐形瓶中之濾液，將沾附在燒杯壁上之紅棕色銅粉末完全淋洗至濾紙上。【註 4：燒杯壁上若有殘留銅粉末，將造成誤差。】

8. 將帶有紅棕色銅粉末之（濕）濾紙，置入 80～100℃烘箱（或置蒸發皿中隔水加熱），烘乾至恆重，置乾燥箱中冷卻後秤重，記錄之。【註 5：烘乾之溫度過高、時間過久，將使紅棕色銅（Cu）被氧化為黑色氧化銅（CuO），將造成誤差。】

9. 計算銅（Cu）之淨重。

10. 計算銅（Cu）在（無水）$CuSO_4$ 中所佔之重量百分率（%）。

11. 銅（Cu）生成物可回收，過濾液（含硫酸鋅）置重金屬廢液貯存桶待處理。

12. 實驗結果記錄與計算：

項　目		結果記錄與計算
A.蒸發皿重(g)　　　　　　　　　　　　　　　【蒸發皿編號：　　　】		
B.〔蒸發皿＋5個結晶水之硫酸銅（$CuSO_4 \cdot 5H_2O$）〕重（g）		
C.〔蒸發皿＋無水硫酸銅（$CuSO_4$）〕重（g）		
D.（無水）硫酸銅（$CuSO_4$）重（g）　　　　　　　　　【C－A】		
E.濾紙重（g）		
F.烘乾後〔濾紙＋銅（Cu）〕重（g）		
G.銅（Cu）重（g）　　　　　　　　　　　　　　　　　【F－E】		
H.銅（Cu）在（無水）硫酸銅（$CuSO_4$）中之重量百分率（%）	實驗值：(G/D)×100%	
	理論值：參例13.	

（二）未知試樣中硫酸銅之重量百分率測定

1. 取蒸發皿秤重，記錄之。
2. 於蒸發皿中秤取3.00g之$CuSO_4 \cdot 5H_2O$，記錄之；再秤取5.00g之氯化鈉（NaCl），記錄之；將兩者混合作為未知試樣。
3. 依實驗步驟（一）測出含銅（Cu）之重量，再推算出含$CuSO_4$之重量。
4. 再分別計算試樣中所含$CuSO_4$重量百分率之實驗值與實際值。
5. 銅生成物可回收，過濾液（含硫酸鋅、氯化鈉）置重金屬廢液貯存桶待處理。
6. 實驗結果記錄與計算：

項　目		結果記錄與計算
A.蒸發皿重(g)　　　　　　　　　　　　　　　【蒸發皿編號：　　　】		
B.〔蒸發皿＋$CuSO_4 \cdot 5H_2O$〕重(g)		
C.〔蒸發皿＋$CuSO_4 \cdot 5H_2O$＋氯化鈉（NaCl）〕重(g)		
D.$CuSO_4 \cdot 5H_2O$重(g)　　　　　　　　　　　　　【B－A】		
E.氯化鈉（NaCl）重(g)　　　　　　　　　　　　　　【C－B】		
F.〔$CuSO_4 \cdot 5H_2O$＋氯化鈉（NaCl）〕重(g)　　【（C－A）或（D＋E）】		
G.〔蒸發皿＋$CuSO_4$＋氯化鈉（NaCl）〕重(g)		
H.〔$CuSO_4$＋氯化鈉（NaCl）〕重(g)　　　　　　　【G－A】		
I.（真實或實際）$CuSO_4$重(g)　　　　　　　　　　【H－E】		
J.濾紙（乾）重(g)		
K.烘乾後〔濾紙＋銅（Cu）〕重(g)		
L.銅（Cu）重(g)　　　　　　　　　　　　　　　　【K－J】		
M.（實驗所推估）$CuSO_4$重(g)　　【L×159.61 / 63.55＝L×2.512】		
N.實驗所得$CuSO_4$在未知試樣中之重量百分率（%） 【註：以蒸發皿秤$CuSO_4 \cdot 5H_2O$、NaCl作為試樣。】	實驗值：(M/F)×100%	
	實際值：(I/F)×100%	

五、心得與討論：

實驗 6：質量守恆定律

一、目的

(一) 觀察測定化學反應前總質量是否等於反應後總質量，驗證質量守恆定律。

(二) 應用質量守恆定律，推算化學反應生成物之質量。

(三) 利用質量守恆定律，測定碳酸鈉（Na_2CO_3）中二氧化碳（CO_2）之質量百分率。

二、相關知識

　　於化學反應中，各反應物的原子會重新排列組合，反應後產生新的生成物，過程中系統內參與反應之原子種類沒有改變、數量沒有增減，故反應前、後的物質總質量亦不會改變，此為「質量守恆定律（law of conservation of mass）」或稱「質量不滅定律」。舉例說明如下：

例1：於密閉之錐形瓶中，將淺褐色氯化鐵（$FeCl_3$）溶液和無色氫氧化鈉（NaOH）溶液混合，會發生反應，產生氫氧化鐵〔$Fe(OH)_3$〕深褐色沉澱（呈細粒膠羽狀）和無色氯化鈉(NaCl)溶液，反應式如下：

$$FeCl_{3(aq)} + 3NaOH_{(aq)} \rightarrow Fe(OH)_{3(s)} \downarrow + 3NaCl_{(aq)}$$
（淺褐色溶液）（無色溶液）（深褐色沉澱）（無色溶液）

此可藉由測定反應前、反應後之總質量是否改變？以驗證質量守恆定律。【本實驗係於密閉容器中進行反應】

　　若「質量守恆定律」成立，於開放系統中 (非密閉狀態)，化學反應若有產生氣體，其氣體會逸出散於大氣中，使反應後之總質量減少，其所減少之質量即為氣體產生量。

例2：於密閉之錐形瓶中，將無色碳酸鈉（Na_2CO_3）溶液和無色氯化鈣（$CaCl_2$）溶液混合，會發生反應，產生碳酸鈣（$CaCO_3$）白色沉澱（呈細微顆粒狀）和無色氯化鈉（NaCl）溶液，反應式如下：

$$Na_2CO_{3(aq)} + CaCl_{2(aq)} \rightarrow CaCO_{3(s)} \downarrow + 2NaCl_{(aq)}$$
（無色溶液）　（無色溶液）（白色沉澱）（無色溶液）

反應結束後將錐形瓶打開，加入鹽酸（HCl）溶液，其會與白色沉澱之碳酸鈣（$CaCO_3$）反應，產生二氧化碳（CO_2）氣體，反應式如下：

$$CaCO_{3(s)} + 2HCl_{(aq)} \rightarrow CaCl_{2(aq)} + H_2O_{(l)} + CO_{2(g)} \uparrow$$
（白色沉澱）　（無色溶液）　（無色溶液）　　（氣體）

於此產生之二氧化碳（CO_2）氣體會逸出散於大氣中，使反應後總質量減少，依質量守恒定律，所減少之質量即為二氧化碳（CO_2）氣體產生量。

　　「質量守恆定律」於化學中應用甚多，可應用此一定律預測反應生成物之多寡，推算所需反應物之量；亦可用以測定物質中所含成分之量。

例3：試分別計算(1)碳酸鈉（Na_2CO_3）、(2)碳酸鈣（$CaCO_3$）中，二氧化碳（CO_2）之重量百分率？（％）

解：二氧化碳（CO_2）莫耳質量 ＝ 12.01 ＋ 16.00×2 ＝ 44.01(g/mole)

　　(1)碳酸鈉（Na_2CO_3）莫耳質量 ＝ 22.99×2 ＋ 12.01 ＋ 16.00×3 ＝ 105.99(g/mole)

　　　碳酸鈉（Na_2CO_3）中，二氧化碳（CO_2）之重量百分率 ＝ (44.01/105.99)×100% ＝ 41.52%

　　(2)碳酸鈣（$CaCO_3$）莫耳質量 ＝ 40.08 ＋ 12.01 ＋ 16.00×3 ＝ 100.09(g/mole)

　　　碳酸鈣（$CaCO_3$）中，二氧化碳（CO_2）之重量百分率 ＝ (44.01/100.09)×100% ＝ 43.97%

例4：碳酸鈉（Na_2CO_3）、碳酸鈣（$CaCO_3$）分別與足量鹽酸（HCl）溶液反應，欲產生100克二氧化碳（CO_2），則(1)碳酸鈉（Na_2CO_3）、(2)碳酸鈣（$CaCO_3$）各需多少量？（g）

解：(1)$Na_2CO_{3(s)} + 2HCl_{(aq)} \rightarrow 2NaCl_{(aq)} + H_2O_{(l)} + CO_{2(g)}\uparrow$

　　設欲產生100克之二氧化碳（CO_2），所需碳酸鈉（Na_2CO_3）量為X（g），則

　　44.01/105.99 ＝ 100/X　【或41.52/100 ＝ 100/X】

　　X ＝ 240.8(g)

　　(2)$CaCO_{3(s)} + 2HCl_{(aq)} \rightarrow CaCl_{2(aq)} + H_2O_{(l)} + CO_{2(g)}\uparrow$

　　設欲產生100克之二氧化碳（CO_2），所需碳酸鈣（$CaCO_3$）量為Y（g），則

　　44.01/100.09 ＝ 100/Y　【或43.97/100 ＝ 100/Y】

　　Y ＝ 227.4(g)

三、器材與藥品

(一)質量守恆定律

1.量筒（10cc）	2.125cc(或250cc)錐形瓶(附橡皮塞)
3.小試管（ϕ10mm×7cm）	4.鑷子
5.1M氫氧化鈉（NaOH）溶液1000cc：取1000cc定量瓶，內裝約700～800cc試劑水；秤40.0g NaOH傾入定量瓶中，搖動使溶解（或使用磁攪拌器）；再以試劑水稀釋至刻度。	
6.0.2M氯化鐵（$FeCl_3$）溶液1000cc：取1000cc定量瓶，內裝約700～800cc試劑水；秤54.1g $FeCl_3 \cdot 6H_2O$ 傾入定量瓶中，搖動使溶解；再以試劑水稀釋至刻度。	

(二)質量守恆定律及碳酸鹽中二氧化碳（CO_2）之質量百分率分析

1.碳酸鈉（Na_2CO_3）	2.125cc（或250cc）錐形瓶（附橡皮塞）
3.量筒（10cc）	4.小試管（ϕ10mm×7cm）
5.鑷子	
6.1M氯化鈣（$CaCl_2$）溶液1000cc：取1000cc定量瓶，內裝約700～800cc試劑水；秤110.9g $CaCl_2$傾入定量瓶中，搖動使溶解（或使用磁攪拌器）；再以試劑水稀釋至刻度。	
7.4M鹽酸（HCl）溶液1000cc：取1000cc定量瓶，內裝約500～600cc試劑水；量取343.3cc濃鹽酸（約36%）傾入定量瓶中，輕輕搖動使混合均勻；再以試劑水稀釋至刻度。（戴防護手套於抽氣櫃中操作）	

四、實驗步驟與結果

（一）質量守恆定律

氯化鐵與氫氧化鈉之反應：

$$FeCl_{3(aq)} + 3NaOH_{(aq)} \rightarrow Fe(OH)_{3(s)} \downarrow + 3NaCl_{(aq)}$$

橡皮塞
錐形瓶
$FeCl_3$溶液
NaOH溶液

1. 以刻度吸管取 5cc 1M 氫氧化鈉（NaOH）溶液，置入 125cc（或 250cc）錐形瓶中。
2. 另取 5cc 0.2M 氯化鐵（$FeCl_3$）溶液，置入小試管中。
3. 以鑷子將小試管置入錐形瓶內（使稍垂立於瓶中），如圖所示，不可使兩溶液混合（若小試管太小，可改用 125cc 錐形瓶）。
4. 錐形瓶塞上橡皮塞，精秤（反應前）總質量，記錄之。
5. 緩緩傾斜錐形瓶，使小試管內之氯化鐵（$FeCl_3$）溶液全部流出，緩慢搖動使瓶中兩溶液充分混合，並觀察瓶中發生之變化。
6. 靜置 3～5 分鐘，俟錐形瓶回復至室溫後，再精秤（反應後）總質量，記錄之。
7. 比較反應前、反應後之總質量，驗證是否符合質量守恒定律？
8. 廢液置無機重金屬廢液桶貯存。
9. 實驗結果記錄與計算：

項 目	結果記錄與計算
A.反應前總質量（錐形瓶、小試管、橡皮塞、反應物）(g)	
B.反應後總質量（錐形瓶、小試管、橡皮塞、生成物、殘餘反應物）(g)	
C.〔反應前總質量－反應後總質量〕(g)	
D.反應前氫氧化鈉（NaOH）溶液顏色	
E.反應前氯化鐵（$FeCl_3$）溶液顏色	
F.反應後生成物：氫氧化鐵〔$Fe(OH)_3$〕沉澱顏色及外觀形狀	
G.寫出本實驗之化學反應方程式：	

(二)質量守恒定律及碳酸鹽中二氧化碳（CO_2）之質量百分率分析

1. 第1階段反應【質量守恒定律】

碳酸鈉與氯化鈣之反應：$Na_2CO_{3(aq)} + CaCl_{2(aq)} \rightarrow CaCO_{3(s)} \downarrow + 2NaCl_{(aq)}$

(1) 精秤約 1.00g 碳酸鈉（Na_2CO_3）粉末，記錄之，置入 250cc 錐形瓶中。
(2) 取 10cc 試劑水加入錐形瓶，搖動錐形瓶使 Na_2CO_3 完全溶解。
(3) 另以刻度吸管取 5.0cc 1M 氯化鈣（$CaCl_2$）溶液，置入小試管中（或裝 8 分滿）。

(4) 以鑷子將小試管置入錐形瓶內（使稍垂立於瓶中），如圖所示，不可使兩溶液混合（若小試管太小，可改用 125cc 錐形瓶）。

(5) 錐形瓶蓋上橡皮塞，精秤總質量（反應前），記錄之。

(6) 緩緩傾斜錐形瓶，使小試管內之 $CaCl_2$ 溶液全部流出，緩慢搖動使瓶中兩溶液充分混合，並觀察瓶中發生之變化，記錄之。

(7) 靜置 3～5 分鐘，俟錐形瓶回復至室溫後，再精秤總質量（反應後），記錄之。

(8) 比較反應前、後之總質量，驗證是否符合質量守恆定律？

(9) 取出錐形瓶中之（空）小試管，但保留瓶中之內容物（含碳酸鈣），供以下「第 2 階段反應」實驗用。

(10) 實驗結果記錄與計算：

項　目【第1階段反應：碳酸鈉與氯化鈣之反應】	結果記錄與計算
A.碳酸鈉（Na_2CO_3）重量W(g)	
B.反應前總質量（錐形瓶、小試管、橡皮塞、反應物）(g)	
C.反應後總質量（錐形瓶、小試管、橡皮塞、生成物、殘餘反應物）(g)	
D.〔反應前總質量－反應後總質量〕(g)	
E.反應前碳酸鈉（Na_2CO_3）溶液顏色	
F.反應前氯化鈣（$CaCl_2$）溶液溶液顏色	
G.反應後生成物〔碳酸鈣（$CaCO_3$）〕沉澱顏色及外觀形狀	
H.反應後溶液外觀顏色〔含氯化鈉（NaCl）〕	
I.寫出本實驗之化學反應方程式：	

2. 第2階段反應【碳酸鹽中二氧化碳（CO_2）之質量百分率分析】

碳酸鈣與鹽酸之反應：$CaCO_{3(s)} + 2HCl_{(aq)} \rightarrow CaCl_{2(aq)} + H_2O_{(l)} + CO_{2(g)} \uparrow$

(1) 取 5cc 4M 鹽酸（HCl）溶液，置入小試管中。

(2) 以鑷子將小試管置入「第 1 階段反應」所保留之錐形瓶內（使稍垂立於瓶中），不可使兩溶液混合（若小試管太小，可改用 125cc 錐形瓶），如圖所示。

(3) 精秤錐形瓶（反應前）總質量（含內容物），記錄之。【此錐形瓶不蓋橡皮塞，以利反應產生之氣體逸出】

(4) 緩緩傾斜錐形瓶，使小試管內之 HCl 溶液（分 3～4 次）流出，緩慢搖動錐形瓶，觀察瓶內變化情形；俟瓶內溶液不再產生氣泡（二氧化碳氣體），再次傾斜錐形瓶，使小試管內之 HCl 溶液再流出少許；重複操作至 HCl 溶液全部倒出，繼續搖動錐形瓶，直至確認溶液不再產生氣泡。【HCl 溶液若一次倒出，反應會較急速劇烈，瞬時產生較多之氣泡（二氧化碳氣體），應避免】

(5) 靜置 3～5 分鐘，俟錐形瓶回復至室溫後，再精秤錐形瓶（反應後）總質量（含內容物），記錄之。

(6) 比較反應前、後之總質量變化。

(7) 計算逸出氣體（二氧化碳）之質量。

(8) 廢液置無機重金屬廢液桶貯存。

(9) 實驗結果記錄與計算：

項　目【第2階段反應：碳酸鈣與鹽酸之反應】		結果記錄與計算
A.【第1階段反應】碳酸鈉（Na_2CO_3）重量W(g)		
B.反應前總質量（錐形瓶、小試管、反應物）(g)		
C.反應後總質量（錐形瓶、小試管、生成物、殘餘反應物）(g)		
D.〔反應前總質量－反應後總質量〕＝逸出氣體（二氧化碳）之量(g)		
E.碳酸鈉（Na_2CO_3）所含二氧化碳（CO_2）之重量百分率（%）	實驗值：(D/A)×100%	
	理論值：參例3	
F.寫出本實驗之化學反應方程式：		

五、心得與討論：

實驗 7：氣體定律－氣體質量、壓力、體積、溫度之關係

一、目的：

(一) 由實驗了解氣體之行為—氣體質量（W）、壓力（P）、體積（V）、溫度（T）之相關性質。

(二) 由實驗了解—波義耳定律：於定溫（T）、定量氣體（W）時，氣體體積（V）與壓力（P）成反比。

(三) 由實驗了解—給呂薩克定律：於定體積（V）、定量氣體（W）時，氣體壓力（P）與絕對溫度（T）成正比。

(四) 學習氣體定律之相關計算。

二、相關知識

一般影響氣體性質之 4 個因素為：壓力（P）、體積（V）、（絕對）溫度（T）、莫耳數（n = W/M）。

(一)波義耳定律（氣體之壓力P與體積V）

「氣體壓力（P）」是單位面積上所受氣體的力，氣體分（原）子撞擊到邊界（器壁）產生力（碰越次數越多、壓力越大）；撞擊之後，氣體分（原）子改變運動方向，而速度的大小則不會改變。「氣體體積」表示氣體分（原）子活動所達到的空間邊界，當體積減小時，而其他變數〔氣體質量（W）、（絕對）溫度（T）〕維持不變，則氣體分（原）子與邊界碰撞的頻率則會增加，故氣體體積（V）減小則氣體壓力（P）會變大；反之，氣體體積（V）增加則氣體壓力（P）會減小。（氣體體積可變大、變小、變形，為可壓縮性流體）。

波義耳定律：當氣體量（W 或 n）、（絕對）溫度（T）維持一定時，氣體體積（V）與氣體壓力（P）成反比關係；可以數學式表示為：$V \propto 1/P$
或寫成：$P \times V = k$，k 為一常數【或：$P_1 \times V_1 = P_2 \times V_2 = \cdots = P_n \times V_n = k$】
即定量氣體（W）於定溫（T）時，當氣體體積（V）增加時，則該氣體壓力（P）會減小；當氣體體積（V）減小時，則該氣體壓力（P）會增加；但：氣體體積（V）× 氣體壓力（P）＝常數（k）。其數學關係如圖 1 所示。

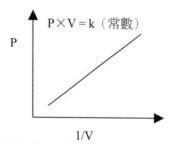 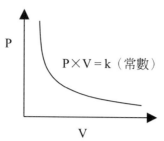

圖1：定量氣體（W）於定溫（T）時，氣體體積（V）與氣體壓力（P）成反比關係（V×P＝k，k為一常數）

例1：地平面0℃、1.0atm（大氣壓）時，某氦氣（He）氣球體積為22.4L；〔假設溫度不變〕
(1)若該氣球飄至高山，大氣壓力減小至0.25atm時，預測氣球體積為？（L）
解：當大氣壓力減小至0.25atm時（此時氣球內氣體壓力亦為0.25atm），假設氣球體積為V(L)

　　　代入$P_1 \times V_1 = P_2 \times V_2$
　　　則$1 \times 22.4 = 0.25 \times V$
　　　V＝89.6(L)

(2)若該氣球沉沒至海裡，體積減小至6.0L時，預測氣球內氣體之平均壓力為？（atm）
解：當氣球體積減小至6.0L時，假設氣球內氣體之平均壓力為P(atm)

　　　代入$P_1 \times V_1 = P_2 \times V_2$
　　　則$1 \times 22.4 = P \times 6.0$
　　　P＝3.73(atm)

【註1】地面上之大氣壓力P，為單位面積垂直氣柱之重量W＝mg，亦即單位面積所受力之大小（P＝W/A）。

【註2】常見的大氣壓力單位轉換：〔水銀的密度（0℃）為13.5951g/cm³；應用中常取13.6g/cm³〕
1atm（標準大氣壓）＝76cmHg（公分汞柱）＝760mmHg（毫米汞柱）＝1033.228cmH₂O（公分水柱）
＝10332.28mmH₂O（毫米水柱）

例2：大氣壓力單位轉換
(1)已知大氣氣壓計讀值為766.0mmHg，相當於？（atm，標準大氣壓）
解：766.0mmHg＝766.0mmHg×(1atm/760mmHg)≒1.008(atm)
(2)已知大氣氣壓計讀值為766.0mmHg，相當於？(cmH₂O)
解：766.0mmHg＝766.0mmHg×(1033.228cmH₂O/760mmHg)≒1041.4(cmH₂O)
　　或＝1.008atm×(1033.228cmH₂O/atm)≒1041.5(cmH₂O)

例3：大氣壓力單位轉換
(1)已知水柱高100.0cmH₂O，相當於？(mmHg)
解：100.0cmH₂O＝100.0cmH₂O×(760mmHg/1033.228cmH₂O)≒73.6(mmHg)
(2)已知水柱高100.0cmH₂O，相當於？（atm，標準大氣壓）
解：100.0cmH₂O＝100.0cmH₂O×(1atm/1033.228cmH₂O)≒0.0968(atm)
　　或＝73.6mmHg×(1atm/760mmHg)≒0.0968(atm)

例4：波義耳定律之實驗—滴定管中之氣體體積（V）與壓力（P）之關係（如圖1），結果記錄如下（粗體部分），試計算填表：

A.大氣壓力P_a(mmHg)	766.0
B.水溫（或室溫）（℃）	22.0
C.滴定管（上端）無刻度部分之體積V_0(cc)（需扣除橡皮塞所占之體積）	6.5

（續下表）

液（水）面高差		轉換為（水）壓力	大氣壓力 P_a(mmHg)	滴定管中氣體壓力 P_{gas}(mmHg)	滴定管液面刻度（cc）	滴定管中之氣體體積 $V=(V_o+滴定管液面刻度)$（cc）		$(P_{gas})\times V$ (mmHg・cc)
水柱高 h（cm）		$P_水$(mmHg)				V	1/V	
0		**0**	**766.0**	766.0	**30.0**	36.5	0.0274	27959
D.舉高分液漏斗	+100	73.6	766.0	839.6	**27.4**	33.9	0.0295	28462
	+75	55.2	766.0	821.2	**28.0**	34.5	0.0290	28331
	+50	36.8	766.0	802.8	**28.7**	35.2	0.0284	28259
	+25	18.4	766.0	784.4	**29.5**	36.0	0.0278	28238
E.降低分液漏斗	-25	18.4	766.0	747.6	**31.1**	37.6	0.0266	28110
	-50	36.8	766.0	729.2	**32.0**	38.5	0.0260	28074
	-75	55.2	766.0	710.8	**33.0**	39.5	0.0253	28077
	-100	73.6	766.0	692.4	**34.0**	40.5	0.0247	28042
F.試算平均值 = $\sum[(Pgas)\times V]/9$								28172

G.繪出滴定管中之氣體體積V（X軸）－滴定管中之氣體壓力P_{gas}（Y軸）關係圖

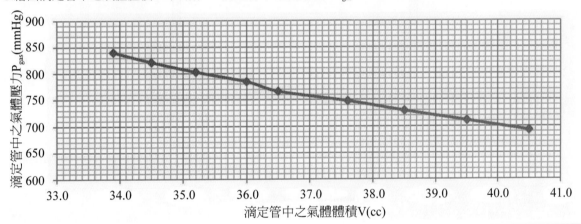

H.繪出滴定管中之氣體體積之倒數1/V（X軸）－滴定管中之氣體壓力P_{gas}（Y軸）關係圖

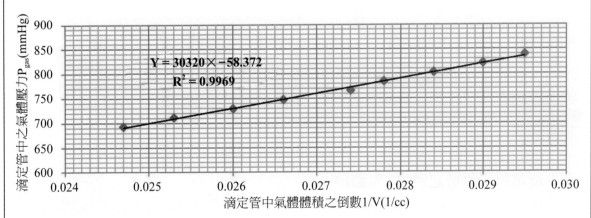

$Y = 30320 \times -58.372$
$R^2 = 0.9969$

【註3】
(1)D.舉高分液漏斗時滴定管中之氣體壓力$P_{gas} = P_{atm} + P_水$；E.降低分液漏斗時滴定管中之氣體壓力$P_{gas} = P_{atm} - P_水$。
(2)波義耳定律：定量氣體（W）於定溫（T）時，氣體體積（V）與氣體壓力（P）成反比關係。
　　數學式表示如下：$V \times P = k$，k為一常數【或：$P_1 \times V_1 = P_2 \times V_2 = k$】
(3)表中之壓力單位換算如下：$P_水(mmHg) = 水柱高h(cmH_2O) \times [760(mmHg)/1033.228(cmH_2O)]$

【註4】
(1)本實驗管柱中所裝之液體為「水」，測得之氣體壓力為「濕空氣」所作用，故包含水的蒸氣壓；管柱中之液體不使用「水銀」，因其毒害大，為管制品。
(2)壓力平衡之計算如下：（P_{gas}：氣體壓力；P_{atm}：大氣壓力；$P_水$：水柱壓力；h：水柱高；d：水密度）

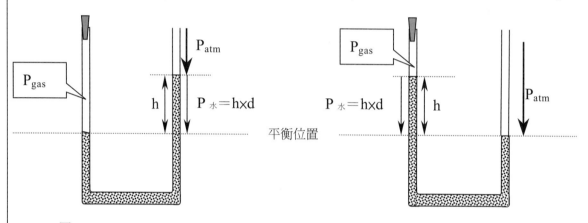

　　A 圖：$P_{gas} = P_{atm} + P_水 = P_{atm} + (h \times d)$　　　　　　　　B 圖：$P_{gas} + P_水 = P_{gas} + (h \times d) = P_{atm}$

例5：【註4】A圖，已知大氣壓力 = 764.0mmHg，水柱高 = 25.0cm，設水密度 = 1.00g/cm³，求管中之氣體壓力（P_{gas}）為？(atm)
解：$P_{atm} = 764.0mmHg = 764.0mmHg \times (1atm/760mmHg) = 1.005(atm)$
　　　$P_水 = h \times d = 25.0(cm) \times 1.00(g/cm^3) = 25.0(g/cm^2) = 25.0(g/cm^2) \times [1atm/(1033.228g/cm^2)] = 0.0242(atm)$
　　　$P_{gas} = P_{atm} + P_水 = P_{atm} + (h \times d) = 1.005 + 0.0246 = 1.030(atm)$

例6：【註4】B圖，已知大氣壓力 = 764.0mmHg，水柱高 = 25.0cm，設水密度 = 1.00g/cm³，求
(1)管中之氣體壓力（P_{gas}）為？（mmHg）
解：$P_{atm} = 764.0mmHg$
　　　$P_水 = h \times d = 25.0(cm) \times 1.00(g/cm^3) = 25.0(g/cm^2) = 25.0(g/cm^2) \times [760mmHg/(1033.228g/cm^2)]$
　　　　$= 18.4(mmHg)$
　　　$P_{gas} + P_水 = P_{gas} + (h \times d) = P_{atm}$
　　　$P_{gas} + 18.4 = 764.0$
　　　$P_{gas} = 764.0 - 18.4 = 745.6(mmHg)$
(2)管中之氣體壓力（P_{gas}）為？（atm）
解：$P_{gas} = 745.6(mmHg) \times (1atm/760mmHg) = 0.981(atm)$

(二)查理定律（氣體之溫度T與體積V）

　　查理先生研究氧（O_2）、氮（N_2）、氫（H_2）、二氧化碳（CO_2）及空氣於 0℃ 與 100℃ 間熱膨脹的情形，發現每種氣體的膨脹率都相同。當氣體量（W 或 n）、氣體壓力（P）維持一定時，溫度（t）每增加（或減少）1℃，其體積（V）會增加（或減少）其在 0℃時體積

的 1/273.15（被修正後）；可以數學式表示為：

$$V_t = V_o \times \left(1 + \frac{t}{273.15}\right)$$

式中 V_t 為氣體在 t°C時的體積，V_0 為氣體在 0°C時的體積， 1/273.15 為氣體的熱膨脹係數；各種氣體的熱膨脹係數值都相同，約 1/273。

　　凱氏溫標（絕對溫度）T（K）= 273.15 + t（°C）

查理定律：氣體壓力（P）一定時，定量氣體（W）的體積（V）與其絕對溫度（T）成正比關係；可以數學式表示為：$V \propto T$

或寫成 $V = k \times T$，k 為一常數【或：$\dfrac{V_1}{T_1} = \dfrac{V_2}{T_2} = K$】

絕對溫度 T（K）= 273 + t（°C）

即定量氣體（W）於定壓（P）時，當氣體（絕對）溫度（T）增加時，則該氣體體積（V）亦會增加；當氣體（絕對）溫度（T）減小時，則該氣體體積（V）亦會減小；但：氣體體積（V）/ 氣體絕對溫度（T）= 常數（k）。其數學關係如圖 2 所示。

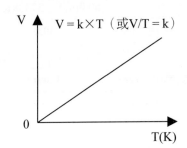
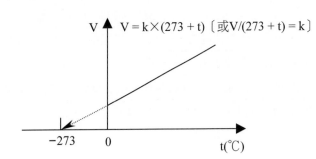

圖2：定量氣體（W）於定壓（P）時，其氣體體積（V）與絕對溫度（T）成正比關係

　　　V = k×T，k 為一常數；絕對溫度 T(K) = 273 + t(°C)

例7：當氣體量（W）、氣體壓力（P）維持一定時，氣體體積（V）與絕對溫度（T）成正比關係。試將查理定律之數學式表示為：$V_1/T_1 = V_2/T_2 = k$

解：設 $T_1(K) = 273.15 + t_1$(°C)時，氣體體積為V_1；設 $T_2(K) = 273.15 + t_2$(°C)時，氣體體積為V_2；

代入$V_t = V_0[1 + (t/273.15)]$

$V_1 = V_0[1 + (t_1/273.15)] = V_0[(273.15 + t_1)/273.15] = V_0(T_1/273.15)$

$V_2 = V_0[1 + (t_2/273.15)] = V_0[(273.15 + t_2)/273.15] = V_0(T_2/273.15)$

上2式相除，得：$V_1/V_2 = T_1/T_2$

整理後得：$V_1/T_1 = V_2/T_2 = k$（常數）

例8：已知1.0atm、25.0°C時，定量之空氣體積為300.0cc；若壓力不變，欲將其體積膨脹至360.0cc，則需增溫至？°C

解：定壓、定量氣體時，設氣體體積膨脹至360.0cc時，溫度為t°C

代入$V_1/T_1 = V_2/T_2 = k$（常數）

$300.0/(273.15 + 25.0) = 360.0/(273.15 + t)$

t = 84.6(°C)

（續下表）

例9：地平面25.0℃、1.0atm（大氣壓）時，某氦氣（He）氣球體積為24.4L；【定(質)量、定壓】

(1)若該氣球增溫至100℃，預測氣球體積為？(L)

解：當氣體溫度增至100℃時，假設氣球體積為V(L)

代入 $V_1/T_1 = V_2/T_2$

則 $24.4/(273.15 + 25) = V/(273.15 + 100)$

V = 30.5(L)

(2)若該氣球體積減小至12.2L時，預測氣球內氣體之溫度為？（℃）

解：當氣球體積減小至12.2L時，假設氣球內氣體之溫度為t（℃）

代入 $V_1/T_1 = V_2/T_2$

則 $24.4/(273.15 + 25.0) = 12.2/(273.15 + t)$

t = -124.1(℃)

例10：查理定律之實驗－氣體體積（V）與（絕對）溫度（T）之關係（如圖2），結果記錄如下【粗體部分】，試計算填表：

項　目	結果記錄與計算	
A.抽氣瓶系統（含分支、連接之塑膠管）之體積V_0(cc)	**300.0**	
B.室溫之水浴溫度t_0（℃）或$T_0 = 273 + t_0$(K)	**22.0**(℃)	295.0(K)
C.60.0℃之水浴溫度t_1（℃）或$T_1 = 273 + t_1$(K)	**60.0**(℃)	333.0(K)
D.60.0℃之水浴溫度時，抽氣瓶系統體積$V_1 = （V_0 + 塑膠注射筒增加之體積）$(cc)	**340.0**	
E.83.0℃之水浴溫度t_2（℃）或$T_2 = 273 + t_2$(K)	**83.0**(℃)	373.0(K)
F.83.0℃之水浴溫度時，抽氣瓶系統體積$V_2 = （V_0 + 塑膠注射筒增加之體積）$(cc)	**360.0**	
G.試算：V_0/T_0或$V_0/(273 + t_0)$ (cc/K)　　　　　　【A/B】	1.017	
H.試算：V_1/T_1或$V_1/(273 + t_1)$ (cc/K)　　　　　　【D/C】	1.021	
I.試算：V_2/T_2或$V_2/(273 + t_2)$ (cc/K)　　　　　　【F/E】	0.965	
J.試算平均值：$[(V_0/T_0) + (V_1/T_1) + (V_2/T_2)]/3$ (cc/K)　　【(G + H + I)/3】	1.001	

【註5】查理定律：氣體壓力（P）一定時，定量氣體（W）的體積（V）與其絕對溫度（T）成正比關係。

數學式表示如下：$V_1/T_1 = V_2/T_2 = k$ 或 $V_1/(273 + t_1) = V_2/(273 + t_2) = k$

絕對溫度$T(K) = 273 + t$(℃)

(三)給呂薩克定律（溫度與壓力）

給呂薩克先生研究氣體溫度（t）與氣體壓力（P）的關係，發現：在一定的體積（V）下，定量的任何氣體（W），其壓力（P）隨著溫度（t）上升而增大的比例都一樣，每升高1℃，壓力（P）就增加其在0℃時的1/273；可以數學式表示為：

$$P_t = P_o \times \left(1 + \frac{t}{273}\right)$$

式中P_t為氣體在t℃時的壓力，P_0為氣體在0℃時的壓力，1/273為氣體的壓力係數（Pressure Coefficient）；各種氣體的壓力係數值都相同，約1/273。

給呂薩克定律：當氣體量（W）、氣體體積（V）維持一定時，氣體壓力（P）與絕對溫度（T）成正比關係；可以數學式表示為：$P \propto T$

或寫成 $P = kT$，k 為一常數【或：$P_1/T_1 = P_2/T_2 = k$】

絕對溫度 $T(K) = 273 + t(°C)$

即定量氣體（W）於定體積（V）時，當（絕對）溫度（T）增加時，該氣體壓力（P）亦會增加；當（絕對）溫度（T）減小時，該氣體壓力（P）亦會減小；但：氣體壓力（P）／絕對溫度（T）＝常數（k）。其數學關係如圖 3 所示。

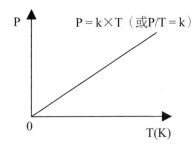

圖 3：定量（W）定體積（V）之氣體，其氣體壓力（P）與絕對溫度（T）成正比關係

　　　$P = k \times T$，k 為一常數；絕對溫度 $T(K) = 273 + t(°C)$

　　　氣體系統之氣體質量（W）、體積（V）維持一定時，當（絕對）溫度（T）增加時，氣體分（原）子之平均速度會增加，使得氣體分（原）子與容器內壁的碰撞頻率變大，使得氣體分（原）子對容器內壁所產生的壓力（P）亦變大。是故，若定量氣體（W）系統內之氣體壓力（P）欲維持一定不變時（例如，欲維持 1 大氣壓），當（絕對）溫度（T）增加，則氣體體積（V）亦會增加〔直至氣體壓力（P）為 1 大氣壓止（達平衡）〕；當（絕對）溫度（T）減少，則氣體體積（V）亦會減少〔直至氣體壓力（P）為 1 大氣壓止（達平衡）〕。

例11：當氣體量（W）、氣體體積（V）維持一定時，氣體壓力（P）與絕對溫度（T）成正比關係。試將給呂薩克定律之數學式表示為：$P_1/T_1 = P_2/T_2 = k$（常數）

解：設 $T_1(K) = 273.15 + t_1(°C)$ 時，氣體壓力為 P_1；設 $T_2(K) = 273.15 + t_2(°C)$ 時，氣體壓力為 P_2；

　　　代入 $P_t = P_0[1 + (t/273)]$

　　　$P_1 = P_0[1 + (t_1/273.15)] = P_0[(273.15 + t_1)/273.15] = P_0(T_1/273.15)$

　　　$P_2 = P_0[1 + (t_2/273.15)] = P_0[(273.15 + t_2)/273.15] = P_0(T_2/273.15)$

　　　上 2 式相除，得 $P_1/P_2 = T_1/T_2$

　　　整理後得：$P_1/T_1 = P_2/T_2 = k$（常數）

（續下表）

例12：25.0℃、1.0atm（大氣壓）時，某氫氣（H_2）鋼瓶體積為24.4L；【定(質)量、定體積】

(1)若該鋼瓶增溫至100.0℃，預測鋼瓶內之氣壓為？(atm)

解：若氣體溫度增至100.0℃時，設鋼瓶內之氣壓為P(atm)

代入$P_1/T_1 = P_2/T_2$

則$1.0/(273.15 + 25.0) = P/(273.15 + 100.0)$

P = 1.25(atm)

(2)若該鋼瓶之壓力減小至0.8atm時，預測鋼瓶內氣體之溫度為？（℃）

解：若氣體壓力減至0.8atm時，設鋼瓶內氣體之溫度為t(℃)

代入$P_1/T_1 = P_2/T_2$

則$1.0/(273.15 + 25.0) = 0.8/(273.15 + t)$

t = −34.6(℃)

例13：已知噴霧劑罐內部能承受8.0atm之壓力；於25.0℃時，罐內氣壓為4.0atm，若將其丟入火中，使罐內氣體溫度達450℃，則【定(質)量、定體積】

(1)罐內氣壓為？(atm)

解：當氣體溫度增至450℃時，罐內氣壓為P(atm)

代入$P_1/T_1 = P_2/T_2$

則$4.0/(273.15 + 25.0) = P/(273.15 + 450)$

P = 9.70(atm)

(2)會產生氣爆嗎？

解：罐內氣壓為9.70atm，超過噴霧劑罐能承受之壓力（8.0atm），故會產生氣爆。

(3)此噴霧劑罐會產生氣爆之界限溫度為？(℃)

解：設氣體溫度增至t℃時，罐內氣壓為8.0(atm)

代入$P_1/T_1 = P_2/T_2$

則$4.0/(273.15 + 25) = 8.0/(273.15 + t)$

t = 323.15(℃)（即高於此溫度時，罐內氣壓大於8.0atm）

(四)亞佛加厥定律（體積與莫耳）

亞佛加厥先生提出：不同之氣體於同溫（T）、同壓（P）時，相同體積之氣體含有相同之氣體分子數（或莫耳數）。或氣體於同溫（T）、同壓（P）時，氣體的體積（V）與氣體的莫耳數（n = W/M）成正比關係；可以數學式表示為：$V \propto n$

或寫成 $V = k \times n$，k 為一常數【或：$\dfrac{V_1}{n_1} = \dfrac{V_2}{n_2} = K$】

式中 n 為氣體之莫耳數，n = W/M = 氣體質量／氣體莫耳質量。其數學關係如圖 4 所示。

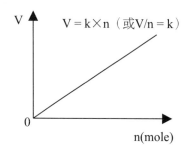

圖 4：定溫（T）定壓（P）之氣體，其體積（V）與莫耳數（n）成正比關係（$V = k \times n$，k 為一常數）

例14：地平面25.0℃、1.0atm（大氣壓）時，某氣球填充氦氣（He）1.0莫耳，體積為24.4L；若再加入4.0
　　　莫耳之氦氣，則該氣球之體積會膨脹為？（L）【定壓、定溫】

解：若氣體量增至5.0莫耳時，設氣球體積為V(L)

　　代入$V_1/n_1 = V_2/n_2$

　　則24.4/1.0 = V/(1.0 + 4.0)

　　V = 122.0(L)

　　由亞佛加厥定律可知：同溫（T）同壓（P）時，任何具相同莫耳數之氣體，其體積皆相等。為便於相同基準比較，取 0℃（273K）為標準溫度、1atm（760mm Hg）為標準壓力，稱 STP（Standard Temperature and Pressure，標準溫度和壓力）狀態；另常溫、常壓則為 25℃、1atm 狀態。

　　經實驗觀察，於 STP 狀態時，任何 1 莫耳氣體之體積皆為 22.4L（公升），此為「莫耳體積」。

例15：STP狀態時，試計算5.6L二氧化碳（CO_2）氣體為多少莫耳？（mole）

解：因於STP狀態時，任何1莫耳氣體之體積皆為22.4公升，故

　　5.6L CO_2×(1mole CO_2/22.4L CO_2) = 0.25(mole)

例16：STP狀態時，試計算64.0g二氧化碳(CO_2)氣體之體積為多少？(L)

解：二氧化碳（CO_2）之莫耳質量 = 12.01 + 16.00×2 = 44.01(g/mole)

　　二氧化碳（CO_2）莫耳數 = 64.0g CO_2×(1mole CO_2/44.01g CO_2) = 1.454(mole CO_2)

　　二氧化碳（CO_2）體積數 = 1.454 mole CO_2×(22.4L CO_2/mole CO_2) = 32.57(L CO_2)

三、器材與藥品

(一)波義耳定律之實驗（壓力P與體積V）

　　滴定管（或刻度吸管）中之氣體體積（V）與壓力（P）之關係

1.50cc滴定管	5.漏斗
2.（半透明）矽膠（軟）管（約200cm，內徑6～7mm）	6.100或250cc燒杯
3.分液漏斗（125cc或250cc）	7.橡皮塞（＃0或＃1）
4.鐵架（含鐵環、鐵夾）	8.捲尺
9.大氣氣壓計（可讀取mmHg）	

(二)查理定律之實驗（溫度T與體積V）

1.抽氣瓶（250cc過濾吸引瓶，外徑10mm）	7.細鐵絲
2.橡皮塞（＃11）	8.量筒（500cc）

（續下表）

3.塑（或橡、矽）膠管（約6cm，內徑10mm）	9.燒杯（1000cc）
4.塑（或橡、矽)膠管（約6cm，內徑3或4mm）	10.溫度計
5.PP直型接頭（6～8mm）	11.鐵架（含鐵夾）
6.塑膠注射筒（60cc）	12.乾布（或衛生紙）

四、實驗步驟與結果

(一)波義耳定律之實驗－滴定管中之氣體體積（V）與壓力（P）之關係

1. 量測大氣壓力 P_a（或上氣象局網站查詢）、水溫（或室溫），記錄之。
2. 取滴定管（頂端塞上橡皮塞），量取滴定管上端無刻度部分之長度（扣除橡皮塞），與有刻度部分比較，依比例可求出（滴定管）無刻度部分之體積 V_0(cc)，記錄之。【註6：某些 50cc 之滴定管，每 1cm 長度≒ 1cc。】
3. 將滴定管（取下橡皮塞）、矽膠管、分液漏斗連接，架設於鐵架（鐵環、鐵夾）上，裝置如下圖所示。

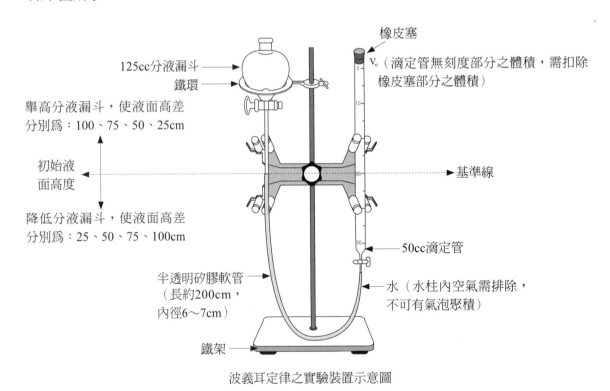

波義耳定律之實驗裝置示意圖

4. 以小燒杯藉漏斗注水於分液漏斗內，上舉或下降分液漏斗，調整使分液漏斗之液面與滴定管之液面於 30cc 處刻度等高，暫以鐵架之鐵環、鐵夾固定之。【註 7：注水過程中須排除矽膠管中之氣泡。】
5. 靜置片刻，待水溫與室溫達平衡，於滴定管上端塞上橡皮塞，記錄滴定管內之氣體體積 V ＝（V_0 ＋ 滴定管液面刻度）（cc）。【註 8：需扣除橡皮塞所佔有之體積】

6. 舉高分液漏斗，使兩者液面高差 100cm，記錄此時滴定管中之氣體體積 V＝（V_0 ＋ 滴定管液面刻度）（cc）。

7. 同 6.，改變分液漏斗高度，使兩者液面高差分別爲 75、 50、 25cm，分別記錄滴定管中之氣體體積 V＝（V_0＋滴定管液面刻度）（cc）。

8. 繼續降低分液漏斗，使兩者液面高差分別爲 25、50、75、100cm，分別記錄滴定管中之氣體體積 V＝（V_0＋滴定管液面刻度）（cc）。

9. 實驗結果記錄與計算：

A.大氣壓力P_a(mmHg)								
B.水溫（或室溫）（℃）								
C.滴定管（上端）無刻度部分之體積 V_0(cc)（需扣除橡皮塞所占之體積）								
液（水）面高差	轉換爲（水）壓力	大氣壓力 P_a(mmHg)	滴定管中氣體壓力 P_{gas}(mmHg)	滴定管液面刻度(cc)	滴定管中之氣體體積V＝(V_0＋滴定管液面刻度)(cc)		(P_{gas})×V (mmHg・cc)	
水柱高h(cm)	$P_水$(mmHg)				V	1/V		
0	0			30.0				
D. 舉高分液漏斗 ＋100	73.6							
＋75	55.2							
＋50	36.8							
＋25	18.4							
E. 降低分液漏斗 −25	18.4							
−50	36.8							
−75	55.2							
−100	73.6							
F.試算平均值 ＝ $\Sigma[(P_{gas})×V]/9$								

10. 實驗結果繪圖於方格紙

　　(1) 氣體體積（V）（X 軸）－氣體壓力（P_{gas}）（Y 軸）關係圖

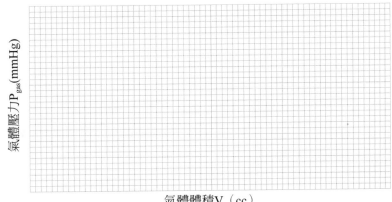

(2) 氣體體積之倒數（1/V）（X 軸）– 氣體壓力（P_gas）（Y 軸）關係圖

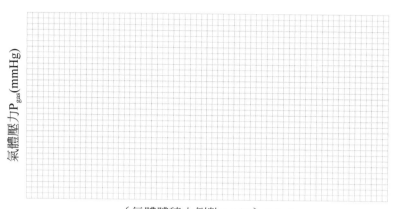

〔氣體體積之倒數：1/V〕(1/cc)

(二)查理定律之實驗〔氣體體積（V）與（絕對）溫度（T）之關係〕

1. 備 250cc 抽氣瓶（過濾吸引瓶）、橡皮塞、塑（或橡、矽）膠管、PP 直型接頭（6–8mm）、塑膠注射筒（60cc）、細鐵絲、燒杯（1000cc）、溫度計、鐵架（鐵夾），裝置如下圖所示。

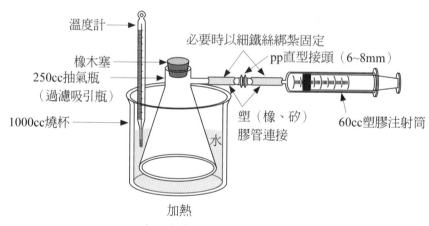

查理定律之實驗裝置示意圖

2. 連接：抽氣瓶分支處→塑（橡、矽）膠管→PP 直型接頭（6–8mm）→塑（橡、矽）膠管→塑膠注射筒（60cc）。若有需要，兩端以細鐵絲固定使不漏氣。【註 9：接管處兩端口徑不同，以塑膠大小接頭串連之】

3. 將塑膠注射筒活塞推至底。

4. 量測抽氣瓶系統（含分支、連接之塑膠管）之體積：取自來水裝滿抽氣瓶系統（含分支、連接之塑膠管），蓋上橡皮塞，將多餘之水排出；再取下橡皮塞。另取 500cc 量筒，將抽氣瓶系統（含分支、連接之塑膠管）中之自來水倒入量筒中，量測其體積 V_0（cc），記錄之。抽氣瓶系統可以乾布或衛生紙擦乾之。

5. 取 1000cc 燒杯，置入約半滿之自來水，將抽氣瓶裝置靜置於水浴中約 3 分鐘，使系統溫度達平衡，記錄水溫 t_0（℃），蓋上橡皮塞。

7. 緩慢加熱水浴，使溫度上升至 50℃時，熱源稍減，儘量維持該溫度數分鐘；當塑膠注射筒活塞不再移動時（系統內外壓力達平衡），記錄水浴溫度 t_1（℃）、抽氣瓶系統體積 V_1 ＝（V_0 ＋ 塑膠注射筒增加之體積）（cc）。【註 10：若活塞過緊不動，可以手抽送活塞數次，使能活動，再鬆手使系統內外壓力自然達平衡，再記錄系統之體積；或以水或潤滑油潤滑之。】

8. 緩慢加熱水浴，使溫度上升至 80℃時，熱源稍減，維持該溫度數分鐘；當塑膠注射筒活塞不再移動時（系統內外壓力達平衡），記錄水浴溫度 t_2（℃）、抽氣瓶系統體積 V_2 ＝（V_0 ＋ 塑膠注射筒增加之體積）（cc）。

9. 實驗結果記錄與計算：

項　目	結果記錄與計算	
A.抽氣瓶系統（含分支、連接之塑膠管）之體積V_0(cc)		
B.室溫之水浴溫度t_0(℃) 或T_0(K) ＝ 273 ＋ t_0	(℃)	(K)
C.約50℃之水浴溫度t_1(℃) 或T_1(K) ＝ 273 ＋ t_1	(℃)	(K)
D.約50℃之水浴溫度時，抽氣瓶系統體積V_1 ＝（V_0 ＋ 塑膠注射筒增加之體積)(cc)		
E.約80℃之水浴溫度t_2(℃) 或T_2(K) ＝ 273 ＋ t_2	(℃)	(K)
F.約80℃之水浴溫度時，抽氣瓶系統體積V_2 ＝ （V_0 ＋ 塑膠注射筒增加之體積)(cc)		
G.試算：V_0/T_0或$V_0/(273 + t_0)$ (cc/K)　　　　　　　【A/B】		
H.試算：V_1/T_1或$V_1/(273 + t_1)$ (cc/K)　　　　　　　【D/C】		
I.試算：V_2/T_2或$V_2/(273 + t_2)$ (cc/K)　　　　　　　【F/E】		
J.試算平均值：$[(V_0/T_0) + (V_1/T_1) + (V_2/T_2)]/3$ (cc/K)　　【(G＋H＋I)/3】		
【註11】查理定律：氣體壓力（P）一定時，定量氣體（W）的體積（V）與其絕對溫度（T）成正比關係。　　　　數學式表示如下：$V_1/T_1 = V_2/T_2 = k$ 或 $V_1/(273 + t_1) = V_2/(273 + t_2) = k$　　　　絕對溫度$T(K) = 273 + t(℃)$		

10. 繪出氣體溫度（X軸）－氣體體積（Y軸）關係圖；並試算「絕對 0 度（K）」為？（℃）

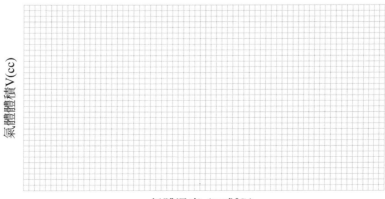

氣體溫度（K或℃）

五、心得與討論：

實驗 8：聯合氣體定律 — 氣體壓力、體積與溫度之關係

一、目的：

(一) 了解聯合氣體定律，即定量氣體（W）時，氣體壓力（P）× 氣體體積（V）與氣體溫度（T）成正比，即 $P \times V = k \times T$。

(二) 練習聯合氣體定律之實驗及計算。

二、相關知識

　　一般影響氣體性質之 4 個因素為：壓力（P）、體積（V）、（絕對）溫度（T）、莫耳數（n = W / M）。

　　定量氣體（W）時，其壓力（P）、體積（V）與（絕對）溫度（T）之關係為：

由波義耳定律知，定量氣體（W）於定溫（T）時：$V \propto 1/P$

由查理定律知，定量氣體（W）於定壓（P）時：$V \propto T$

合併之，得：$V \propto (T/P)$

即：$V = k \times (T/P)$，k 為常數

或：$P \times V = k \times T$

或：$\dfrac{P \times V}{T} = k$

或寫成：$\dfrac{P_1 \times V_1}{T_1} = \dfrac{P_2 \times V_2}{T_2} = \cdots = \dfrac{P_n \times V_n}{T_n} = k$

其數學關係如圖 1 所示。

此為聯合氣體定律。

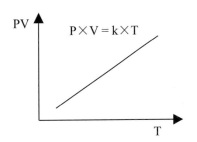

圖 1：定量氣體（W）時，氣體壓力（P）× 氣體體積（V）與氣體溫度（T）成正比，即

　　　$P \times V = k \times T$（k 為一常數）

例1：進行聯合氣體定律實驗，裝置如圖所示，已知大氣壓力P_a = 766mmHg、滴定管液面初始刻度v_0 = 45.0cc、抽氣瓶（含分支管）之容積V_0 = 302.0cc，結果記錄如表（粗體者）

(1)試填下表

項　目	第1次	第2次	第3次	第4次
1.氣體溫度t($^{\circ}$C)	**30.0**	**60.0**	**70.0**	**80.0**
2.氣體溫度T(K) = 273 + t($^{\circ}$C)	303.0	333.0	343.0	353.0
3.抽氣瓶（含分支管）之容積V_0(cc)	**302.0**	**302.0**	**302.0**	**302.0**
4.滴定管液面初始刻度v_0(cc)	**45.0**	**45.0**	**45.0**	**45.0**
5.平衡時滴定管液面刻度v(cc)	**45.0**	**33.0**	**30.5**	**27.5**
6.矽膠管中氣體之體積＝滴定管液面上升之體積 　=(v_0 − v)(cc)	0.0	12.0	14.5	17.5
7.抽氣瓶系統體積V =（抽氣瓶＋矽膠管中氣體之體積）= V_0 + (v − v_0)(cc)	302.0	314.0	316.5	319.5
8.大氣壓力P_a(mmHg)	**766.0**	**766.0**	**766.0**	**766.0**
9.滴定管與U型矽膠（軟）管之液面高差H(cmH$_2$O)	**0.0**	**56.0**	**67.0**	**82.0**
10.水壓$P_{水}$(mm Hg) 　=H(cmH$_2$O)×760(mm Hg)/1033.228(cm H$_2$O)	0.0	41.2	49.3	60.3
11.抽氣瓶系統中之氣體壓力P_{gas} = P_a + $P_{水}$ (mm Hg)	766.0	807.2	815.3	826.3
12.抽氣瓶系統中之氣體壓力P_{gas}(atm)	1.008	1.062	1.073	1.087
13.試算：PV (atm・cc)	304.4	333.5	339.6	347.3
14.試算：PV/T (atm・cc/K)	1.005	1.001	0.990	0.984
15.試算（PV/T）平均值（atm・cc/K）	0.995			

(2)作氣體溫度（T）（X軸）－氣體壓力（P）×氣體體積（V）（Y軸）關係圖：以Excel作圖如下

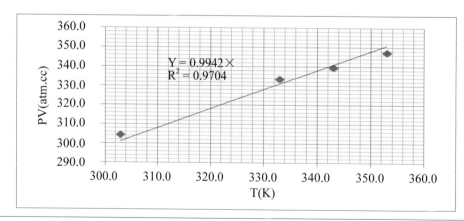

例2：水面下，於4.00atm、11°C時，潛水員之氧氣筒內釋出26.5cc之氣泡，其浮上水面時，壓力為1.01atm、溫度為18°C，此時氣泡之體積為？(cc)

解：設該氣體於1.01atm、18°C時之體積為V(cc)，代入

$$P_1 \times V_1/T_1 = P_2 \times V_2/T_2$$

得$(4.00 \times 26.5)/(273 + 11) = 1.01 \times V/(273 + 18)$

V = 107.5(cc)

三、器材與藥品

聯合氣體定律－定量氣體（W）時，氣體壓力（P）× 氣體體積（V）與氣體（絕對）溫度（T）成正比。

1.大氣氣壓計（可讀取mmHg）	9.漏斗
2.250cc抽氣瓶〔（厚壁）過濾吸引瓶，分支處外徑10mm〕	10.量筒（500cc）
3.橡皮塞（＃11）	11.燒杯（500或1000cc）
4.PVC塑膠管（透明）（約6cm，內徑10mm）	12.溫度計
5.PP直型接頭（外徑6－8mm或7－10mm）	13.鐵架（含鐵環、鐵夾）
6.（半透明）矽膠（軟）管（約200cm，內徑0.6cm）	14.乾布（或衛生紙）
7.50cc滴定管（底部外徑約6～7mm）	15.捲尺
8.細鐵絲	

四、實驗步驟與結果

聯合氣體定律－氣體壓力（P）、體積（V）與（絕對）溫度（T）之關係

（一）量度抽氣瓶（或過濾吸引瓶）之容積（含分支處）：取自來水裝滿抽氣瓶（以手指堵住分支處），蓋上橡皮塞將多餘之水排出；橡皮塞取下備用。另取 500cc 量筒，將抽氣瓶中之自來水倒入量筒中，量測其體積（V_0cc），記錄之。抽氣瓶可以乾布或衛生紙擦乾之。

（二）備抽氣瓶、橡皮塞、PVC 塑膠管、PP 直型接頭、矽膠管、滴定管、細鐵絲、燒杯（500或 1000cc）、溫度計、鐵架（鐵環、鐵夾），裝置如下圖所示。

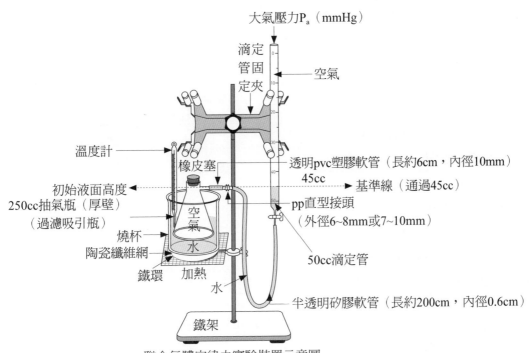

聯合氣體定律之實驗裝置示意圖

（三）裝置中之抽氣瓶分支處以 PVC 塑膠管（內徑 10mm）、PP 直型接頭（外徑 6~8mm）、矽膠管（內徑 6mm）與滴定管底部連接，使矽膠管呈 U 字型，兩端接頭處以細鐵絲固定使不漏氣。

（四）取燒杯內置約半滿之自來水，置放於鐵架（鐵環、鐵夾）上，配合本生燈調整至適當高度。

（五）將抽氣瓶置於燒杯水中，分支處跨放於燒杯邊緣上；另將滴定管以固定夾固定於鐵架上。

（六）取自來水以漏斗由滴定管上方注入，同時調整滴定管高度及水量，使滴定管之液面恰位於刻度 45.0cc 處，同時使 U 型矽膠管中之液面接近（稍低於）抽氣瓶分支處〔管中此部分之（氣體）體積可忽略不計〕，或以奇異筆標示液面位置，再計入其體積。【註 1：注水過程中須排除矽膠管中之氣泡。】

（七）將抽氣瓶裝置靜置於水浴中約 3 分鐘，使系統溫度達平衡，記錄水溫 t（℃）。

（八）將抽氣瓶蓋上橡皮塞；記錄：滴定管液面初始刻度 v_0（此取 45.0cc）、平衡時滴定管液面刻度 v（= 45.0cc）、滴定管與 U 型矽膠管之液面高差 H（= 0 cmH_2O）。

（九）由大氣氣壓計讀取大氣壓力 P_a（mm Hg），記錄之。

（十）緩慢加熱水浴，使溫度上升至 50℃ 時，熱源稍減，儘量維持該溫度數分鐘；當滴定管中液面不再上升時（系統內外壓力達平衡），記錄：水浴溫度 t（℃）、平衡時滴定管液面刻度 v（cc）、滴定管與 U 型矽膠管之液面高差 H（cm）。

（十一）計算：矽膠管中氣體之體積 = 滴定管液面上升之體積 =（v_0-v）=（45.0-v）（cc）。

（十二）計算：抽氣瓶系統體積 V
 = 抽氣瓶（含分支）容積 V_0 + 矽膠管中氣體之體積 = V_0 + 滴定管液面上升之體積
 = V_0 +（v_0-v）= V_0 +（45.0-v）〕（cc）。

（十三）計算：水壓 $P_水$（mm Hg）= H(cmH_2O)×760(mm Hg)/1033.228（cm H_2O）。

（十四）計算：抽氣瓶系統中之氣體壓力 P_g =（P_a + $P_水$）（mm Hg）。再轉換單位為：atm。

（十五）相同步驟，加熱水浴，使溫度上升至 75℃、100℃，分別記錄之。

（十六）實驗結果記錄與計算

項　目	第1次	第2次	第3次	第4次
A.抽氣瓶（含分支管）之容積V_0(cc)				
B.水溫（或氣體溫度）t(℃)	25.0	50.0	75.0	100.0
C.氣體溫度T(K) = 273 + t(℃)				
D.滴定管液面初始刻度v_0(cc)	45.0	45.0	45.0	45.0
E.平衡（穩定）時滴定管液面刻度v(cc)				
F.滴定管與U型矽膠管之液面高差H(cmH_2O)				
G.大氣壓力P_a(mmHg)				
H.矽膠管中氣體之體積＝滴定管液面上升之體積 =（v_0 - v）=（45.0 - v）(cc)　　　　　【D - E】				

I.抽氣瓶系統體積V＝（抽氣瓶＋矽膠管中氣體之體積） 　＝ V₀＋(v₀－v)＝V₀＋(45.0－v) (cc)　　　　【A＋H】				
J.水壓P_水(mm Hg) 　＝ H(cm H₂O)×760(mm Hg)/1033.228(cm H₂O)				
K.抽氣瓶系統中之氣體壓力P_g＝P_a＋P_水 (mm Hg)　　【G＋J】				
L.抽氣瓶系統中之氣體壓力P_g(atm)【轉換單位表示】　【K/760】				
M.試算：PV (atm·cc)　　　　　　　　　　　　　　【L×I】				
N.試算：PV/T (atm·cc/K)　　　　　　　　　　　　【M/C】				
O.試算（PV/T）平均值(atm·cc/K)				

【註2】聯合氣體定律：定量氣體（W或n）時，其壓力（P）、體積（V）與（絕對）溫度（T）之關係為
　　　　$P_1 \times V_1/T_1 = P_2 \times V_2/T_2 = k$（常數）
　　　　絕對溫度$T(K) = 273 + t(℃)$

【註3】

1.本實驗管柱中　裝之液體為「水」，測得之氣體壓力為「濕空氣」所作用，故含水的蒸氣壓；管柱中之液體不使用「水銀」，因其毒害大，為管制品。

2.壓力平衡之計算如下：（P_{gas}：瓶內氣體壓力；P_{atm}：大氣壓力；$P_水$：水柱壓力；h：水柱高差；d：水密度）

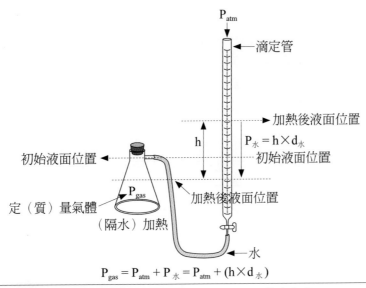

例3：【註3】已知大氣壓力＝764.0mm Hg，水柱高差＝25.00cm，設水密度＝1.0g/cm³，求瓶中之氣體壓力（P_{gas}）為？(atm)

解：P_{atm}＝764mm Hg＝764mm Hg×(1atm/760mm Hg)＝1.005(atm)
　　$P_水$＝h×d＝25.00(cm)×1.0(g/cm³)＝25.00(g/cm²)＝25.00(g/cm²)×[1atm/(1033.228g/cm²)]＝0.0242(atm)
　　P_{gas}＝P_{atm}＋$P_水$＝1.005＋0.0246＝1.030(atm)

（十七）實驗結果繪圖於方格紙：作氣體溫度（T）（X軸）－氣體壓力（P）×氣體體積（V）
　　　　（Y軸）關係圖

P×V(atm・cc)

氣體溫度T（K）

五、心得與討論：

_____
_____
_____
_____
_____
_____
_____
_____
_____
_____
_____
_____
_____
_____
_____
_____
_____
_____
_____
_____
_____
_____

實驗 9：理想氣體定律 — 利用蒸氣密度測定莫耳質量（分子量）

一、目的：

(一) 認識氣體之氣壓（P）、體積（V）、莫耳數（n）與溫度（T）間之關係。

(二) 了解揮發性液體或固體之蒸氣密度測定方法。

(三) 藉由蒸氣密度，依理想氣體方程式（PV＝nRT）計算化合物莫耳質量（分子量）。

二、相關知識

　　一般影響氣體性質之 4 個因素為：壓力（P）、體積（V）、（絕對）溫度（T）、莫耳數（n ＝ W/M）。

　　理想氣體定律係由波義耳定律、查理定律和亞佛加厥假說整合而成，如下：

由波義耳定律知，定量氣體（n）於定溫（T）時：$V \propto 1/P$

由查理定律知，定量氣體（n）於定壓（P）時：$V \propto T$

由亞佛加厥假說知，氣體於定溫（T）定壓（P）時：$V \propto n$

合併之，得：$V \propto (n \times \dfrac{T}{P})$

即：$\dfrac{V}{(\dfrac{n \times T}{P})} = R$，R 為常數（理想氣體常數）

或：$\dfrac{P \times V}{n \times T} = R$

整理得：$P \times V = n \times R \times T$　　此為理想氣體定律之數學表示式，或稱理想氣體狀態方程式。

理想氣體常數 R 之計算：於 STP（0℃、1atm）狀態時，1 莫耳之理想氣體其體積（V）為 22.4L（公升），代入

$$R = \frac{P \times V}{n \times T} = \frac{1atm \times 22.4L}{1mole \times 273K} = 0.08205(atm \cdot L/mole \cdot K)$$

或 $R \fallingdotseq 0.082 \,(atm \cdot L \cdot mole^{-1} \cdot K^{-1})$

　　於極高壓或極低溫時之氣體行為較不符理想氣體；一般之真實氣體行為都相當接近理想氣體，故可將真實氣體視為理想氣體，以理想氣體方程式運算之。

理想氣體方程式：

$$PV = nRT = (\frac{W}{M}) RT$$

式中

P：氣體壓力，atm

V：氣體體積，L

n：氣體莫耳數（＝ W/M），mole

R：氣體常數 = 0.082（atm · L/mole · K）

T：絕對溫度（凱氏溫度）(= 273 + t℃)，K

W：氣體質量，g

M：氣體莫耳質量（分子量），g ／ mole

將理想氣體方程式移項整理可得：

$$PM = (\frac{W}{V})RT = DRT$$

式中（W ／ V）= D 爲氣體密度（g ／ L），再整理得氣體分子量 M：

$$M = \frac{(\frac{W}{V}) \times R \times T}{P} = \frac{DRT}{P}$$

若將氣體、揮發性高之液體、揮發性高且不會熱分解固體物之蒸氣視爲理想氣體，則可在定溫、定壓下，藉測定蒸氣之密度，求得物質之莫耳質量（分子量）。表 1 列出部分有機溶劑之莫耳質量及沸點。

表 1：列出部分有機溶劑之分子量及沸點（1 atm）

有機溶劑	化學式	莫耳質量(g/mole)	沸點(℃)
甲醇	CH_3OH	32.04	64.7
乙醇	C_2H_5OH	46.07	78.3
乙醚	$C_2H_5OC_2H_5$	74.12	34.6
乙酸甲酯	CH_3COOCH_3	74.08	57.5
乙酸乙酯	$CH_3COOC_2H_5$	88.08	77.2
丙酮	CH_3COCH_3	58.08	56.2

　　本實驗係取已知之純液體試樣（揮發性有機溶劑），於已知體積 V（L）燒瓶內，將試樣加熱使蒸發氣化揮發，記錄溫度 T（K）、蒸氣壓力 P（atm），再冷卻後秤重得蒸氣冷凝後之重 W（g）；代入公式，即可求得試樣分子量。

例1：乙酸乙酯之化學式爲：$CH_3COOC_2H_5$【原子量：C = 12.0、H = 1.01、O = 16.0】

(1)乙酸乙酯$CH_3COOC_2H_5$理論之莫耳質量爲？（g/mole）

解：$CH_3COOC_2H_5$莫耳質量 = (12.0×4) + (1.01×8) + (16.0×2) = 88.08(g/mole)

(2)取燒瓶（體積145.0cc、重81.240g）加入3cc乙酸乙酯，將瓶口以鋁箔紙及橡皮筋（共重0.631g）封緊後刺一小孔，再以水浴法加熱，當瓶中液體全部蒸發氣化時，測定水溫爲85.5℃、室內大氣壓力爲766mmHg，並立即取出燒瓶擦乾、放置冷卻，再稱得燒瓶、鋁箔紙、橡皮筋及冷凝殘留液體重爲82.359g，則乙酸乙酯之莫耳質量實驗值爲？(g/mole)

解：PV = nRT　或PV = (W/M)RT

　　　設乙酸乙酯之莫耳質量爲M(g/mole)，則

　　　(766/760)×0.1450 = [(82.359 − 81.240 − 0.631)/M]×0.082×(273 + 82.5)

　　　M = 96.8(g/mole)

(3)實驗結果之誤差百分率（%）爲？

解：誤差百分率（%）= [(96.8 − 88.08)/88.08]×100% = 9.9%

三、器材與藥品

(一)乙酸乙酯（$CH_3COOC_2H_5$）莫耳質量（分子量）之測定

1.圓底燒瓶（約125cc）（或錐形瓶）	6.500或1000cc燒杯
2.鋁箔紙	7.溫度計
3.橡皮筋	8.大氣氣壓計（可讀取mmHg）
4.乙酸乙酯（$CH_3COOC_2H_5$）	9.電子秤
5.細針（或原子筆）	10.乾抹布（或衛生紙）

(二)未知試樣莫耳質量（分子量）之測定

1.圓底燒瓶（約125cc）（或錐形瓶）	6.500或1000cc燒杯
2.鋁箔紙	7.溫度計
3.橡皮筋	8.大氣氣壓計（可讀取mmHg）
4.甲醇CH_3OH、乙醇C_2H_5OH、乙酸甲酯CH_3COOCH_3、丙酮CH_3COCH_3【任選一種】	9.電子秤
5.細針（或原子筆）	10.乾抹布（或衛生紙）

四、實驗步驟與結果

(一)乙酸乙酯（$CH_3COOC_2H_5$）莫耳質量（分子量）之測定

1. 取一清潔且乾燥之圓底燒瓶（約 125cc）（或錐形瓶）、鋁箔紙、橡皮筋，精秤其重量，記錄之。
2. 圓底燒瓶內置入約 3cc 試樣（為揮發性純液體，如乙酸乙酯（$CH_3COOC_2H_5$），瓶口再覆上鋁箔紙並綁上橡皮筋密封之，另以一細針於鋁箔紙中央刺一小洞（於實驗加熱時，可使瓶內多餘氣體逸出，並維持瓶內氣壓與大氣壓力平衡）。
3. 取 500cc 燒杯，內裝約 250～300cc 之水，裝置如圖所示。
4. 以水浴法加熱，並觀察燒瓶內試樣液體（乙酸乙酯）之蒸發情形，至試樣液體（乙酸乙酯）完全蒸發（無液體）時，即取出燒瓶、熄火、記錄水溫（t℃）及室內之大氣壓力（PmmHg）。
5. 以乾布拭乾燒瓶外水分（勿拆去鋁箔紙），靜置冷卻至室溫，精秤燒瓶（含鋁箔紙、橡皮筋及試樣蒸氣冷凝之液體），記錄之。
6. 拆去鋁箔紙、橡皮筋，以水裝滿燒瓶，再將水倒入量筒中，測定燒瓶之容積（V），記錄之。
7. 將所得相關數據代入計算式中，即可求得此試樣之分子量（M）。【注意單位之使用】
8. 將實驗值與理論值相比較，計算其誤差百分率。

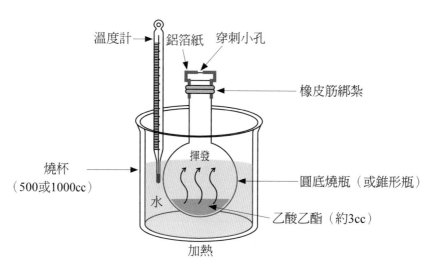

溫度計→　鋁箔紙　穿刺小孔

橡皮筋綁紮

燒杯
（500或1000cc）

揮發

水

加熱

圓底燒瓶（或錐形瓶）

乙酸乙酯（約3cc）

利用蒸氣密度測定分子量實驗裝置示意圖

9. 實驗結束，乙酸乙酯可回收再用。

10. 實驗結果記錄與計算：

A.樣品名稱		中文：	
		化學式：	
B.〔空圓底燒瓶＋鋁箔紙＋橡皮筋重〕(g)			
C.水溫 T(K) = 273 + t℃【即爲當時瓶內試樣氣體溫度】		℃	K
D.室內之大氣壓力P【即爲當時瓶內試樣氣體壓力】		mmHg	atm
E.〔空圓底燒瓶＋鋁箔紙＋橡皮筋＋試樣蒸氣冷凝之液體重〕(g)			
F.試樣蒸氣冷凝之液體重(g)　　　　　　【E－B】			
G.燒瓶容積V		cc	L
H.試樣莫耳質量（分子量）M(g/mole)	實驗值：X（參例1或註）		
	理論值：Y（參例1.）		
I.誤差百分率（%）＝[(X－Y)/Y]×100%			

【註】理想氣體方程式：$PV = nRT = (W/M)RT$ 或 $M = [(W/V)RT]/P = DRT/P$

　　式中

　　P：氣體壓力，(atm)

　　V：氣體體積，(L)

　　n：氣體莫耳數＝ W/M，(mole)

　　R：氣體常數＝ 0.082(atm · L/mole · K)

　　T：絕對溫度（凱氏溫度）＝ 273 + ℃，(K)

　　W：氣體質量，(g)

　　M：氣體莫耳質量（分子量），(g/mole)

　　D：氣體密度＝ W/V，(g/L)

(二)未知試樣莫耳質量（分子量）之測定

1. 取未知試樣（例如：甲醇 CH_3OH、乙醇 C_2H_5OH、乙酸甲酯 CH_3COOCH_3、丙酮 CH_3COCH_3）。
2. 依實驗步驟（一）再進行同樣試驗，並記錄之。
3. 求未知試樣之莫耳質量（分子量），並判斷是為何物？
4. 實驗結束，試樣（甲醇 CH_3OH、乙醇 C_2H_5OH、乙酸甲酯 CH_3COOCH_3、丙酮 CH_3COCH_3）可回收再用。
5. 實驗結果記錄與計算：

A.〔空圓底燒瓶＋鋁箔紙＋橡皮筋重〕(g)		
B.水溫 $T(K) = 273 + t$℃　　【即為當時瓶內試樣氣體溫度】	℃	K
C.室內之大氣壓力P　　【即為當時瓶內試樣氣體壓力】	mmHg	atm
D.〔空圓底燒瓶＋鋁箔紙＋橡皮筋＋試樣蒸氣冷凝之液體重〕(g)		
E.試樣蒸氣冷凝之液體重W(g)　　　　　　　　【E－A】		
F.燒瓶體積V	cc	L
G.未知試樣莫耳質量（分子量）之實驗值M（g/mole） 【$P \times V = (W/M) \times 0.082 \times T$】		
H.判斷未知試樣可能為何物？	中文：	
	化學式：	
I.未知試樣理論之莫耳質量（分子量）M(g/mole)		

五、心得與討論：

_____

_____

_____

_____

_____

_____

_____

_____

_____

_____

_____

實驗 10：溶液及溶解度

一、目的：

(一) 了解溶液之概念。

(二) 了解物質之溶解度及影響溶解度之因子。

(三) 了解不同溶劑之混溶情形及有機溶劑運作時之安全注意事項。

(四) 觀察（過）飽和溶液之結晶、沉澱情形。

二、相關知識

(一)溶液

「溶液」係指由溶質與溶劑所混合而成之均勻系混合物，形成單相（氣、液、固態中的一種狀態）的均勻系（溶液），溶質與溶劑不產生化學反應。通常「溶質」為相改變、或兩者相皆相同但量較少者；「溶劑」為相不發生改變、或兩者相皆相同但量較多者。

1. 溶液的形態
(1) 氣態溶液：溶質溶解於氣體之中，最後保持氣體形態的系統；例如：空氣（氧氣、二氧化碳及其他氣體為溶質，氮氣為溶劑）。

(2) 固態溶液：溶質溶解於固體之中，最後保持固體形態的系統；例如：不鏽鋼合金（鎳、鉻為溶質，鐵為溶劑）、青銅合金（紅銅加入錫或鉛的合金）、黃銅合金（紅銅及鋅的合金）。

(3) 液態溶液：溶質溶解於液體（例如：水、酒精、丙酮、乙醚、去漬油等）之中，最後保持液體形態的系統；例如：食鹽水（氯化鈉為溶質，水為溶劑），20 度米酒、58 度高梁酒（酒精為溶質，水為溶劑），碳酸飲料（二氧化碳、糖為溶質，水為溶劑），碘酒（碘為溶質，酒精為溶劑）。

2. 液態溶液依溶劑的名稱分類
(1) 水溶液：一般而言，當液態溶液中含有水時，不論水是否比溶液中的其他成分多或少，通常將水視為溶劑，此時的溶液通稱為「水溶液」。

(2) 非水溶液：依溶劑的名稱，例如酒精溶液、甲苯溶液等。

3. 依溶液的導電性可分為
(1) 電解質溶液：電解質溶於水，具導電性者，如氯化鈉溶於水成氯化鈉水溶液。

(2) 非電解質溶液：非電解質溶於水，不具導電性或導電性極小者（水導電性極小），如蔗糖溶於水成蔗糖水溶液。

4. 依溶質顆粒大小，可分為真溶液、膠體溶液與懸浮液

(1) 真溶液：溶質溶解且均勻分佈於液體溶劑中，溶液呈透明澄清，靜置一段時間後，溶質不會沉澱分離，溶質與溶劑不能以過濾法分離，此種溶液為「真溶液」。例如：熱水沖泡茶葉所成之茶水、氯化鈉溶於水中所成之氯化鈉水溶液、蔗糖溶於水中所成之糖水、酒精溶於水。

(2) 膠體溶液：膠體為細小的顆粒（溶質）分散於或穩定的存於其能分散之媒介物（溶劑）中，形成膠態分散（colloidal dispersion）之膠體溶液，例如有：雲、霧、環境用藥噴霧劑之（液－氣）氣溶膠（aerosol）；煙之（固－氣）氣溶膠；肥皂泡、啤酒泡、氣水泡之（氣－液）泡沫（foam）；奶水、農藥、油分散於水中之（液－液）乳膠體（emulsoid）或乳液（emulsion）；溫泉、牛奶、豆漿、水泥漆、油漆之（固－液）溶膠（sols）或懸膠體（suspensoid）等。水中溶質顆粒呈膠體（colloids）狀者，例如：蛋白質、澱粉、乳化油、氫氧化鋁、氫氧化鐵等，溶液常成膠濁狀，光無法完全穿透，靜置不易沉澱分離，溶質與溶劑不易以過濾法分離。膠體溶液之共同特性有：(a) 廷得耳（Tyndall）效應：以一束強光照射時，膠體粒子可散（反）射光線而顯現出光通過的路徑，真溶液則無此現象，如圖 1 所示。(b) 布朗運動：膠體粒子於溶劑中不停的作不規則鋸齒路徑之運動，使其不易沉澱；如圖 2 所示。(c) 帶靜電荷：大多膠體粒子帶有相同之靜電荷，會產生靜電斥力，使其穩定不易沉澱。(d) 具吸附力：膠體粒子與膠體粒子具有吸引力。

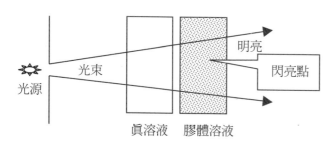

圖 1：Tyndall 效應（文獻 2.）

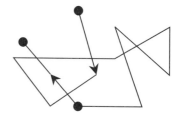

圖 2：布朗運動之不規則路徑（文獻 2.）

(3) 懸浮液：固體粒子（溶質）懸浮且（短暫）均勻分佈於液體溶劑中，溶液呈混濁，靜置一段時間後，固體粒子會沉澱，可藉過濾法將固體溶質與液體溶劑分離，此為「懸浮液」。例如：活性污泥曝氣槽中之活性污泥、化學膠凝槽中之膠羽懸浮液。

(二)溶解度

1. 溶解度

溶質溶於溶劑中，溶質表面分子離開固體表面或解離為陰離子、陽離子而均勻擴散至溶劑中，此為溶解（dissolution）現象。「溶解度（solubility）」係指定溫時，定量溶劑所能溶解溶質的最大量（克）；此時溶液為「飽和溶液」。

「溶解度」常用的表示法 (1) 每 100g 溶劑所能溶解溶質之最大克數，單位：g 溶質 /100g 水於某溫度。例如：20℃、100g 水，最多可溶解 35.9g 的 NaCl，單位可寫成：35.9g NaCl/100g H_2O（20℃）；(2) 重量莫耳濃度（m）：每公斤溶劑所含溶質之莫耳數，單位：mole 溶質 /kg 水；(3) 體積莫耳濃度（M）：每 1 公升溶液所含溶質之莫耳數，單位：mole/L。

依濃度大小，有將溶解度分為三類者：(1) 可溶（soluble）：溶解度大於 10^{-1}M。(2) 微溶（slightly soluble）：溶解度介於 10^{-1}～10^{-4}M。(3) 難溶（hardly soluble）：溶解度小於 10^{-4}M。

2. 影響溶解度的因素

(1)溶質與溶劑的本性

同一溶質於不同溶劑中有不同的溶解度，例如：蔗糖（$C_{12}H_{22}O_{11}$）於水之溶解度為 211.5 g/100cc（20℃），但於乙醇中則幾乎不溶解。不同溶質於同一溶劑中之溶解度亦不相同，例如：氯化鈉（NaCl）於水之溶解度為 35.9g NaCl/100g H_2O（20℃）；氯化鈣（$CaCl_2$）於水之溶解度為 74.5 g/100cc（20℃）；氯酸鉀（$KClO_3$）於水之溶解度為 7.3g $KClO_3$/100g H_2O（20℃）；碳酸鈣（$CaCO_3$）於水之溶解度為 0.00015 mole/L（25℃）。

A.極性與可溶性、可溶混性、熔點、沸點

極性分子的溶質易溶於極性分子的溶劑，非極性分子的溶質易溶於非極性分子的溶劑。化學中，「極性」指一共價鍵或一共價分子中電荷分佈的不均勻性，若電荷分佈得不均勻，則稱該鍵或分子為「極性」；若電荷分佈得均勻，則稱為「非極性」。物質之溶解性、熔點、沸點等物理性質與其極性相關。

(a) 極性與溶解性：分子極性大小可藉由量度其介電常數或電偶極矩得知，溶劑的極性決定其所能溶解的物質及可以相互溶混的其他溶劑；即：極性分子易溶於極性溶劑，非極性分子易溶於非極性溶劑。例如：極性物質，如蔗糖、氨、氯化氫易溶於水（極性）。非極性物質，如具有長碳鏈的有機物（汽油、蠟）易溶於正己烷（非極性有機溶劑），但多不溶於水（極性）。水（極性）與正己烷（非極性）、醋酸（極性）與沙拉油（非極性）皆無法相互溶解混合，雖經充分攪拌後仍然會迅速的分成兩層。碘（I_2，非極性）不易溶於水（極性），但易溶於四氯化碳（CCl_4，非極性）或酒精（C_2H_5OH，極性不大的分子）。表 1 所列為分子極性之推測；表 2 所列為溶劑之相對極性；表 3 所列為某些溶劑之混溶性、極性指標、沸點、水中溶解度。

表1：分子極性之推測

項　　目	通　　式	描　　述	舉　　例
極性	AB	線形	CO
	HA_x	只含1個氫的分子	HCl、HF
	$A_x(OH)_y$	分子一端有羥基	C_2H_5OH
	O_xA_y	分子一端有氧原子	H_2O
	N_xA_y	分子一端有氮原子	NH_3
非極性	A_x	絕大多數單質	O_2、I_2
	C_xA_y	多數含碳無機物	CO_2

【註1】資料來源：維基百科 http://zh.wikipedia.org/wiki/%E6%9E%81%E6%80%A7%E5%88%86%E5%AD%90

表2：溶劑之相對極性

相對極性	分子式	類　　別	例舉溶劑
非極性	R-H	烷屬烴（Alkanes）	petroleum ethers（石油醚）、hexanes（己烷）
	Ar-H	芳香烴（Aromatics）	toluene（甲苯）、benzene（苯）
極性增加	R-O-R	醚類（Ethers）	diethyl ether（乙醚）
	R-X	烷基鹵化物（Alkyl halides）	tetrachloromethane（四氯甲烷）、chloroform（氯仿、三氯甲烷）
	R-COOR	酯類（Esters）	Ethyl acetate（乙酸乙酯）
	R-CO-R	醛、酮類（Aldehydes and ketones）	Acetone（丙酮）、methyl ethyl ketone（甲基乙基酮、丁酮）
	$R-NH_2$	胺類（Amines）	Pyridine（吡啶）、triethylamine（三乙胺）
	R-OH	醇類（Alcohols）	Methanol（甲醇）、ethanol（乙醇）、isopropanol（異丙醇）、butanol（丁醇）
	$R-CONH_2$	醯胺類（Amides）	Dimethylformamide（二甲基甲醯胺）
	R-COOH	羧酸類（Carboxylic acids）	Ethanoic acid（乙酸、醋酸）
極性	H-OH	水（Water）	Water（水）

【註2】資料來源：常用溶劑之極性與互溶表，http://140.109.91.205/links/solvent_miscibility_table.pdf

表3：某些溶劑之混溶性、極性指標、沸點、水中溶解度

X：不可混溶　□：可混溶〔不可混溶係指兩溶劑相混後仍會產生分層（兩相）〕								溶劑種類	極性指標	沸點（℃）	水中溶解度（%w/w）
			X					A.Acetic acid（乙酸，CH_3COOH）	6.2	118	100
								B.Acetone（丙酮，CH_3COCH_3）	5.1	56	100
X								C.Benzene（苯，C_6H_6）	2.7	80	0.18
X								D.n-Butanol（正丁醇，$CH_3(CH_2)_2OH$）	4.0	125	0.43

（續下表）

															溶劑名稱			
X															E.Carbon Tetrachloride（四氯化碳，CCl_4）	1.6	77	0.08
X															F.Chloroform（氯仿，$CHCl_3$）	4.1	61	0.815
X															G.Dichloromethane（二氯甲烷，CH_2Cl_2）	3.1	41	1.6
X															H.Diethyl Ether（乙醚，$(C_2H_5)_2O$）	2.8	35	6.89
															I.Ethanol（乙醇，C_2H_5OH）	5.2	78	100
X															J.Ethyl acetate（乙酸乙酯，$CH_3COOC_2H_5$）	4.4	77	8.7
X			X											X	K.n-Hexane（正己烷，$CH_3(CH_2)_4CH_3$）	0.0	69	0.001
				X											L.Methanol（甲醇，CH_3OH）	5.1	65	100
X															M.Trichloroethylene（三氯乙烯，C_2HCl_3）	1.0	87	0.11
X															N.Toluene（甲苯，$C_6H_5CH_3$）	2.4	111	0.051
	X	X		X	X		X	X	X	X	X	X			O.Water（水，H_2O）	9.0	100	100
O	N	M	L	K	J	I	H	G	F	E	D	C	B	A	溶劑種類			

【註3】參考資料：(節錄) 常用溶劑之極性與互溶表，http://140.109.91.205/links/solvent_miscibility_table.pdf

(b) 極性與熔點、沸點：在分子量相同的情況下，極性分子比非極性分子有更高的熔點、沸點。

有機溶劑之相互可溶解性常應用於清污、稀釋，例：四氯乙烯（C_2Cl_4）可用於乾洗、金屬除油；甲苯（$C_6H_5CH_3$）、松節油（主要成分 $C_{10}H_{16}$）可用於稀釋油漆；指甲油去光水或塗料洗滌劑則可利用丙酮（CH_3COCH_3）、乙酸甲酯（CH_3COOCH_3）、乙酸乙酯（$CH_3COOC_2H_5$）；去漬油含己烷（C_6H_{14}）、石油醚（petroleum ether）。

【註4】「離子化合物」溶於水，溶解度有較大者，例如：硝酸鈉（$NaNO_3$）、硝酸鉀（KNO_3）、硝酸鉛〔$Pb(NO_3)_2$〕、氯酸鉀（$KClO_3$）、氯化鈣（$CaCl_2$）、氯化鈉（$NaCl$）；亦有較小者，例如：碳酸鉛（$PbCO_3$）、碳酸鈣（$CaCO_3$）、氫氧化鐵〔$Fe(OH)_3$〕。溶解度較小者，可以「溶解度積常數 K_{SP}」估算之。

B.溶質和溶劑分子間相互作用力

分子間相互作用力包括：氫鍵、凡得瓦爾力；亦會影響物質之溶解性、熔點、沸點。

(a) 溶質與溶劑可生成氫鍵者，溶解度較大

「氫鍵」為分子間的一種偶極之間的作用力，發生於以共價鍵與其它原子（X）鍵合的氫（H）原子與另一個原子（Y）之間，通常以 -X-[H] … [Y]- 來表示；即 X 以共價鍵與氫（H）相連，Y 則具有較高的電子密度，容易吸引氫（H）原子；通常 X、Y 都是電負（陰電）性較強的原子，如 F、N 和 O 原子；另 C、S、Cl、P、Br 和 I 原子也能形

成氫鍵，但鍵能較低。氫鍵鍵能比一般的共價鍵、離子鍵和金屬鍵鍵能要小，但強於凡得瓦爾力。氫鍵（以 ⋯ 表示）舉例如下：

$$—F—\boxed{H}⋯:\boxed{F}—\;;\;—O—\boxed{H}⋯:\boxed{N}—\;;\;—O—\boxed{H}⋯:\boxed{O}—\;;\;—N—\boxed{H}⋯:\boxed{N}—\;;\;—N—\boxed{H}⋯:\boxed{O}—$$

氫鍵的影響，例如：與同族的化合物相比，NH_3、H_2O 和 HF 具有較高的熔點和沸點；氨（NH_3）於水（H_2O）中有較大的溶解度與氫鍵有關；甘油、磷酸和硫酸具有較大的黏度亦與氫鍵有關；酒精為極性分子，且可與水形成氫鍵，故極易溶於水。

(b) 凡得瓦爾力：化學中指分子間產生微弱的電性作用力，為一種次要的物理鍵結，於分子大小等級下造成作用力，相較於一般常見的化學鍵結力量，凡得瓦爾力顯得相對微小，巨觀時常被忽略。凡得瓦爾力的大小會影響分子的熔點和沸點，通常分子的相對分子質量越大，凡得瓦力越大。

C.溶質具有極大分子量者

溶質具有極大分子量者，較不易溶解於溶劑中，故溶解度較小；例：纖維素（cellulose）是由葡萄糖組成的大分子多醣，分子量約 50000～2500000，相當於 300～15000 個葡萄糖基，分子式可寫作（$C_6H_{10}O_5$）$_n$，纖維素在水中有高度的不溶性，亦不溶於稀酸、稀鹼和有機溶劑。

(2)溫度

固體物溶於水中，若為吸熱者，則溫度升高溶解度會增加，例如：氯化鈉（NaCl）、蔗糖（$C_{12}H_{22}O_{11}$）、硝酸鉀（KNO_3）等；若為放熱者，則溫度升高溶解度會降低，例如：硫酸鈉（Na_2SO_4）、硫酸鈰〔$Ce_2(SO_4)_3 \cdot 2H_2O$〕等。液體於水中之溶解度受溫度影響甚微；氣體於水中之溶解度隨溫度升高而降低。表 4 為某些物質於不同溫度之水中溶解度。

表 4：某些物質於不同溫度之水中溶解度

物　質	0℃	10℃	20℃	30℃	40℃	50℃	60℃	70℃	80℃	90℃	100℃
氨（NH_3）	88.5	70.0	56.0	44.5	34.0	26.5	20.0	15.0	11.0	8.0	7.0
氯化鈉（NaCl）	35.7	35.8	35.9	36.1	36.4		37.1		38.0	38.5	39.2
碳酸鈉（Na_2CO_3）	7.0	12.5	21.5	39.7	49.0		46.0		43.9	43.9	
氯化氫（HCl）	81	75	70	65.5	61	57.5	53	50	47	43	40
蔗糖（$C_{12}H_{22}O_{11}$）	181.9	190.6	201.9	216.7	235.6	259.6	288.8	323.7	365.1	414.9	476.0
硝酸銨（NH_4NO_3）	118	150	192	242	297		421		580	740	871
氯化鈣（$CaCl_2$）	59.5	64.7	74.5	100	128		137		147	154	159
氫氧化鈉（NaOH）	42	98	109	119	129		174				
硝酸鈉（$NaNO_3$）	73	80.8	87.6	94.9	102		122		148		180
硝酸鉀（KNO_3）	13.9	21.9	31.6	45.3	61.3		106		167	203	245
硫酸鈉（Na_2SO_4）	4.9	9.1	19.5	40.8	48.8		45.3		43.7	42.7	42.5
硫酸鈰（$Ce_2(SO_4)_3 \cdot 2H_2O$）	21.4		9.84	7.24	5.63		3.87				

【註5】資料來源：維基百科「溶解度表 (1atm，單位：g/100cc)」；http://zh.wikipedia.org/wiki/%E6%BA%B6%E8%A7%A3%E5%BA%A6%E8%A1%A8

(3)壓力

固體物、液體於水中之溶解度幾乎不受（大氣）壓力影響；但氣體於水中之溶解度受氣體壓力影響甚大，依據亨利定律（Henry's law）描述：定溫（T）時，一定體積（V）之液體中所能溶解氣體的量（C）和該氣體在液面上之壓力（P）成正比。可以數學式表示爲：

$$P_{gas} = k_H \times C_{equil}$$

P_{gas}：液面上該氣體之分壓；常用單位：atm 或 Pa

K_H：該氣體之亨利常數，因溶劑和溫度而不同；常用單位：atm · L/mole 或 Pa · m³/mole

C_{equil}：平衡時，該氣體在溶液中之濃度，常用體積莫耳濃度（molar concentration，M）

表 5 爲某些氣體於常溫（25℃）時溶於水中之亨利常數。

表 5：某些氣體於常溫（25℃）時溶於水中之亨利常數

氣體種類	亨利常數 k (atm · L/mole)	氣體種類	亨利常數 k (atm · L/mole)	氣體種類	亨利常數 k (atm · L/mole)
氧（O_2）	769.23	氦（He）	2702.7	一氧化碳（CO）	1052.63
氮（N_2）	1639.34	氖（Ne）	2222.22	二氧化碳（CO_2）	29.41
氫（H_2）	1282.05	氬（Ar）	714.28		

【註6】資料來源：http://highscope.ch.ntu.edu.tw/wordpress/wp-content/uploads/2010/11/4320.jpg

一般而言：稀薄溶液及低壓氣體、難溶或微溶於水之氣體（亨利常數 k 值愈大者，如氮、氫、氦、氖、一氧化碳等），較適用於亨利定律公式；於水中溶解度較大之氣體（如氯化氫、氨）則不適用於亨利定律公式。另亨利定律僅適用於氣體溶質與溶劑不會發生化學反應者，例如，二氧化碳溶於水中，即反應生成碳酸（H_2CO_3），因此於較大之二氧化碳壓力時，二氧化碳於水中之溶解性質即不符合亨利定律。

於水處理中，常藉由曝氣傳輸氧氣使水中維持好氧狀態；另若水中含有某些氣體〔如二氧化碳（CO_2）、硫化氫（H_2S）、氰化氫（HCN）〕或具有揮發性之有機溶劑〔如三氯乙烯（C_2HCl_3）、四氯化碳（CCl_4）〕欲予移除，亦常使用曝氣方式，因這些氣體於空氣中之分壓很小，依亨利定律，該氣體於水中達平衡時之濃度（C_{equil}）必低於水中實際濃度（C_{actual}），即：$C_{equil} < C_{actual}$。爲達平衡，溶於水中之過量氣體即會由水中逸出於空氣中。

例1：20℃時，氧（O_2）氣對水之亨利常數爲0.73atm · m³/mole，則20℃、1atm時，水中溶有氧的平衡濃度爲？（mg/L）

解：因空氣中氧氣佔有21%之體積比；依道爾吞分壓定律，當大氣壓力爲1atm時，氧氣的分壓爲0.21atm；設水中溶有氧的平衡濃度爲C_{equil}（mole O_2/m³），則

$P_{gas} = k_H \times C_{equil}$

$0.21 = 0.73 \times C_{equil}$

$C_{equil} = 0.2877$(mole O_2/m³) $= 0.2877 \times 10^{-3}$(mole O_2/L) $= 0.2877 \times 10^{-3} \times 32 \times 1000$(mg O_2/L)

$= 9.21$(mg O_2/L)

(三)飽和溶液、未（不）飽和溶液、過飽和溶液

1. **飽和溶液**：定溫時，當溶質溶解於溶劑中的量達最大時，形成「飽和溶液」；此時若繼續加入過量（固體）溶質即產生沉澱（但溶液之濃度並不改變），其仍是飽和溶液。

2. **未（不）飽和溶液**：定溫時，若溶質溶解於溶劑中的量尚未達最大時，即溶液濃度小於飽和溶液濃度，該溶液稱為「未（不）飽和溶液」；此時無（固體）溶質沉澱，加入（固體）溶質可繼續溶解。

3. **過飽和溶液**：於特殊情形時，例如將定溫（T_1）含沉澱（固體）溶質之飽和溶液加熱（T2），使溶質溶解於溶劑中的量超過於溫度 T_1 時之最大量，再降溫至原來溫度（T_1），此時若尚未有沉澱物產生，則溶液濃度大於飽和溶液濃度，稱該溶液為「過飽和溶液」；此時雖無（固體）溶質沉澱產生，但溶液處於極不穩定狀態，若降低溫度或加入少許固體溶質作為晶種，則溶解之過量溶質即結晶析出，使溶液又回歸為飽和溶液，此過程常應用於物質之純化，稱為「再結晶」。例如：可以蔗糖之「過飽和溶液」製作高純度的冰糖。例如，人造雨原理：當天空中有過飽和水蒸氣，散佈乾冰與碘化銀（AgI），則乾冰降低溫度，碘化銀作晶種使過飽和水蒸氣凝結成水而降雨。【註 7：已溶解之溶質，經碰撞聚集成大顆粒而又在溶液中析出之現象稱為沉澱（precipitation）；析出晶體的過程稱為結晶（crystallization）。】

(四)揮發、蒸發與沸點

1. **揮發**：為液體表面的分子氣化脫離液面之現象，僅有液體表面的分子才會揮發；液體在未達沸點溫度時亦會經由揮發成為氣體。「揮發性」是指（液態、固態）物質揮發（汽化）難易的程度；於某一溫度時，蒸氣壓越高的物質越容易氣化，其即揮發性越高。一般而言，有機溶劑具有較高之揮發性，例如：乙醚是一種無色、易燃的液體，沸點只有 34.6℃，極易揮發。

2. **蒸發**：為液體表面的分子氣化脫離液面之過程，僅發生於液體的表面，可於任何溫度發生；蒸發係因液體粒子流動時，發生不同程度的相互碰撞，使接近液體表面的粒子擁有足夠能量由液面逸散出去，形成蒸發現象。一般加熱可加速物質蒸發，但應注意物質加熱時是否發生氧化或分解之化學反應，若是，則可以進行減壓蒸發（真空蒸發）。蒸發是地球水循環中重要的一環，太陽的能量使地表水（如海洋、河川、湖泊、泥土等表面的水）蒸發，於大氣中遇冷凝集形成雲。

影響蒸發速率的因素有：
  (1) 溫度：溫度愈高，蒸發愈快。
  (2) 濕度：環境濕度愈高，蒸發愈慢。
  (3) 氣壓：氣壓較低處，施於物質表面的力較小，粒子較容易逸散，蒸發速率較快。
  (4) 密度：物質密度愈大，蒸發愈慢。

(5) 表面積：物質表面積愈大，愈多粒子能從物質表面逸散出去，蒸發愈快。

(6) 空氣流動速度：因流動空氣（風）與蒸發物質之間能維持著較大的濃度差距，故風速愈高，蒸發愈快。

(7) 多種蒸發物質混存、雜質濃度：多種蒸發物質混存或存在其他雜質，蒸發會較慢。

(8) 空氣中它種物質濃度：若空氣中已充斥著其他已飽和物質，蒸發會較慢。

3. **沸點**：是指液態物質沸騰時之溫度，即液體成為氣體的溫度，處於沸點的液體，其所有分子都會蒸發（汽化），於液體內部不斷地產生氣泡（沸騰 — 汽化過程），並逸散至大氣環境中。液態物質之沸點溫度和環境之大氣壓力有關；一般，沸點是在標準大氣壓時測得（101325 帕斯卡或 1atm）。

　　溶劑的沸點高低會影響其蒸發的速度；低沸點的溶劑，例如：乙醚、二氯甲烷、丙酮，於室溫時極容易蒸發至大氣環境中；但高沸點的溶劑，例如：水、二甲基亞碸〔Dimethyl sulfoxide，DMSO，$(CH_3)_2SO$〕，則需要較高的溫度、氣體的吹拂（風）或低壓真空的環境下，才能快速揮發。表 6 為某些溶劑之外觀、密度、熔點、沸點與溶解度（水）。

表 6：某些溶劑之外觀、密度、熔點、沸點與溶解度（水）

物質種類	化學式	莫耳質量 (g/mole)	外觀	密度 (g/cc)	熔點 (℃)	沸點 (℃)	溶解度（水） g/100cc(20℃)
水	H_2O	18.015	無色透明液體	1.00(4℃)	0	100	—
乙醇	CH_3CH_2OH	46.068	無色清澈液體	0.789	−114.3	78.4	混溶
正己烷	C_6H_{14}	86.18	無色液體	0.6548	−95.0	69	不可溶
乙醚	$(C_2H_5)_2O$	74.12	無色透明液體	0.7134	−116.3	34.6	6.9
丙酮	CH_3COCH_3	58.08	無色液體	0.79	−94.9	56.5	混溶
二氯甲烷	CH_2Cl_2	84.93	無色液體	1.3255	−96.7	39.0	1.3
三氯甲烷	$CHCl_3$	119.38	無色液體	1.4832	−63.5	61.2	0.8
苯	C_6H_6	78.11	無色透明易揮發液體	0.8765	5.5	80.1	0.18

【註8】資料來源：維基百科：http://zh.wikipedia.org/wiki/Wikipedia:%E9%A6%96%E9%A1%B5

(五)密度

　　「密度」為每單位體積（V）所含有物質之質量（m）。與水不互溶或溶解度較小之液體混合時，密度大者，分層時會沉於水層的下面；密度小者，分層時會浮於水層的上面。多數有機溶劑之密度比水小，故比水輕，分層時會處於水層的上面；但某些含鹵素元素的有機溶劑，如二氯甲烷（CH_2Cl_2）、三氯甲烷（氯仿，$CHCl_3$）等，其密度大於水，分層時會沉到水層下面，於使用分液漏斗進行水和有機溶劑分液時需予注意。

(六)安全性（有機溶劑）

　　大部分有機溶劑對人體、環境具毒性、危險性及有害性；若經口鼻吸入、皮膚、眼睛接觸、食入等，或因急毒性、慢毒性、長期毒性或致癌性，造成對人體健康之危害；具揮發性，或可燃或極易燃，少數含氯溶劑，如二氯甲烷、三氯甲烷（氯仿）則較不易燃燒；揮發之有機溶劑蒸氣和空（氧）氣或某些氣體的混合物遇高溫、火源、光線或不可相容物質時，極易起反應爆炸或釋出有毒害物質；溶劑蒸氣比空氣重者，會下沈到底部並擴散至遠處而幾乎不被稀釋；另盛裝半滿或空的有機溶劑容器中極易聚積溶劑蒸汽，具潛在危險性。

　　有機溶劑之一般注意事項，如下：

1. 應維持良好通風，避免在通風不良或沒有抽氣櫃的處所產生溶劑蒸氣。
2. 避免陽光照射，將貯存溶劑的容器密閉蓋緊；應與「不可相容物（具反應性）」分區（開）貯存。
3. 絕不可在可燃溶劑附近使用火焰（明火），應使用（可溫控）電熱來代替並避免高溫操作。
4. 絕不可將（可燃）溶劑倒（沖）入下水道，以免造成爆炸或火災。
5. 避免吸入溶劑蒸氣。
6. 避免皮膚接觸溶劑，許多溶劑容易經由皮膚吸收。
7. 貯存廢有機溶劑之廢液桶，應嚴禁混存「不可相容物（具反應性）」，以免引起可能之危害反應。

　　茲舉實驗室常見之「乙醚〔$(C_2H_5)_2O$〕」、「三氯甲烷（氯仿，$CHCl_3$）」簡介如下：

乙醚〔$(C_2H_5)_2O$，ethyl ether〕：為透明無色、易燃的液體，沸點34.5℃，極易揮發，氣味帶有刺激性，人聞到乙醚後一般都會下意識屏住呼吸，或避開口鼻近距離接觸，以避免進一步吸入；乙醚是一種常見的毒性物質，會刺激呼吸道，抑制中樞神經系統，為吸入性麻醉劑，曾被用於外科手術的麻醉劑，因恢復期長且有副作用，目前已很少使用；是一種用途廣泛的有機溶劑，具極性，略溶於水，能溶於乙醇、苯、三氯甲烷（氯仿）、石油醚、其它脂肪溶劑及許多油類；乙醚蒸氣能與空（氧）氣形成具爆炸性混合物（過氧乙醚），它遇到熱、火花、高溫、氧化劑、高氯酸、氯氣、氧氣、臭氧等，即有發生燃燒爆炸的危險；具燃燒潛在性，於無水且乾燥的環境中搖動乙醚，會產生足夠的靜電力而引起火災，遇熱或火焰中具有高度的危險性，燃燒時會有煙霧狀的綠色火焰產生；蒸氣比空氣重，會擴散傳播至遠處，遇火源可能造成回火，液體會浮於水面上，火災時可能隨水蔓延開；乙醚液體和蒸氣高度易燃，當其與某些散佈在空氣中的煙霧態微粒物質（例如：有機性顆粒粉塵、麵粉倉庫之微粒、玉米穀倉之粉塵微粒）混合時，會迅速的形成爆炸性混合物，當遇熱或暴露有火焰、火花時，產生的爆炸潛在性是非常的危險；具急毒性、慢毒性及長期毒性，應避免口鼻吸入、皮膚、眼睛接觸及食入，於乙醚的環境中工作非常容易增加皮膚、肝臟、腎臟及慢性呼吸道方面疾病的危險，主要症狀有刺激感、麻醉、嘔吐、呼吸不規則、發紅、疼痛、暈眩、困倦、失去意識；貯存、操作時應避免遇熱、久置、靜電、火花、明火、空（氧）氣、陽光照射；貯存於陰涼、乾燥、通風良好及陽光無法照射之處所，並遠離不可相容物（應避免之物質，以免引起可能之危害反應），如：(a)硫化物（如磺醯氯）起劇烈反應導致起火及爆炸（可能因含有過氧化物）(b)鹵素（如氯、溴）、鹵素化合物（如三氟化溴、七氟化碘）：照光可能起劇烈反應(c)強氧化劑（如硝酸）：起劇烈反應，甚至可能爆炸。

三氯甲烷（氯仿、哥羅芳，chloroform，$CHCl_3$）：常溫時為透明無色、具灼燒感的甜味、獨特、愉快氣味之液體（沸點61.2℃），雖可燃，但不易被點燃（長時間暴露在火焰或高溫下會燃燒）；具劇毒，為毒性化學物質，氯仿毒性作用器官在肝臟、腎臟、心臟、眼睛及皮膚上，具急毒性、慢毒性及長期毒性；

（續下表）

會抑制中樞神經系統，短時間吸入會產生暈眩、疲倦、頭痛等徵狀，醫療上曾被作為鎮靜劑、麻醉劑廣泛使用，現已禁用；氯仿可能致癌，會使細胞突變，增加患結腸癌、腎癌和膀胱癌的機會，應避免口鼻吸入、皮膚、眼睛接觸及食入；氯仿能與某些有機液體（可溶於丙酮、乙醚、酒精、苯及石油醚中）混溶和易揮發的特點，成為實驗室、藥物工業常用之（萃取）溶劑；氯仿與丙酮、甲醇切不可混合（特別是在鹼性環境下），兩者混合會發生劇烈的放熱反應可能導致強烈爆炸（氯仿與丙酮、甲醇之廢液應分開儲存，切不可混合貯存）；氯仿見光、遇熱易被氧化生成有劇毒的光氣（$COCl_2$，光氣最初是由氯仿受光照分解產生，故有此名），貯存、操作時應避免遇熱、明火、火花、陽光照射，貯存於陰涼、乾燥、通風良好及陽光無法照射之處所，並遠離不可相容物〔與強鹼（如氫氧化鈉、氫氧化鉀）、活性金屬（如鋁、鎂）、鹼金屬（如鋰、鈉）、氧化劑（如鉻酸）、硝基甲烷、腐蝕性物質、…等，具強反應性；氯仿和四氧化二氮混合後，如有振動時會發生爆炸〕；實驗室中，若氯仿濃度較低時，可用棕色瓶（阻隔光線）儲存，並於其上層加水以免它氣化，實驗室中操作氯仿時要在抽氣櫃內進行；液態氯仿會腐蝕某些塑膠及橡膠外層，氯仿能溶解壓克力（聚甲基丙烯酸甲酯），常用於黏接壓克力製品。

【註9】「化學物質」之相關資料可參考：行政院勞工委員會之「化學品分類及標示全球調和制度 GHS(Global Harmonized System)，http://ghs.cla.gov.tw/index.aspx」、行政院環境保護署毒理資料庫查詢 http://flora2.epa.gov.tw/toxicweb/toxicuc4/database.asp、物質安全資料表 (MSDS)

三、器材與藥品

(一)固體物質之溶解度

1.試管	5.砂糖（$C_{12}H_{22}O_{11}$）
2.萘丸（naphthalene，$C_{10}H_8$）	6.氯化鈉（NaCl）
3.酒精（乙醇，C_2H_5OH）	7.碳酸鈣（$CaCO_3$）
4.正己烷（C_6H_{14}）	8.氯化鈣（$CaCl_2$）

(二)液體物質之溶解度

1.試管	5.乙醚（$C_2H_5OC_2H_5$）
2.石蠟油（paraffin oil）（或大豆油）	6.氯化鈉（NaCl）
3.正己烷（C_6H_{14}）	7.無水硫酸銅（$CuSO_4$）
4.分液漏斗（小容量者，如125cc）	8.蒸發皿

(三)氣體物質之溶解度

1.試管	5.燒杯
2.碳酸氫鈉（$NaHCO_3$）	6濃氨水（ammonia water，$NH_3 \cdot H_2O$）
3.檸檬酸〔$HOOCCH_2C(OH)(COOH)CH_2COOH$〕	7.玻棒
4.橡膠塞	8.石蕊試紙

(四)飽和溶液、不飽和溶液、過飽和溶液

1.試管	3.氯化鈉（NaCl）
2.試管架	4.硫代硫酸鈉（$Na_2S_2O_3 \cdot 5H_2O$）

四、實驗步驟與結果

(一)固體物質之溶解度

1. 溶劑之本性

(1) 取試管架置試管 9 支，分別加入萘丸（Naphthalene，$C_{10}H_8$）、蔗糖（$C_{12}H_{22}O_{11}$）及氯化鈉（NaCl）各 3 支，每支 0.5g。

(2) 將 (1) 試管分甲、乙、丙三組，每組含萘丸、蔗糖及氯化鈉各 1 支。

(3) 於甲組試管中，各加入水（H_2O）5.0cc，再搖動之；目視觀察：比較萘丸、蔗糖及氯化鈉於水中之溶解度大小？記錄之。

(4) 於乙組試管中，各加入酒精（乙醇，C_2H_5OH）5.0cc，再搖動之；目視觀察：比較萘丸、蔗糖及氯化鈉於酒精中之溶解度大小？記錄之。

(5) 於丙組試管中，各加入正己烷（C_6H_{14}）5.0cc，再搖動之；目視觀察：比較萘丸、蔗糖及氯化鈉於正己烷中之溶解度大小？記錄之。

項 目	結果記錄		
A.本實驗之溶質各為何？			
B.本實驗之溶劑各為何？			
C.比較萘丸、蔗糖及氯化鈉於水中之溶解度大小？	溶解度：	>	>
D.比較萘丸、蔗糖及氯化鈉於酒精中之溶解度大小？	溶解度：	>	>
E.比較萘丸、蔗糖及氯化鈉於正己烷中之溶解度大小？	溶解度：	>	>

(6) 有機廢液（萘丸、蔗糖、酒精、正己烷）、無機廢液（氯化鈉）分別貯存，待處理。

2. 溶質之本性

(1) 取試管 3 支，分別加入碳酸鈣（$CaCO_3$）、氯化鈣（$CaCl_2$）、氯化鈉（NaCl）各 0.50g，再各加入水 5.0cc，搖動之；目視觀察：何種溶質能完全溶解？記錄之。

項 目	結果記錄		
A.本實驗之溶質為何？			
B.本實驗之溶劑為何？			
C.比較各溶質於溶劑中之溶解度大小？	溶解度：	>	>

(2) 各試管中再各加水 5.0cc，搖動之；目視觀察：何種溶質溶解度最小？記錄之。

項　目	結果記錄
A.比較各溶質於溶劑中之溶解度大小？	溶解度：　　　　>　　　　>

(3) 含碳酸鈣、氯化鈣、氯化鈉之溶液置無機廢液桶貯存，待處理。

3. 溫度對溶解度之影響

(1) 取砂糖（$C_{12}H_{22}O_{11}$）8.0g 置入試管中，加水 5.0cc，搖動使完全溶解；再加入砂糖（約 4.0g），至不再溶解止（有沉澱物產生）；持續加熱此試管，目視觀察沉澱物是否會繼續溶解？再加入砂糖（約 3.0g），再持續加熱至不再溶解止（或完全溶解）。

(2) 將試管靜置試管架使冷卻，目視觀察是否有固體物析出？記錄之。

項　目	結果記錄
A.加熱試管，其中之沉澱物是否會繼續溶解？	
B.砂糖於水中之溶解度受溫度（高低）影響為何？	
C.試管靜置冷卻後，是否有固體物析出？	
D.C.析出之固體物為何物？	

(3) 含砂糖之溶液置有機廢液桶貯存，待處理。

(二)液體物質之溶解度

1.不能互溶者

(1) 取試管 1 支，加入石蠟油（paraffin oil）（或大豆油）3.0cc，再加入水 3.0cc，搖動之；目視觀察 2 者是否能互溶？記錄之。

(2) 取試管 1 支，加入正己烷（C_6H_{14}）3.0cc，再加入水 3.0cc，搖動之；目視觀察 2 者是否能互溶？記錄之。

項　目	結果記錄	
A.石蠟油（或大豆油）與水是否能互溶？		
B.含石蠟油（或大豆油）與水之試管，上、下層各為何？	上層：	下層：
C.石蠟油（或大豆油）與水之比重比較？	>	
D.正己烷與水是否能互溶？		
E.含正己烷與水之試管，上、下層各為何？	上層：	下層：
F.正己烷與水之比重比較？	>	

(3) 含石蠟油、大豆油、正己烷之溶液置有機廢液桶貯存，待處理。

2. 部分互溶者

(1) 於分液漏斗中分別加入水與乙醚（$C_2H_5OC_2H_5$）各 5.0cc，充分搖動之；靜置 2～3 分鐘，液體將分為 2 層，上層為乙醚，下層為水；打開活塞，緩慢漏出水層於試管中。

(2) 加入氯化鈉約 1.0～2.0g 於（含水層）試管中，若該水中溶有乙醚，則其又將再分為 2 層，浮於上層者為乙醚，輕嗅之有乙醚味，記錄之。【註 10：此水層中加入氯化鈉，因其可溶於水中，此將減少乙醚於水中之溶解量，故原溶於水中之乙醚即呈過量而釋出，浮於試管中水之上層。】

(3) 另將分液漏斗中之乙醚層釋入另一試管中。

(4) 取無水硫酸銅（$CuSO_4$，灰白色粉末）約 0.5g 於蒸發皿中，滴 2～3 滴 (3) 之乙醚層液體於無水硫酸銅，若乙醚層液體溶有水，則呈藍色，記錄之。

項　目	結果記錄
A.(1)之試管中水層有否分層？	
B.於(2)，試管加入氯化鈉後，出現？層液體	
C.於(2)，何以試管加入氯化鈉後，會出現分層液體，說明之？	
D.由C.判斷，水層中是否溶有乙醚？	
E.於(4)，滴2～3滴乙醚層液體於無水硫酸銅（灰白色），則硫酸銅會呈何顏色？	
F.由E.判斷，乙醚層中是否溶有水？	

(5) 有機廢液（乙醚）、無機廢液（氯化鈉、硫酸銅）分別貯存，待處理。

3. 可完全互溶者

(1) 取試管 1 支，加入水 3.0cc，再加入酒精 3.0cc，搖動之；再加入酒精 3.0cc，搖動之；目視觀察 2 者是否能互溶？記錄之。

項　目	結果記錄
A.水與酒精（乙醇）是否能互溶？	

(2) 有機廢液（酒精）置有機廢液桶貯存，待處理。

(三)氣體物質之溶解度

1. 氣體物質溶解度與壓力之關係

(1) 取硬試管 1 支，加入碳酸氫鈉（$NaHCO_3$）0.5g、水 20cc，混合溶解之；投入檸檬酸晶體 0.1g【注 11：加量不可過多，以免反應劇烈，產氣量過大，使橡皮塞蹦出或試管爆裂。】，有二氧化碳（CO_2）氣泡產生，即時以橡膠塞塞住管口，輕輕搖動之，並觀察記錄。

(2) 俟氣泡停止產生時，拔去橡膠塞，觀察試管中之溶液是否繼續有氣泡產生？原因為何？

項　目	結果記錄
A.（碳酸氫鈉溶液＋檸檬酸）會釋出之氣體為？	
B.碳酸氫鈉或檸檬酸加量不宜過多，為什麼？	
C.為何需輕輕搖動試管？觀察到何現象？	
D.俟氣泡停止產生時，拔去橡膠塞，試管中之溶液是否繼續有氣泡產生？原因為何？	
E.依本實驗結果，說明「氣體物質溶解度與氣體壓力之關係」為何？	

(3) 有機廢液（檸檬酸）、無機廢液（碳酸氫鈉）分別貯存，待處理。

2. 氣體物質溶解度與溫度之關係

(1) 於100cc 燒杯中加入 50cc 水及 5 滴濃氨水（Ammonia water，$NH_3 \cdot H_2O$），以玻棒輕拌之。

(2) 取紅色石蕊試紙（於酸性溶液呈紅色，鹼性溶液呈藍色）試之，若呈藍色，表示此溶液為鹼性溶液（其中含有 NH_3）。【註 12：$NH_3 + H_2O \rightleftharpoons NH_4^+ + OH^-$】

(3) 將燒杯加熱，使沸騰 3～5 分鐘，再以紅色石蕊試紙試之，呈何色？

項　目	結果記錄	
A.紅色石蕊試紙試氨水溶液，呈何色？溶液之酸鹼性？	顏色：	酸鹼性：
B.加熱燒杯使沸騰3～5分，再以紅色石蕊試紙試之，呈何色？溶液之酸鹼性？	顏色：	酸鹼性：
C.說明B.之原因為何？		
D.依本實驗結果，說明「氣體物質溶解度與溫度之關係」為何？		

(4) 氨水溶液置無機廢液桶貯存，待處理。

(四)飽和溶液、不飽和溶液、過飽和溶液

1. 飽和溶液

(1) 取試管 1 支，加入氯化鈉（NaCl）1.0g、水 10cc，搖動使溶解之。

(2) 繼續每次加入氯化鈉 1.0g，搖動使溶解；直至不再溶解（有沉澱物產生）為止，此時試管中之溶液為「氯化鈉之飽和溶液」。

2. 不飽和溶液

(1) 於前試管所得之氯化鈉飽和溶液，再加入水 5～10cc，搖動使未溶解之氯化鈉（沉澱物）全部溶解，此時試管中之溶液為「氯化鈉之不飽和溶液」。則再加入少量氯化鈉能否被溶解？

(2) 含氯化鈉之溶液置無機廢液桶貯存，待處理。

3. 過飽和溶液

(1) 取試管 1 支，加入硫代硫酸鈉（$Na_2S_2O_3 \cdot 5H_2O$）2.0g、水 1.0cc，搖動使溶解；此溶液是為「飽和溶液」或「不飽和溶液」？記錄之。

(2) 將試管加熱，使硫代硫酸鈉完全溶解；試管靜置試管架冷卻至室溫，觀察是否有結晶析出？記錄之。

(3) 若無結晶析出，則此溶液是為「過飽和溶液」。

(4) 於過飽和溶液中投入 1 小粒之硫代硫酸鈉晶體，搖動之，觀察是繼續溶解或是有結晶析出？析出之晶體顆粒，較原投入之晶體更大或較小？記錄之。

項　目	結果記錄
A.2.「食鹽(氯化鈉)之不飽和溶液」再加入少量食鹽能否被溶解？	
B.3.(1)之溶液，是為「飽和溶液」或「不飽和溶液」？	
C.3.(2)加熱之試管冷卻至室溫，是否有結晶析出？	
D.3.(4)投入小粒之硫代硫酸鈉晶體後，是繼續溶解或是有結晶析出？	
E.3.(4)析出之晶體顆粒，較原投入之晶體更大或較小？	

(5) 含硫代硫酸鈉之溶液置無機廢液桶貯存，待處理。

五、心得與討論

_____

_____

_____

實驗 11：溶液之濃度配製及稀釋－重量百分率濃度、容積莫耳濃度、當量濃度

一、目的

(一) 熟悉刻度吸管及定量瓶之使用。

(二) 了解溶質、溶劑及溶液之意義。

(三) 常見濃度之定義及表示法。

(四) 溶液濃度配製 — 固體及液體溶質之水溶液。

(五) 水溶液濃度之稀釋計算及操作。

二、相關知識

溶液之濃度：一般係指定量溶液（或溶劑）中，所含溶質的量，可以下式表示：

$$濃度\ C = \frac{溶質的量}{溶液（或溶劑）的量}$$

式中：

溶質的量：體積〔立方公尺（m^3）、立方公分（cm^3）、公升（L）、毫升（mL）〕、質量〔公斤（kg）、公克（g）、毫克（mg）、微克（μg）、莫耳（mole）〕。【註 1：$1cm^3 = 1mL = 1cc$】

溶液（或溶劑）的量：體積〔立方公尺（m^3）、立方公分（cm^3）、公升（L）、毫升（mL）〕、質量〔公斤（kg）、公克（g）、毫克（mg）、微克（μg）、莫耳（mole）〕。

溶液濃度之表示，因「溶質的量」、「溶劑的量」、「溶液的量」之單位表示不同，而有多種「濃度名稱」。

本實驗介紹常見之濃度：(一) 重量百分率濃度、(二) 容（體）積莫耳濃度、(三) 當量濃度、(四) 重量體積濃度（或稱質量濃度）。

(一) **重量百分率濃度**：常用於工業上，表示產品中所含溶質與溶液之百分比例關係。

重量百分率濃度：指每 100 克溶液中，所含溶質之克數，即

重量百分率濃度（P%）

$$= \frac{溶質的克數}{溶液的克數} \times 100\% = \frac{溶質的克數}{溶質的克數 + 溶劑的克數} \times 100\%$$

$$= \frac{w}{W} \times 100\%$$

式中

w：溶質的克數（克）

W：溶液的克數＝溶質的克數＋溶劑的克數；（克）

【註2：稀釋時，溶液中所含溶質的克數不變，即：$W_1 \times P_1\% = W_2 \times P_2\% = w = $ 溶液中溶質的克數（克）】

　　組成溶液之溶質、溶劑成分相同，但重量百分率濃度不同之溶液，其密度（比重）亦不相同。於液態溶質之濃度配製計算時，常需知該液態溶質之密度（比重），表1列出（25℃）常見液態溶質之重量百分率與其比重關係：

表1：（25℃）常見液態溶質之重量百分率與密度（比重）關係

液體溶質	濃硫酸 (H_2SO_4)	濃鹽酸 (HCl)	濃硝酸 (HNO_3)	濃醋酸 (CH_3COOH)	濃氨水 ($NH_3 \cdot H_2O$)			乙醇 (C_2H_5OH)
重量百分率（%）	98	37	69	99.5	25	28	32	95
密度（g/cc）	1.84	1.19	1.42	1.05	0.91	0.89	0.88	0.80

例1：欲配製重量百分率濃度（P%）為0.9%之生理食鹽水500克，應如何配製？

解：設需要食鹽（即氯化鈉NaCl）為w克，則

　　　$0.9\% = (w/500) \times 100\%$

　　　w＝4.5克

　　　將4.5克氯化鈉（NaCl）溶解於495.5克（500－4.5＝495.5）之水中，即得。

【註3：此溶液重量為500g，但體積並非500cc；另生理食鹽水需經煮沸或滅菌】

例2：重量百分率濃度（P%）為37.2%之濃鹽酸（HCl），表示每100克的濃鹽酸溶液中，含有37.2克的氯化氫（HCl），62.8克的水。【註4：氯化氫（HCl）的水溶液即為鹽酸。】

例3：重量百分率濃度（P%）為98%之濃硫酸（H_2SO_4），表示每100克的濃硫酸溶液中，含有98克的硫酸（H_2SO_4），2克的水。

例4：欲以重量百分率濃度98%、密度1.84g/cc 之濃硫酸（H_2SO_4），稀釋配製重量百分率濃度50%之硫酸（H_2SO_4）溶液1000克，

(1)應如何稀釋配製？

解法1：設取98%濃硫酸w克，則

　　　$50\% = [(w \times 98\%)/1000] \times 100\%$

　　　w＝510.2（克）【注意：強酸稀釋時，應將強酸加入水中；嚴禁將水加入強酸中。】

解法2：設取98%濃硫酸體積v cc，則

　　　$50\% = [(v \times 1.84 \times 98\%)/1000] \times 100\%$

　　　v＝277.3（cc）

　　　取98%濃硫酸510.2克（或277.3cc），加入於489.8克（1000－510.2＝489.8）水中，即得重量百分率濃度50%之硫酸（H_2SO_4）溶液1000克。

【註5：此溶液重量為1000g，但體積並非1000cc】

(2)重量百分率濃度50%之硫酸溶液1000克，含有之硫酸（H_2SO_4）及水各為？克

解法1：稀釋後，重量百分率濃度50%之硫酸溶液1000克，含有

　　　硫酸（H_2SO_4）＝$1000 \times 50\%$＝500克

　　　水＝1000－500＝500克

解法2：稀釋前，98%濃硫酸取277.3cc（密度1.84g/cc），則

　　　濃硫酸中所含硫酸（H_2SO_4）＝$277.3 \times 1.84 \times 98\%$＝500克

(二)容（體）積莫耳濃度：常用於化學反應計量。

容（體）積莫耳濃度（M）：指每公升溶液中，所含溶質之莫耳數，即

$$容（體）積莫耳濃度（M）= \frac{溶質的莫耳數}{溶液的公升數}$$
$$= \frac{n}{V}$$
$$= \frac{\left(\frac{w}{m}\right)}{V}$$

式中

M：容（體）積莫耳濃度（莫耳／公升、mole/L）

n：溶質的莫耳數（mole）

V：溶液的公升數（L）

w：溶質的質量（g）

m：溶質的莫耳質量（g/mole）

【註6：稀釋時，溶液中所含溶質的莫耳數不變，即：$M_1 \times V_1 = M_2 \times V_2 = n =$ 溶液中溶質的莫耳數（mole）】

例5：容（體）積莫耳濃度為1M（mole／L）之氫氧化鈉（NaOH）溶液，表示每1公升的氫氧化鈉溶液中，含有1莫耳的氫氧化鈉（NaOH）。
例6：容（體）積莫耳濃度為1M（mole／L）之氯化氫（HCl）水溶液（鹽酸），表示每1公升的氯化氫水溶液中，含有1莫耳的氯化氫（HCl）。
例7：容（體）積莫耳濃度為1M之硫酸（H_2SO_4）溶液，表示每1公升的硫酸溶液中，含有1莫耳的硫酸（H_2SO_4）。
例8：**濃鹽酸（HCl）之容積莫耳濃度（M）計算及稀釋** 已知實驗室之濃鹽酸（HCl）重量百分率濃度為37.2%，密度1.19g/cc。則 (1)濃鹽酸之容積莫耳濃度（M）為？（mole/L） **解**：HCl之莫耳質量 = 1.008 + 35.45 = 36.458（g/mole） 　　　設取濃鹽酸1L（= 1000cc），則其容積莫耳濃度（M）為 　　　M = [(1000×1.19×37.2%)/(36.458)]/(1000/1000) = 12.14（mole/L） (2)欲以12.14M濃鹽酸稀釋配製6M鹽酸溶液100cc時，應如何稀釋配製？ **解**：設取12.14M濃鹽酸體積為v_1 cc，則 　　　（稀釋前、後溶液中所含溶質的量不變，即：$M_1 \times V_1 = M_2 \times V_2 =$ 溶質莫耳數） 　　　12.14×(v_1/1000) = 6×(100/1000) = 溶液中HCl之莫耳數 　　　v_1 = 49.4(cc)【注意：強酸稀釋時，應將強酸加入水中；嚴禁將水加入強酸中。】 　　　即取37.2%濃鹽酸49.4cc，加入試劑水中稀釋至100cc，得6M鹽酸溶液100cc。 (3)6M鹽酸溶液100cc，含有多少莫耳之氯化氫（HCl）？ **解法1**：氯化氫（HCl）之莫耳數 = 6×(100/1000) = 0.6(mole) **解法2**：氯化氫（HCl）之莫耳數 = 12.14×(49.4/1000) = 0.6(mole) (4)欲以6M鹽酸溶液稀釋配製0.1M鹽酸溶液0.5L時，應如何稀釋配製？ **解**：設取6M鹽酸溶液體積為v_2 cc，則 　　　（稀釋前、後溶液中所含溶質的量不變，即：$M_1 \times V_1 = M_2 \times V_2 =$ 溶質莫耳數） 　　　6×(v_2/1000) = 0.1×(500/1000) = 溶液中HCl之莫耳數 　　　v_2 = 8.33(cc) 　　　即取6M鹽酸溶液8.33mL，加入試劑水中稀釋至0.5L，得0.1M鹽酸溶液0.5L。

（續下表）

例9：**濃硫酸（H_2SO_4）之容積莫耳濃度（M）計算及稀釋**
已知實驗室之濃硫酸（H_2SO_4）之重量百分率濃度為98%，密度1.84g/cc。則
(1)濃硫酸之容積莫耳濃度（M）為？（mole/L）
解：H_2SO_4莫耳質量 = 1.008×2 + 32.07 + 16.00×4 = 98.086（g/mole）
　　設取濃硫酸1L（ = 1000cc），則其容積莫耳濃度（M）為
　　M = [(1000×1.84×98%)/98.086]/(1000/1000) = 18.38(mole/L)
(2)欲以18.38M濃硫酸以稀釋配製6M硫酸溶液100cc時，應如何稀釋配製？
解：設取18.38M濃硫酸體積為v_1 cc，則
　　（稀釋前、後溶液中所含溶質的量不變，即：$M_1×V_1 = M_2×V_2$ = 溶質莫耳數）
　　18.38×(v_1/1000) = 6×(100/1000) = 溶液中H_2SO_4之莫耳數
　　v_1 = 32.64(cc)【注意：**強酸稀釋時，應將強酸加入水中；嚴禁將水加入強酸中。**】
　　即取98%濃硫酸32.64cc，加入試劑水中稀釋至100cc，得6M硫酸溶液100cc。
(3)6M硫酸溶液100cc，含有多少莫耳之硫酸（H_2SO_4）？
解法1：硫酸（H_2SO_4）之莫耳數 = 6×(100/1000) = 0.6(mole)
解法2：硫酸（H_2SO_4）之莫耳數 = 18.38×(32.64/1000) = 0.6(mole)
(4)欲以6M硫酸溶液稀釋配製0.1M硫酸溶液0.5L時，應如何稀釋配製？
解：設取6M硫酸溶液體積為v_2 cc，則
　　（稀釋前、後溶液中所含溶質的量不變，即：$M_1×V_1 = M_2×V_2$ = 溶質莫耳數）
　　6×(v_2/1000) = 0.1×(500/1000) = 溶液中H_2SO_4之莫耳數
　　v_2 = 8.33(cc)
　　即取6M硫酸溶液8.33cc，加入試劑水中稀釋至0.5L，得0.1M硫酸溶液0.5L。

(三) 酸（或鹼）溶液之當量濃度（Normality）：常用於酸鹼滴定計算。

　　「酸當量（equivalent of an acid；eq）」定義為：可以提供 1 莫耳氫離子（H^+）的酸量。
「鹼當量（equivalent of a base；eq）」定義為：可以提供 1 莫耳氫氧根離子（OH^-）的鹼量。
酸（或鹼）的「當量重（equivalent weight；E）」為：含有 1 當量酸（或鹼）的質（重）量，
單位為：克／當量、g/eq。
酸（或鹼）的「當量數（equivalent；En）」為：已知酸（或鹼）的質（重）量，轉換為所
含有酸（或鹼）的當量數，單位為：當量、eq。
當量濃度（N）：指每公升溶液中，所含溶質之當量數，即

$$當量濃度（N）= \frac{溶質的當量數}{溶液的公升數} = \frac{E_n}{V} = \frac{\left(\frac{w}{E}\right)}{V}$$

式中
N：當量濃度（當量／公升、eq/L）
E_n：溶質的當量數（eq）$= \dfrac{w}{E}$
V：溶液的公升數（L）
w：溶質的質量（g）
E：（酸或鹼）溶質的當量重（equivalent weight）= 莫耳質量（或分子量）／n；單位：克／當
　　量、g/eq
n：酸鹼中和反應之 H^+ 或 OH^- 數

【註7】稀釋時，溶液中所含溶質的當量數（E_n）不變，即：

$$N_1 \times V_1 = N_2 \times V_2 = E_n = 溶液中溶質的當量數（eq）$$

N_1：溶液稀釋前之當量濃度（eq/L）
V_1：溶液稀釋前之體積（L）
N_2：溶液稀釋後之當量濃度（eq/L）
V_2：溶液稀釋後之體積（L）

例10：當量濃度為1.0N之氯化氫（HCl）水溶液（鹽酸），表示每1公升的氯化氫水溶液中，含有1.0當量（eq）的氯化氫（HCl）。【其可以提供1莫耳氫離子（H^+）】

例11：如何配製500cc當量濃度為1.0N之氫氧化鈉（NaOH）溶液？【假設NaOH之純度為100%】

解：NaOH之莫耳質量 = 22.99 + 16.00 + 1.008 = 39.998(g/mole)

NaoH溶於水為強鹼，於水中完全解離

$NaOH_{(aq)} \rightarrow Na^+_{(aq)} + 1\boxed{OH^-}_{(aq)}$

設取氫氧化鈉（NaOH）量為w g，則

1.0 = [w/(39.998/1)]/(500/1000)

w = 19.999(g)

即秤取19.999g NaOH，溶解於試劑水中並稀釋至500cc，得1.0（eq/L或N）之氫氧化鈉（NaOH）溶液。

當量濃度為1.0N之氫氧化鈉溶液，表示每1公升的氫氧化鈉溶液中，含有1當量（eq）的氫氧化鈉（NaOH）。【其可以提供1莫耳氫氧根離子（OH⁻）】

例12：**濃鹽酸（HCl）之酸當量、當量重E、當量數E_n、當量濃度N之計算及稀釋**

(1)1莫耳HCl，其酸當量為？（eq）

解：HC溶於水為鹽酸，為強酸，於水中完全解離。

$HCl_{(aq)} \rightarrow 1\boxed{H^+}_{(aq)} + Cl^-_{(aq)}$

1分子HCl，可以提供1個氫離子（H^+）的酸量；故1莫耳HCl，相當於可以提供1莫耳氫離子（H^+）的酸量；即：1mole HCl = 1當量HCl = 1eq HCl【或1eq HCl / mole HCl】

(2)鹽酸（HCl）的「當量重E」為？（g / eq）

HCl之莫耳質量 = 1.008 + 35.45 = 36.458（g/mole）

解：因1莫耳HCl = 1當量HCl = 1eq HCl；

即：1eq HCl / mole HCl

故HCl之當量重（E）= (1.008 + 35.45)(g/mole)/1(eq/mole) = 36.458(g/eq)

(3)已知濃鹽酸之重量百分率濃度為37.2%，密度1.19g/cc；則1000cc濃鹽酸所含酸之當量數（E_n）為？（eq）

解：設1000cc濃鹽酸，其所含酸（HCl）之當量數為E_n（eq），則

1000cc濃鹽酸中所含之HCl質量 = 1000×1.19×37.2% = 442.68(g)

1000cc濃鹽酸中所含HCl之當量數（E_n）= 442.68(g)/36.458(g/eq) = 12.14(eq)

(4)濃鹽酸之當量濃度（N）為？（eq / L）

解：設取濃鹽酸1L（= 1000cc），則其當量濃度（N）為

N = [(1000×1.19×37.2%)/(36.458/1)]/(1000/1000) = 12.14(eq / L)

(5)濃鹽酸（HCl）之稀釋：欲以12.14N濃鹽酸稀釋配製6.0N鹽酸溶液1L時，應如何稀釋配製？

解：設取12.14N濃鹽酸體積為v_1 cc，則

（稀釋前、後溶液中所含溶質的量不變，即：$N_1 \times V_1 = N_2 \times V_2$ = 酸之當量數）

12.14×(v_1/1000) = 6.0×(1000/1000) = 溶液中酸之當量數

v_1 = 494.2(cc)【注意：強酸稀釋時，應將強酸加入水中；嚴禁將水加入強酸中。】

即取37.2%濃鹽酸494.2cc，加入試劑水中稀釋至1L，得6N鹽酸溶液。

（續下表）

(6)欲以6.0N鹽酸溶液稀釋配製0.1N鹽酸溶液0.5L時,應如何稀釋配製?

解:設取6.0N鹽酸溶液體積為v_2 cc,則

　　(稀釋前、後溶液中所含溶質的量不變,即:$N_1 \times V_1 = N_2 \times V_2$ = 酸之當量數)

　　$6.0 \times (v_2/1000) = 0.1 \times (500/1000)$ = 溶液中酸之當量數

　　$v_2 = 8.33(cc)$

　　即取6.0N鹽酸溶液8.33cc,加入試劑水中稀釋至0.5L,得0.1N鹽酸溶液。

例13:**濃硫酸(H_2SO_4)之酸當量、當量重E、當量數E_n、當量濃度N之計算及稀釋**

(1)1莫耳H_2SO_4(硫酸),其酸當量為?(eq)

解:H_2SO_4,為強酸,於水中完全解離。

　　$H_2SO_{4(aq)} \rightarrow 2\boxed{H^+}_{(aq)} + SO_4^{2-}{}_{(aq)}$

　　1分子H_2SO_4,可以提供2個氫離子(H^+)的酸量;故1莫耳H_2SO_4,相當於可以提供2莫耳氫離子

　　(H^+)的酸量;即:1mole H_2SO_4 = 2當量H_2SO_4 = 2eq H_2SO_4【或2eq H_2SO_4 / mole H_2SO_4】

(2)硫酸的「當量重E」為?(g / eq)

解:H_2SO_4之莫耳質量 = $1.008 \times 2 + 32.07 + 16.00 \times 4 = 98.086$(g/mole)

　　因1mole H_2SO_4 = 2當量H_2SO_4 = 2eq H_2SO_4

　　即:2eq H_2SO_4 / mole H_2SO_4

　　故H_2SO_4當量重E = 98.086(g/mole)/2(eq/mole) = 49.043(g/eq)

(3)已知濃硫之重量百分率濃度為98%,密度1.84g/cc;則1000cc濃硫酸所含酸之當量數(E_n)為?(eq)

解:設濃硫酸1000cc,其所含硫酸之當量數為E_n(eq),則

　　1000cc濃硫酸中所含之H_2SO_4質量 = $1000 \times 1.84 \times 98\%$ = 1803.2(g)

　　1000cc濃硫酸中所含H_2SO_4之當量數(E_n) = 1803.2(g)/49.043(g/eq) = 36.77(eq)

　　(意為1000cc濃硫酸,含H_2SO_4之質量為1803.2g,可提供36.77mole H^+)

(4)濃硫酸之當量濃度N為?(eq / L)

解:設取濃硫酸1L(= 1000cc),則其當量濃度(N)為

　　$N = [(1000 \times 1.84 \times 98\%)/(98.086/2)]/(1000/1000) = 36.77(eq/L)$

(5)濃硫酸(H_2SO_4)之稀釋

欲以36.77N濃硫酸稀釋配製6.0N硫酸溶液0.1L時,應如何稀釋配製?

解:設取36.77N濃硫酸體積為v_1 cc,則

　　(稀釋前、後溶液中所含溶質的量不變,即:$N_1 \times V_1 = N_2 \times V_2$ = 酸之當量數)

　　$36.77 \times (v_1/1000) = 6.0 \times (100/1000)$ = 溶液中酸之當量數

　　$v_1 = 16.3(cc)$【注意:強酸稀釋時,應將強酸加入水中;嚴禁將水加入強酸中。】

　　即取98%濃硫酸16.3cc,加入試劑水中稀釋至0.1L,得6.0N硫酸溶液。

(6)欲以6.0N硫酸溶液稀釋配製0.1N硫酸溶液0.5L時,應如何稀釋配製?

解:設取6.0N硫酸溶液體積為v_2 cc,則

　　(稀釋前、後溶液中所含溶質的量不變,即:$N_1 \times V_1 = N_2 \times V_2$ = 酸之當量數)

　　$6.0 \times (v_2/1000) = 0.1 \times (500/1000)$ = 溶液中酸之當量數

　　$v_2 = 8.33(cc)$

　　即取6.0N硫酸溶液8.3cc,加入試劑水中稀釋至0.5L,得0.1N硫酸溶液。

例14:試計算磷酸(H_3PO_4)之當量重為?(g/eq)

解:磷酸(H_3PO_4)之莫耳質量 = $1.008 \times 3 + 30.97 + 16.00 \times 4 = 97.994$(g/mole)

　　每1分子磷酸(H_3PO_4)可提供3個H^+;每1mole磷酸(H_3PO_4)可提供3mole H^+;故

　　磷酸(H_3PO_4)之當量重 = 97.994/3 = 32.66(g/eq)

(四)重量體積濃度(或稱質量濃度):常用於水中物質含量之表示,如「飲用水水源水質標準」、「自來水水質標準」、「放流水標準」中水質項目之單位。

重量體積濃度(或稱質量濃度):指每公升溶液中,所含溶質之克(或毫克)數,即

$$質量濃度\ W = \frac{溶質的克（或毫克）數}{溶液的公升數} = \frac{w}{V}$$

式中

W：質量濃度：〔克／公升、g/L、毫克／公升、mg/L〕

w：溶質的質量（g、mg）

V：溶液的公升數（L）

【註8：稀釋時，溶液中所含溶質的質量不變，即：$W_1 \times V_1 = W_2 \times V_2 = w = $ 溶液中溶質的質量（g、mg）】

例15：容積莫耳濃度為0.1M之氯化鈉（NaCl）溶液，其鈉離子（Na^+）、氯離子（Cl^-）之質量濃度各為？（g/L）？（mg/L）【原子量：Na = 22.99、Cl = 35.45】

解：氯化鈉（NaCl）溶液0.1M = 0.1mole NaCl/L = 0.1×(22.99 + 35.45) = 5.844g NaCl/L，則

NaCl → Na^+ + Cl^-（完全解離）

鈉離子（Na^+）質量濃度 = 0.1×22.99 = 2.299(g Na^+/L) = 2.299×1000 = 2299(mg Na^+/L)

氯離子（Cl^-）質量濃度 = 0.1×35.45 = 3.545(g Cl^-/L) = 3.545×1000 = 3545(mg Cl^-/L)

另有溶液濃度之「稀釋」：係取較高濃度之溶液，加水配製成較低濃度之溶液的過程。稀釋前、後溶液中所含「溶質的質量（如質量、莫耳數、當量數）」不會改變，然溶液則因稀釋前後溶劑（或溶液）體積的改變，而有不同的濃度、密度（比重）變化。有關溶液濃度之稀釋計算，請參閱例題。

三、器材與藥品

1.燒杯（500cc）	9.塑膠滴管
2.藥杓	10.濃鹽酸（HCl）約35～37%
3.氯化鈉（NaCl）	11.安全手套
4.玻棒	12.定量瓶（50cc、100cc）
5.氫氧化鈉（NaOH）	13.安全吸球
6.塑膠燒杯（50或100cc塑膠燒杯）	14.刻度吸管（10或20cc）
7.塑膠製定量瓶（100cc）	15.定量瓶（250cc）
8.塑膠製漏斗	16.濃硫酸（H_2SO_4）約96～98%

四、實驗步驟與結果

(一)重量百分率濃度配製（固體溶質之溶液配製及稀釋）

1. 重量百分率濃度配製（配製0.9%NaCl溶液100g）

(1) 先依公式〔重量百分率濃度（P%）＝（溶質的克數／溶液的克數）×100%＝（w/W）× 100%〕，由所需之重量百分率濃度、溶液的克數，計算出所需溶質（NaCl）及溶劑（水）之克數。

(2) 設本實驗所需 NaCl 為 w 克，則 0.9%＝（w/100）×100%，得 w＝0.90 克。

(3) 以秤藥紙秤取 0.90 克 NaCl；再以燒杯秤取試劑水 99.10 克（由 100 − 0.90 ＝ 99.10）。

(4) 將 NaCl 倒入燒杯中，以玻棒攪拌，使 NaCl 完全溶解，即可得 0.9%NaCl 溶液 100g。

　　【註 9：若欲作為生理食鹽水，則需經煮沸或滅菌。】

(5) 移至已標示溶液名稱、濃度、配製日期、配製人員姓名之容器中。

配製 0.9%NaCl 溶液 100g	
A.所需NaCl之量（g）	
B.所需試劑水之量（g）	
C.NaCl溶液之量（g）　　　　　　　　　　【A＋B】	
D.NaCl之重量百分率濃度（P%）　　　【(A/C)×100%】	

【註 10】重量百分率濃度（P%）＝（溶質的克數／溶液的克數）×100%＝(w/W)×100%

(二)容（體）積莫耳濃度配製及稀釋

1. （固體溶質）容積莫耳濃度配製（配製約0.50M NaOH溶液100cc）

(1) 先依公式〔容（體）積莫耳濃度（M）＝溶質的莫耳數／溶液的公升數＝（n/V）＝（w/m）/V〕，由所需溶液之容積莫耳濃度、體積（公升）數，計算出所需溶質（NaOH）之克數。

(2) 設本實驗所需 NaOH 為 w 克，則 0.50 ＝ [w/(22.99 ＋ 16.00 ＋ 1.008)]/(100/1000)，得 w ＝ 2.00 克。

(3) 以小燒杯或表玻璃秤取 2.00 克 NaOH（此秤重動作需迅速，NaOH 易吸收 CO_2、潮解而變質增重，造成誤差）。【註 11：NaOH 不是一級標準試藥，於此暫假設純度以 100% 計算，其真實濃（純）度仍需經過「標準試藥」予以「標定」；另 NaOH 溶液會溶解（腐蝕）玻璃器材，宜貯存於塑膠容器。】

(4) 以 100cc 量筒裝取試劑水約 100cc；另取 50 或 100cc 塑膠燒杯，加入約 30cc 試劑水，再將 2.00 克 NaOH 傾入，以玻棒攪拌使溶解後，倒入 100cc 塑膠製定量瓶中（可使用漏斗）。

(5) 再加約 30cc 試劑水於 (4) 之塑膠燒杯，以玻棒攪拌後，倒入 100cc 塑膠製定量瓶中（可使用漏斗）。

(6) 再加約 30cc 試劑水於 (4) 之塑膠燒杯，再以玻棒攪拌後，倒入 100cc 塑膠製定量瓶中。

(7) 將定量瓶蓋上蓋子，左右搖動使 NaOH 完全溶解，再降溫至室溫。

(8) 最後再以塑膠滴管吸取試劑水，加入定量瓶中至（100cc）刻度線（可得約 0.50M NaOH 溶液 100cc）。

(9) 移至已標示溶液名稱、濃度、配製日期、配製人員姓名之（塑膠）容器中。

配製約 0.50M NaOH 溶液 100cc		
A.NaOH之莫耳質量（g/mole）		
B.欲配製之NaOH溶液體積V	(cc)	(L)
C.欲配製NaOH溶液之容（體）積莫耳濃度（M）		
D.計算所需NaOH之量w(g)　　　　　　【註12】		

【註 12】容（體）積莫耳濃度（M）＝溶質的莫耳數／溶液的公升數＝(n/V)＝(w/m)/V〕，由所需溶液之容積莫耳濃度、體積（公升）數，計算出所需溶質（NaOH）之克數。

2. （液體溶質）容積莫耳濃度配製（以濃鹽酸配製約3.0M HCl溶液50cc）

(1) 實驗室之濃鹽酸（HCl）濃度約為 36～37%，為強酸，外觀透明無色，溶液及蒸氣極具腐蝕性，開瓶時應戴安全手套，並於抽氣櫃內操作。

(2) 先依公式〔容（體）積莫耳濃度（M）＝溶質的莫耳數／溶液的公升數＝(n/V)＝(w/m)/V〕，由所需溶液之容積莫耳濃度、體積（公升）數，計算出所需溶質〔濃鹽酸（HCl）〕之體積（cc）數（或克數）。【註 13：取體積數較方便操作，但須知其密度（比重）。】

(3) 設本實驗所需濃鹽酸（HCl）體積為 vcc，則 $3.0 = [(v \times 1.19 \times 37.2\%)/(1.008 + 35.45)]/(50/1000)$，得 $v \fallingdotseq 12.4$（cc）。【濃鹽酸濃度約為 37.2%，密度為 1.19g/cc】

(4) 取 50cc 定量瓶，加入約 20cc 試劑水。

(5)（戴安全手套，並至抽氣櫃操作）以裝安全吸球之刻度吸管吸取 12.4cc 之濃鹽酸（HCl），沿 (4) 之定量瓶內壁緩緩加入。【注意：**強酸稀釋時，應將強酸加入水中；嚴禁將水加入強酸中。**】

(6) 將定量瓶蓋上蓋子，左右搖動使均勻，再降溫至室溫。

(7) 最後再以塑膠滴管取試劑水，加入定量瓶中至（50cc）刻度線（可得約 3.0M HCl 溶液 50cc）。【註 14：濃鹽酸（HCl）不是一級標準試藥，暫以濃度 37.2% 計算，其真實濃度仍需經過「標準溶液」予以「標定」。】

(8) 此約 3.0M HCl 溶液 50cc，暫予保留於後稀釋用。

(9) 移至已標示溶液名稱、濃度、配製日期、配製人員姓名之容器中。

以濃鹽酸配製約 3.0M HCl 溶液 50cc	
A.HCl之莫耳質量（g/mole）	
B.欲配製HCl溶液之容（體）積莫耳濃度（M）	

（續下表）

C.欲配製之HCl溶液體積V		(cc)	(L)
D.濃鹽酸重量百分率濃度（%）			
E.濃鹽酸密度（g/cc）			
F.計算所需濃鹽酸（HCl）之體積v(cc)			
G.計算所需濃鹽酸（HCl）之重量w(g)　【1.19×F】			

【註15】容（體）積莫耳濃度（M）＝溶質的莫耳數／溶液的公升數＝(n/V)＝(w/m)/V，由所需溶液之容積莫耳濃度、體積（公升）數，計算出所需溶質〔濃鹽酸（HCl）〕之體積數 v(cc) 或克數 w(g)。

【註16】取體積數較方便操作，但須知其密度（比重）。濃鹽酸濃度約為 37.2%，密度為 1.19g/cc。

3.（液體溶質）容積莫耳濃度稀釋配製（以約3.0M HCl溶液稀釋配製約0.10M HCl溶液250cc）

(1) 先依公式〔$M_1 \times V_1 = M_2 \times V_2 =$ 溶液中 HCl 之莫耳數〕，計算出所需溶質〔3.0M HCl 溶液〕之體積（cc）數。

(2) 設本實驗所需 3.0M HCl 溶液體積為 vcc，則 $3 \times (v/1000) = 0.1 \times (250/1000)$，得 v = 8.3cc。

(3) 取 250cc 定量瓶，加入約 200cc 試劑水。

(4)（戴安全手套，並至抽氣櫃操作）以裝安全吸球之刻度吸管吸取 8.3cc 之 3.0M HCl 溶液，沿 (3) 之定量瓶內壁緩緩加入。

(5) 將定量瓶蓋上蓋子，左右搖動使均勻，再降溫至室溫。

(6) 最後再以塑膠滴管取試劑水，加入定量瓶中至（250cc）刻度線止（可得約 0.10M HCl 溶液 250cc）。【註 17：此溶液之真實濃度仍需經過「標準溶液」予以「標定」。】

(7) 移至已標示溶液名稱、濃度、配製日期、配製人員姓名之容器中。

以約 3.0M HCl 溶液稀釋配製約 0.10M HCl 溶液 250 cc			
A.稀釋前，HCl溶液之容積莫耳濃度M_1（mole/L）			
B.稀釋後，HCl溶液之容積莫耳濃度M_2（mole/L）			
C.稀釋後，HCl溶液之體積V_2		(cc)	(L)
D.計算稀釋前，所需（3.0M）HCl溶液之體積V_1 (L)　【(B×C)／A】		(cc)	(L)

【註18】稀釋前後，溶液中所含溶質（HCl）的莫耳數不變，即：$M_1 \times V_1 = M_2 \times V_2 = n =$ 溶液中溶質（HCl）的莫耳數（mole）

(三)當量濃度配製及稀釋

1.（液體溶質）當量濃度稀釋配製（以濃硫酸配製約3.0N H_2SO_4溶液50cc）

(1) 實驗室之濃硫酸（H_2SO_4）濃度約為 98%，為強酸，外觀透明無色，溶液及蒸氣極具腐蝕性，開瓶時應戴安全手套，並於抽氣櫃內操作。

(2) 先依公式〔當量濃度（N）＝溶質的當量數／溶液的公升數＝（E_n/V）＝（w/E）/V〕，由所需溶液之當量濃度、體積（公升）數，計算出所需溶質〔濃硫酸（H_2SO_4）〕之體積（cc）數（或克數）。【註 19：取體積數較方便操作，但須知其密度（比重）。】

(3) 設本實驗所需濃硫酸（H_2SO_4）體積為 vcc，則 3.0 ＝ [(v×1.84×98%)/(98.086/2)]/(50/1000)，得 v ＝ 4.1(cc)。【濃硫酸濃度約為 98%，密度為 1.84g/cc】

(4) 取 50cc 定量瓶，加入約 40cc 試劑水。

(5)（戴安全手套，並至抽氣櫃操作）以裝安全吸球之刻度吸管吸取 4.1cc 之濃硫酸（H_2SO_4），沿 (4) 之定量瓶內壁緩緩加入。【注意：**強酸稀釋時，應將強酸加入水中；嚴禁將水加入強酸中。**】

(6) 將定量瓶蓋上蓋子，左右搖動使均勻，再降溫至室溫。

(7) 最後再以塑膠滴管取試劑水，加入定量瓶中至（50cc）刻度線止（可得約 3.0N H_2SO_4 溶液 50cc）。【註 20：濃硫酸（H_2SO_4）不是一級標準試藥，暫以濃度 98% 計算，其真實濃度仍需經過「標準溶液」予以「標定」。】

(8) 此約 3.0N H_2SO_4 溶液 50cc，可依需要再予稀釋【稀釋公式：$N_1 \times V_1 = N_2 \times V_2$】。

(9) 移至已標示溶液名稱、濃度、配製日期、配製人員姓名之容器中。

以濃硫酸配製約 3.0N H_2SO_4 溶液 50cc		
A.H_2SO_4之莫耳質量（g/mole）		
B.H_2SO_4之當量重E＝（莫耳質量/2）(g/eq)　　　【A/2】		
C.欲配製H_2SO_4溶液之當量濃度（N或eq/L）		
D.欲配製之H_2SO_4溶液體積V	(cc)	(L)
E.濃硫酸重量百分率濃度（%）		
F.濃硫酸密度（g/cc）		
G.計算所需濃硫酸（H_2SO_4）之體積v(cc)		
H.計算所需濃硫酸（H_2SO_4）之重量w(g)　　　【1.84×G】		

【註 21】當量濃度（N）＝溶質的當量數／溶液的公升數＝（E_n/V）＝(w/E)/V，由所需溶液之當量濃度、體積（公升）數，計算出所需溶質〔濃硫酸（H_2SO_4）〕之體積數 v(cc) 或克數 w(g)。

【註 22】取體積數較方便操作，但須知其密度（比重）。濃硫酸濃度約為 98%，密度為 1.84g/cc。

2.（液體溶質）當量濃度稀釋配製（以約3.0N H_2SO_4溶液稀釋配製約0.10N H_2SO_4溶液100cc）

(1) 先依公式〔$N_1 \times V_1 = N_2 \times V_2$ ＝溶液中 H_2SO_4 之當量數〕，計算出所需溶質〔3.0N H_2SO_4 溶液〕之體積（cc）數。

(2) 設本實驗所需 3.0N H_2SO_4 溶液為 vcc，則 3.0×(v/1000) ＝ 0.1×(100/1000)，得 v ＝ 3.33cc。

(3) 取 100cc 定量瓶，加入約 80cc 試劑水。

(4)（戴安全手套，並至抽氣櫃操作）以裝安全吸球之刻度吸管吸取 3.33cc 之 3.0N H_2SO_4 溶液，沿 (3) 之定量瓶內壁緩緩加入。

(5) 將定量瓶蓋上蓋子，左右搖動使均勻，再降溫至室溫。

(6) 最後再以塑膠滴管取試劑水，加入定量瓶中至（100cc）刻度線止（可得約 0.1N H_2SO_4 溶液 100cc）。【註 23：此溶液之真實濃度仍需經過「標準溶液」予以「標定」。】

(7) 移至已標示溶液名稱、濃度、配製日期、配製人員姓名之容器中。

以約 3.0N H_2SO_4 溶液稀釋配製約 0.10N H_2SO_4 溶液 100cc		
A.稀釋前，H_2SO_4溶液之當量濃度N_1(eq/L)		
B.稀釋後，H_2SO_4溶液之當量濃度N_2(eq/L)		
C.稀釋後，H_2SO_4溶液之體積V_2	(cc)	(L)
D.計算稀釋前，所需（3.0N）H_2SO_4溶液之體積V_1 (L)　【(B×C)/A】	(cc)	(L)

【註 24】稀釋前後，溶液中所含溶質（H_2SO_4）的當量數 E_n 不變，即：$N_1 \times V_1 = N_2 \times V_2 = E_n =$ 溶液中溶質（H_2SO_4）的當量數（eq）。

五、心得與討論：

_____

_____

_____

_____

_____

_____

_____

_____

_____

_____

_____

_____

_____

_____

_____

_____

_____

_____

_____

_____

實驗 12：標準酸鹼溶液之配製及標定（酸鹼滴定）

一、目的

(一) 了解何謂「標準溶液」及其配製。

(二) 了解酸鹼之概念。

(三) 了解何謂「標定」及「酸鹼滴定」。

(四) 練習以「一級標準（酸）溶液」標定「氫氧化鈉溶液」。

(五) 練習以「二級標準（鹼）溶液」標定「氯化氫（鹽酸）溶液」、「硫酸溶液」。

(六) 了解如何由容積莫耳濃度（M）或當量濃度（N）計算溶液之重量百分率濃度（P%）。

二、相關知識

(一)一級標準品與二級標準品

　　「標定」係以已知極精確濃度（或純度）之標準溶液，以滴定法求得「配製溶液」之正確濃度。

　　水質分析實驗使用之化學試劑標準品，可分為一級標準品（Primary standards）與二級標準品（Secondary standards）兩類。

1. **一級標準品物質**：通常具有下列性質：高純度（99.99% 以上）、分子量大、性質穩定、無結晶水、不易吸溼及潮解、對滴定溶劑有良好的溶解度，且有一定比值之反應。

　　一級標準品通常可經由國內代理商購得；常用於水質分析實驗之標準品種類，依用途可歸納為三種：

(1) 酸滴定用：包括 Na_2CO_3〔碳酸鈉，MW = 105.99g/mole〕、$(CH_2OH)_3CNH_2$〔三羥甲基氨基甲烷，MW = 121.14g/mole〕等。

(2) 鹼滴定用：$KHC_8H_4O_4$〔鄰苯二甲酸氫鉀，MW = 204.22g/mole〕、$KH(IO_3)_2$〔碘酸氫鉀，MW = 389.92g/mole〕等。

(3) 氧化還原滴定用：$K_2Cr_2O_7$〔重鉻酸鉀，MW = 294.19g/mole〕、$C_2O_4H_2 \cdot 2H_2O$〔草酸，MW = 126.02g/mole〕等。

2. **二級標準品物質**：指的是分析實驗室為進行特定分析而配製的標準品，含待測物且已知濃度的均勻物質，可以提供直接分析樣品濃度、或建立儀器檢量線並間接求得樣品濃度，一般是以「一級標準品」來「標定」「二級標準品」濃度。

　　市售實驗用之藥品，例如：醋酸、鹽酸、硝酸、硫酸、磷酸、氨水（氫氧化銨）、氫氧化鈉、過錳酸鉀等，或液態、或固態、或變質、或吸濕潮解，其真實純（濃）度常不夠準確，或再被水稀釋成低濃度使用，則其真實濃度將更不準確。故需要以「標準溶液」來標定出彼

等之眞實濃（純）度。表 1 爲常見市售之酸、鹼溶液濃度、密度（比重）資料。

表 1：常見市售之酸、鹼溶液濃度、密度（比重）

試藥名稱	英文名稱	化學式	莫耳質量 m(g/mole)	重量百分濃度P(%)	20℃密度 D(g/cc)	容積莫耳濃度 M(mole/L)
鹽酸（氫氯酸）	Hydrochloric acid	HCl	36.46	36	1.179	11.64
				38	1.189	12.39
硝酸	Nitric acid	HNO_3	63.012	65	1.391	14.35
				68	1.405	15.16
				71	1.418	15.98
醋酸（乙酸）	Acetic acid	CH_3COOH	60.05	99.8	1.05	17.4
硫酸	Sulfuric acid	H_2SO_4	98.078	98.3	1.84	18.4
磷酸	Phosphoric acid	H_3PO_4	98.0	85	1.689	14.65
氨水（氫氧化銨）	Ammonia water (Ammonium Hydroxide)	$NH_3 \cdot H_2O$（氨氣的水溶液）	17.0	28	0.898	14.8
				35	0.878	18.1

【註 1】(1) 表列試藥依品牌、純度、規格等級各有不同之濃度、密度 (比重)，應與供貨商諮詢。

(2) 表列試藥之真實濃 (純) 度，於定量分析時，仍需經標定。

(3) $M = [(V \times D \times P\%)/m]/(V/1000)$

M：容積莫耳濃度（mole/L）

V：溶液體積（cc）

D：溶液密度（g/cc）

P%：重量百分濃度

m：溶質莫耳質量（g/mole）

(二)酸鹼性質簡介

酸、鹼性質簡介，如表 2 所示。

表 2：酸、鹼性質簡介

項目	酸（acid）	鹼（base）
定義	溶於水，可解離釋出氫離子（H^+）的化合物	溶於水，可解離、生成氫氧根離子（OH^-）的化合物
特性	(1)嚐起來有酸味，具腐蝕性。（切不可嚐試、觸摸實驗室任何之酸） (2)爲電解質，溶於水有助於導電。 (3)與活性大的金屬（如Mg、Al、Mn、Zn）反應，會產生氫氣（H_2）。 (4)與碳酸鹽（CO_3^{2-}）反應，會產生二氧化碳（CO_2）。	(1)嚐起來有澀味，摸起來有滑膩感。（切不可嚐試、觸摸實驗室任何之鹼） (2)爲電解質，溶於水有助於導電。 (3)可溶解油脂。

（續下表）

	溶於水，依解離程度分為強酸與弱酸		溶於水，依解離程度分為強鹼與弱鹼	
分類	強酸：可完全解離	弱酸：部分解離	強鹼：可完全解離	弱鹼：部分解離
	例1： 鹽酸（HCl） 硫酸（H_2SO_4） 硝酸（HNO_3）	例2： 醋酸（CH_3COOH） 氰酸（HCN） 碳酸（H_2CO_3） 氫氟酸（HF）	例5： 氫氧化鈉（NaOH） 氫氧化鉀（KOH） 氫氧化鈣〔$Ca(OH)_2$〕	例6： 碳酸鈉（Na_2CO_3） 碳酸氫鈉（$NaHCO_3$） 碳酸鉀（K_2CO_3） 氨水（$NH_3 \cdot H_2O$）
	例3：強酸溶於水之解離 (1)鹽酸（HCl）溶於水之解離 $HCl \rightarrow \boxed{H^+} + Cl^-$ (2)硫酸（H_2SO_4）溶於水之解離 $H_2SO_4 \rightarrow 2\boxed{H^+} + SO_4^{2-}$		例7：強鹼溶於水之解離 (1)氫氧化鈉（NaOH）溶於水之解離 $NaOH \rightarrow Na^+ + \boxed{OH^-}$ (2)氫氧化鈣 $[Ca(OH)_2]$ 溶於水之解離 $Ca(OH)_2 \rightarrow Ca^{2+} + 2\boxed{OH^-}$	
	例4：弱酸溶於水之解離 (1)醋酸（CH_3COOH）溶於水之解離 $CH_3COOH \rightleftharpoons \boxed{H^+} + CH_3COO^-$ (2)氰酸（HCN）溶於水之解離 $HCN \rightleftharpoons \boxed{H^+} + CN^-$		例8：弱鹼溶於水之解離 (1)碳酸鈉（Na_2CO_3）溶於水之解離 $Na_2CO_3 \rightarrow 2Na^+ + CO_3^{2-}$ $CO_3^{2-} + H_2O \rightleftharpoons HCO_3^- + \boxed{OH^-}$ $HCO_3^- + H_2O \rightleftharpoons H_2CO_3 + \boxed{OH^-}$ (2)碳酸氫鈉（$NaHCO_3$）溶於水之解離 $NaHCO_3 \rightarrow Na^+ + HCO_3^-$ $HCO_3^- + H_2O \rightleftharpoons H_2CO_3 + \boxed{OH^-}$	
指示劑	酚酞	無色		紅色	
	石蕊	紅色		藍色	
	廣用	紅　　橙　　黃　　綠　　藍　　靛　　紫			
		酸性 ◄———————— 中性 ————————► 鹼性			

(三)酸鹼滴定原理

「滴定」是將已知濃度（N_1 或 M_1）的標準溶液滴入已知體積（V_2）的被測溶液中，待反應達終點（指示劑變色）後，利用標準溶液消耗的體積（V_1），計算被測溶液的濃度（N_2 或 M_2）。

水溶液中「酸」會解離釋出 H^+ 和陰離子，「鹼」會釋出 OH^- 和陽離子。當酸、鹼溶液接觸混合時，H^+ 和 OH^- 反應生成 H_2O，陰離子和陽離子則反應生成鹽類。故酸鹼反應生成水和鹽類，此為「酸鹼中和反應」，反應通式如下：

酸 + 鹼 → 水 + 鹽

例如，鹽酸（HCl）溶液與氫氧化鈉（NaOH）溶液之（中和）總反應式為：

$HCl_{(aq)} + NaOH_{(aq)} \rightarrow H_2O(l) + NaCl_{(aq)}$

酸、鹼及所生成之鹽皆屬強電解質，於水中會溶解生成離子，以全離子反應式表示為：

$$H^+_{(aq)} + Cl^-_{(aq)} + Na^+_{(aq)} + OH^-_{(aq)} \rightarrow H_2O_{(l)} + Cl^-_{(aq)} + Na^+_{(aq)}$$

其淨離子反應式為：

$$H^+_{(aq)} + OH^-_{(aq)} \rightarrow H_2O_{(l)}$$

於此可知：1 莫耳 HCl 需 1 莫耳 NaOH 與之反應；即 1 莫耳 H^+ 需 1 莫耳 OH^- 與之反應。
例如，硫酸（H_2SO_4）溶液與氫氧化鈉（NaOH）溶液之（中和）總反應式為：

$$H_2SO_{4(aq)} + 2NaOH_{(aq)} \rightarrow 2H_2O_{(l)} + Na_2SO_{4(aq)}$$

酸、鹼及所生成之鹽皆屬強電解質，於水中會溶解生成離子，以全離子反應式表示為：

$$2H^+_{(aq)} + SO_4^{2-}{}_{(aq)} + 2Na^+_{(aq)} + 2OH^-_{(aq)} \rightarrow 2H_2O_{(l)} + SO_4^{2-}{}_{(aq)} + 2Na^+_{(aq)}$$

其淨離子反應式仍為：

$$H^+_{(aq)} + OH^-_{(aq)} \rightarrow H_2O_{(l)}$$

於此可知：1 莫耳 H_2SO_4（可釋出 2 莫耳 H^+）需 2 莫耳 NaOH 與之反應；相同的，1 莫耳 H^+ 需 1 莫耳 OH^- 與之反應。

不同種類之酸或鹼，其所能解離出之 H^+ 或 OH^- 數目不同；以酸為例，有：

1. 單質子酸：1 莫耳酸可解離出 1 莫耳 H^+，如 HCl，

$$HCl_{(aq)} \rightarrow H^+_{(aq)} + Cl^-_{(aq)}$$

2. 雙質子酸：1 莫耳酸可解離出 2 莫耳 H^+，如 H_2SO_4，

$$H_2SO_{4(aq)} \rightarrow 2H^+_{(aq)} + SO_4^{-2}{}_{(aq)}$$

3. 三質子酸：1 莫耳酸可解離出 3 莫耳 H^+，如 H_3PO_4，

$$H_3PO_{4(aq)} \rightarrow 3H^+_{(aq)} + PO_4^{-3}{}_{(aq)}$$

1. 標定（酸鹼滴定）

　　「酸鹼滴定」係將已知濃度之標準酸（或鹼）置入滴定管內，再慢慢滴加入定量體積之未知濃度之鹼（或酸）中，至所加入之 H^+ 數（或 OH^-）等於未知濃度鹼（或酸）溶液之 OH^- 數（或 H^+）時，即達到中和反應之「當量點」。例如：由已知標準酸溶液之濃度（M_a 或 N_a）、體積（V_a）及未知濃度鹼溶液之體積（V_b），即可計算出未知濃度鹼溶液之濃度（M_b 或 N_b）。

　　酸鹼滴定過程中，恰能使溶液之 pH = 7 而呈中性時，稱之「中和點」；當酸所消耗氫離子（H^+）之莫耳數等於鹼所消耗氫氧根離子（OH^-）之莫耳數，稱之「當量點（equivalent point）」（化學計量關係為：H^+ 之莫耳數 = OH^- 之莫耳數。或：酸之當量數 = 鹼之當量數）；恰能使指示劑顏色改變時，滴定之操作已完成，稱之「滴定終點（endpoint）」。

【註 2】酸鹼指示劑的變色為一漸進過程，有一定的 pH 範圍，故滴定終點和當量點不一定相同，但只要選擇適合的指示劑，通常可將滴定終點視為當量點。

2. 酸鹼指示劑之選用與變色範圍

　　酸鹼滴定過程中因溶液呈透明無色，需加入適當之指示劑以判斷滴定是否達當量點；選用何種指示劑，需視該中和反應當量點時溶液之 pH 而定；酸鹼中和反應雖為 H⁺ 與 OH⁻ 之完全反應，但達當量點時溶液不一定是呈中性，蓋因中和反應除生成水（H_2O）外，另有生成鹽類；而鹽類之水解會影響溶液之酸鹼性，故酸鹼滴定達當量點之 pH，依滴定酸鹼之種類強度不同而異。

　　滴定過程中，稱所選用之指示劑顏色改變時為「滴定終點」；滴定終點越接近當量點，則誤差越小；即需依滴定之酸鹼種類達當量點時溶液之理論 pH 值，來選用指示劑，使滴定終點與當量點一致或相接近，以減少誤差。表3為不同強度之酸鹼滴定時建議選用之指示劑。另酸鹼指示劑自身亦為弱酸或弱鹼，也會參與中和反應而造成誤差，滴定時僅需加入 2～3 滴即可。

表3：不同強度之酸鹼滴定時建議選用之指示劑

酸	鹼	當量點時溶液之酸鹼性	建議選用之指示劑
強酸	強鹼	中性	酚酞、甲基紅、甲基橙
強酸	弱鹼	酸性	甲基紅、甲基橙
弱酸	強鹼	鹼性	酚酞
弱酸	弱鹼	不一定（約中性）	石蕊、溴瑞香草藍

【註 4】指示劑變色範圍：

酚酞〔（無）8.3～10.0（紅）〕、甲基紅〔（紅）4.2～6.3（黃）〕、甲基橙〔（紅）3.1～4.4（橙黃）〕、石蕊〔（紅）4.5～8.3（藍）〕、溴瑞香草藍〔（黃）6.0～7.6（藍）〕

　　酸鹼滴定裝置示例如下。

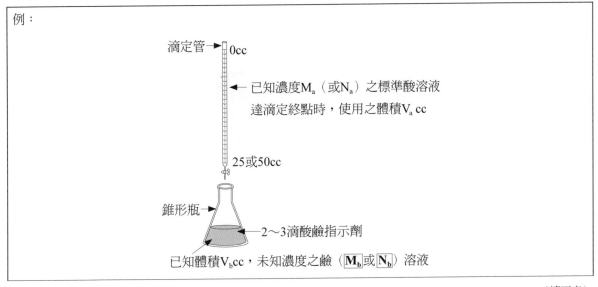

例：

滴定管 → 0cc

← 已知濃度M_a（或N_a）之標準酸溶液
　　達滴定終點時，使用之體積$V_a$cc

25或50cc

錐形瓶 →

← 2～3滴酸鹼指示劑

已知體積$V_b$cc，未知濃度之鹼（M_b 或 N_b）溶液

（續下表）

達滴定終點時（指示劑變色）：

(1)$M_a \times \dfrac{V_a}{1000} \times$（每分子酸解離出之$H^+$數）$= \boxed{M_b} \times \dfrac{V_b}{1000} \times$（每分子鹼解離出之$OH^-$數）

(2)$N_a \times \dfrac{V_a}{1000} = \boxed{N_b} \times \dfrac{V_b}{1000}$

3. 酸鹼滴定之化學計量

當「酸鹼滴定」（酸鹼中和反應）達滴定終點（或當量點）時之化學計量關係式有二：

(1) 酸（H^+）之莫耳數 $= M_a \times V_a \times$（每分子酸解離出之 H^+ 數）

　　$=$ 鹼（OH^-）之莫耳數 $= M_b \times V_b \times$（每分子鹼解離出之 OH^- 數）

式中

M_a：酸之容積莫耳濃度（mole/L）

V_a：達滴定終點時酸之體積（L）

M_b：鹼之容積莫耳濃度（mole/L）

V_b：達滴定終點時鹼之體積（L）

(2) 酸之當量數 $= N_a \times V_a =$ 鹼之當量數 $= N_b \times V_b$

式中

N_a：酸之當量濃度（eq/L）

V_a：達滴定終點時酸之體積（L）

N_b：鹼之當量濃度（eq/L）

V_b：達滴定終點時鹼之體積（L）

【註5】（酸或鹼）當量濃度（N）：指每公升溶液中，所含溶質（酸或鹼）之當量數（E_n），即

當量濃度（N）$=$ 溶質的當量數／溶液的公升數 $= (E_n/V) = (w/E)/V = [w/（分子量/n）]/V$

式中

N：（酸或鹼）當量濃度（當量／公升、eq/L）

E_n：溶質（酸或鹼）的當量數（eq）$= \dfrac{w}{E}$

V：溶液的公升數（L）

w：溶質的質量（g）

E：溶質的當量重（equivalent weight），（克／當量、g/eq）

酸鹼中和反應中，溶質的當量重（E）計算：

當量重（E）$=$ 分子量／n 〔單位：克／當量、g/eq〕

n：酸鹼中和反應之H^+或OH^-數

（續下表）

例9：**配製鄰苯二甲酸氫鉀〔$C_6H_4(COOK)(COOH)$〕標準溶液（一級標準）**

欲配製0.100N之鄰苯二甲酸氫鉀（設其純度為100%）溶液1000cc，應如何配製？

解：當量濃度(N) = 溶質的當量數／溶液的公升數 = 〔w／（分子量/n）〕/V

由所需溶液之當量濃度N、分子量（莫耳質量）、n〔$C_6H_4(COOK)(COOH)$釋出之H^+數〕、溶液體積V（公升）數，計算出所需溶質（鄰苯二甲酸氫鉀）之克數w。

鄰苯二甲酸氫鉀〔$C_6H_4(COOK)(COOH)$〕莫耳質量

= 12.01×8 + 1.008×5 + 16.00×4 + 39.10 = 204.22(g/mole)

$C_6H_4(COOK)(COOH)_{(aq)} \rightarrow C_6H_4(COOK)(COO^-)_{(aq)} + 1\boxed{H^+}_{(aq)}$

設需鄰苯二甲酸氫鉀為w克，則

0.100 = [w/(204.22/1)]/(1000/1000)

w = 20.422（克）

取鄰苯二甲酸氫鉀20.422克，以試劑水溶解並稀釋至1000mL，即得0.100N之鄰苯二甲酸氫鉀溶液1000cc。

例10：**氫氧化鈉溶液之當量濃度（N_b）配製、以0.100N鄰苯二甲酸氫鉀標準溶液標定氫氧化鈉溶液之當量濃度（N_b）**

(1)欲配製（約）0.1N氫氧化鈉（NaOH）溶液1000cc，應如何配製？【氫氧化鈉之真實純度當非100%，尚須標定其真實之濃（純）度。】

解：當量濃度（N）= 溶質的當量數／溶液的公升數 =〔w／（分子量／n）〕/V

由所需溶液之當量濃度N、分子量（莫耳質量）、n（NaOH釋出之OH^-數）、溶液體積V（公升）數，計算出所需溶質（氫氧化鈉）之克數w。

氫氧化鈉（NaOH）莫耳質量 = 22.99 + 16.0 + 1.008 = 39.998(g/mole)

$NaOH_{(aq)} \rightarrow Na^+_{(aq)} + 1\boxed{OH^-}_{(aq)}$

設需氫氧化鈉為w克，則

0.1 = [w/(39.998/1)]/(1000/1000)

w = 4.00（克）

秤4.00克之NaOH，以煮沸後冷卻之試劑水溶解並稀釋至1000cc，備用。

(2)精取25.00cc 0.100N鄰苯二甲酸氫鉀溶液於250cc錐形瓶中〔再加入2滴酚酞指示劑（呈無色）〕；另以一裝有(1)之NaOH溶液之滴定管滴定之，至終（當量）點（為粉紅色）停止滴定，計使用25.40ccNaOH溶液，則NaOH溶液之真實當量濃度（N_b）為？（N）

解：$C_6H_4(COOK)(COOH)_{(aq)} + NaOH_{(aq)} \rightarrow C_6H_4(COOK)(COONa)_{(aq)} + H_2O_{(l)}$

【註6：酸鹼滴定達滴定終點時：酸之當量數(eq) = $N_a \times V_a = N_b \times V_b$ = 鹼之當量數(eq)】

0.100×(25.00/1000) = N_b×(25.40/1000)

N_b = 0.0984 ≒ 0.098（N或eq/L）

【註7：此為經標定之氫氧化鈉溶液濃度；氫氧化鈉溶液使用時皆應予以標定真實濃度】

例11：**以0.098N氫氧化鈉（二級）標準溶液標定氯化氫（鹽酸）溶液之當量濃度（N_a）**

(1)配製（約）0.1N氯化氫（鹽酸）溶液（尚未標定）：欲以約37%濃鹽酸（密度1.19 g/cc）配製（約）0.1N氯化氫（鹽酸）溶液1000cc，應如何配製？

解：當量濃度(N) = 溶質的當量數／溶液的公升數 =〔w/(分子量/n)〕/ V，計算出所需溶質（濃鹽酸）之體積數v(cc)或克數w(g)。

由所需溶液之當量濃度N、分子量（莫耳質量）、n（HCl釋出之H^+數）、溶液體積V（公升）數，計

氯化氫（HCl）莫耳質量 = 1.008 + 35.45 = 36.458(g/mole)

$HCl_{(aq)} \rightarrow 1\boxed{H^+}_{(aq)} + Cl^-_{(aq)}$

設所需濃鹽酸（HCl）溶液體積為vcc，則

0.1 = [(v×1.19×37%)/(36.458/1)]/(1000/1000)

v = 8.3(cc)

取8.3cc 37%濃鹽酸，加入煮沸後冷卻之試劑水稀釋至1000cc，備用。

或所需濃鹽酸（HCl）溶液重量w = 8.3(cc)×1.19(g/cc) = 9.88(g)

（續下表）

(2)以量筒精取(1)經稀釋之鹽酸溶液25.00cc，倒入250cc錐形瓶中，再加入2滴酚酞指示劑（呈無色）；再以已標定當量濃度為0.098N NaOH溶液滴定，滴定至終（當量）點（為粉紅色），計使用24.70cc NaOH溶液。試計算經稀釋之鹽酸溶液之真實當量濃度（N_a）為？（N）

解：$N_a \times V_a = N_b \times V_b$

$N_a \times (25.00/1000) = 0.098 \times (24.70/1000)$

$N_a = 0.097$（N或eq/L）

(3)試計算濃鹽酸中所含氯化氫（HCl）之重量百分率濃度（P%）為？

解：$0.097 = [(8.3 \times 1.19 \times P\%)/(36.458/1)]/(1000/1000)$

$P\% = 35.9(\%)$

　　本實驗先配製鄰苯二甲酸氫鉀（$KHC_8H_4O_4$）作為「一級標準」酸溶液，再以其「標定」配製好之氫氧化鈉（NaOH）溶液濃度；再以氫氧化鈉溶液作為「二級標準」鹼溶液，「標定」配製好之氯化氫（HCl）溶液之正確濃度，再計算出濃鹽酸之真實重量百分濃度。

三、器材與藥品

1.鄰苯二甲酸氫鉀〔$C_6H_4(COOH)(COOK)$，一級品〕	10.滴定管
2.100cc定量瓶	11.36～37%濃鹽酸（HCl）
3.塑膠滴管	12.安全手套
4.氫氧化鈉（NaOH）	13.抽氣櫃
5.100cc塑膠製定量瓶	14.250cc定量瓶
6.100cc燒杯	15.安全吸球
7.250cc錐形瓶	16.25cc移液吸管
8.100cc量筒	17.96～98%濃硫酸(H_2SO_4)
9.漏斗	
18.酚酞指示劑：溶解0.5g酚酞（Phenolphthalein）於50cc 95%乙醇，加入50cc試劑水。	
19.配製0.100（N或eq/L）鄰苯二甲酸氫鉀〔$C_6H_4(COOH)(COOK)$〕（一級）標準溶液1000cc：取約1100cc試劑水，入燒杯將其煮沸（驅二氧化碳）後，覆蓋錶玻璃，冷卻至室溫；取1000cc定量瓶，內裝約800～900cc冷卻後之試劑水；精秤20.422g之鄰苯二甲酸氫鉀（一級標準品），傾入定量瓶中，蓋上蓋子，搖盪攪拌使完全溶解後，再加入試劑水至標線，搖勻後移至已標示溶液名稱、濃度、配製日期、配製人員姓名之容器中。（亦可以磁攪拌器使攪拌溶解）【計算參見例9】	
20.配製約0.1（N或eq/L）氫氧化鈉（NaOH）溶液1000cc：取約1100cc試劑水，入燒杯將其煮沸（驅二氧化碳）後，覆蓋錶玻璃，冷卻至室溫；取1000cc定量瓶，內裝約800～900cc冷卻後之試劑水；粗秤4.0g之NaOH（其純度並非100%；動作應稍快，減少其潮解），傾入定量瓶中，蓋上蓋子，搖盪攪拌使完全溶解後，再加入試劑水至標線，搖勻後移至已標示溶液名稱、濃度、配製日期、配製人員姓名之容器中。（亦可以磁攪拌器使攪拌溶解）【計算參見例10】	

（續下表）

21.配製約0.1（N或eq/L）鹽酸（HCl）溶液1000cc：取約1100cc試劑水，入燒杯將其煮沸（驅二氧化碳）後，覆蓋錶玻璃，冷卻至室溫；取1000cc定量瓶，內裝約800～900cc冷卻後之試劑水；以裝安全吸球之刻度吸管吸取8.28cc之濃鹽酸（HCl，約36～37%），沿定量瓶內壁緩緩加入，將定量瓶蓋上蓋子，左右搖動使均勻，降溫至室溫；再加入試劑水至標線，搖勻後移至已標示溶液名稱、濃度、配製日期、配製人員姓名之容器中。【計算參見例11】

【註8】注意：強酸稀釋時，應將強酸加入水中；嚴禁將水加入強酸中。實驗室之濃鹽酸約為36～37%（於此暫以37%計算，其真實濃度仍需經過「標準溶液」予以「標定」），為強酸，外觀透明無色，溶液及蒸氣極具腐蝕性，開瓶、操作時應戴安全手套，並於抽氣櫃內操作。

22.配製約0.1N硫酸（H₂SO₄）溶液1000cc：取約1100cc試劑水，入燒杯將其煮沸（驅二氧化碳）後，覆蓋錶玻璃，冷卻至室溫；取1000cc定量瓶，內裝約800～900cc冷卻後之試劑水；以裝安全吸球之刻度吸管吸取2.72cc之濃硫酸（H₂SO₄，約98%），沿定量瓶內壁緩緩加入，將定量瓶蓋上蓋子，左右搖動使均勻，降溫至室溫；再加入試劑水至標線，搖勻後移至已標示溶液名稱、濃度、配製日期、配製人員姓名之容器中。

【註9】注意：強酸稀釋時，應將強酸加入水中；嚴禁將水加入強酸中。實驗室之濃硫酸約為98%（於此暫以98%計算，其真實濃度仍需經過「標準溶液」予以「標定」），為強酸，外觀透明無色，溶液及蒸氣極具腐蝕性，開瓶、操作時應戴安全手套，並於抽氣櫃內操作。

【註10】硫酸（H₂SO₄）莫耳質量 = 1.008×2 + 32.00 + 16.00×4 = 98.016(g/mole)

$$H_2SO_{4(aq)} \rightarrow 2\boxed{H^+}_{(aq)} + SO_4^{-2}{}_{(aq)}$$

假設濃硫酸（H₂SO₄）溶液約為98%，密度1.84g/cc；設所需濃硫酸（H₂SO₄）溶液體積為vcc，則

0.1 = [(v×1.84×98%)/(98.086/2)]/(1000/1000)，得v = 2.72(cc)

四、實驗步驟與結果

(一)以0.100N鄰苯二甲酸氫鉀（一級）標準溶液「標定」氫氧化鈉溶液之當量濃度（N_b）

1. 如圖所示，以 25cc 移液管精取 25.00cc 0.100N 鄰苯二甲酸氫鉀標準溶液於 250cc 錐形瓶中，記錄之；再加入 2 滴酚酞指示劑（呈無色）備用。

2. 將滴定管固定夾好，先以試劑水淋洗滴定管管腔 2 次，再以少量（約 5cc）（約）0.1N NaOH 溶液淋洗 2 次。

3. 取小燒杯盛裝 60cc（約）0.1N NaOH 溶液，利用漏斗裝入滴定管內（至刻度 0 處），記錄滴定管初始之刻度 $v_1$cc。

4. 滴定 1. 之鄰苯二甲酸氫鉀溶液，至終（當量）點（為粉紅色）停止滴定，記錄滴定管之刻度 $v_2$cc。

5. 計算所使用之 NaOH 溶液體積（v_2-v_1）cc，記錄之。

6. 計算 NaOH 溶液之真實當量濃度（N_b），於下表。【此即為被標定當量濃度（N_b）之氫氧化鈉溶液。】

7. 實驗結果記錄與計算：

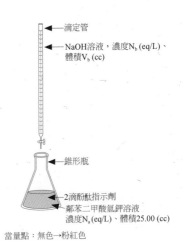

滴定管

NaOH溶液，濃度N_b(eq/L)、體積V_b(cc)

錐形瓶

2滴酚酞指示劑
鄰苯二甲酸氫鉀溶液
濃度N_a(eq/L)、體積25.00 (cc)

當量點：無色→粉紅色

項　目（鄰苯二甲酸氫鉀溶液標定氫氧化鈉）	第1次滴定	第2次滴定
A.鄰苯二甲酸氫鉀之當量濃度N_a(eq/L)		
B.取鄰苯二甲酸氫鉀標準溶液體積V_a(cc)		
C.NaOH溶液之（粗）當量濃度N (eq/L)		
D.滴定前，滴定管NaOH溶液刻度v_1(cc)		
E.滴定後，滴定管NaOH溶液刻度v_2(cc)		
F.滴定所使用之NaOH溶液體積$V_b = (v_2 - v_1)$ (cc)　　　【E−D】		
G.計算NaOH溶液之真實當量濃度N_b(eq/L)　　　【註11】		
H.計算NaOH溶液之真實當量濃度（N_b）平均值（eq/L）		
【註11】酸鹼滴定達當量點時，酸之當量數＝鹼之當量數 　　　　即：$N_a \times V_a/1000 = N_b \times V_b/1000$		

8. 廢液傾入廢液貯存桶待處理。【如有廢水處理場可排放至處理場處理之。】

(二)以經標定當量濃度（N_b）之氫氧化鈉溶液標定（約）0.1N鹽酸（HCl）溶液之真實當量濃度（N_a），並計算濃鹽酸之真實重量百分率濃度（P%）

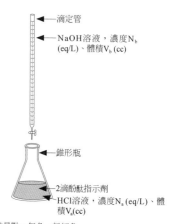

1. 如圖所示，以25cc 移液管精取經稀釋之（約）0.1N 鹽酸
（HCl）溶液 25.00cc，倒入 250cc 錐形瓶中，記錄之；再
加入 2 滴酚酞指示劑（呈無色）。

2. 取小燒杯盛裝(一)已被標定當量濃度（N_b）之 NaOH 溶液，
利用漏斗裝入滴定管內（至刻度 0 處），記錄滴定管初始之
刻度 $v_1$cc。

3. 滴定 1.之鹽酸溶液，至終（當量）點（為粉紅色）停止滴定，
記錄滴定管之刻度 $v_2$cc。

4. 計算所使用之 NaOH 溶液體積（$v_2 - v_1$）cc，記錄之。

5. 計算此鹽酸（HCl）溶液之真實當量濃度（N_a），於下表。

6. 由 5. 所得鹽酸（HCl）溶液之真實當量濃度（N_a），計算濃鹽酸中所含氯化氫（HCl）之
真實重量百分率濃度（P%），於下表。

7. 實驗結果記錄與計算

項　目（氫氧化鈉溶液標定鹽酸溶液）	第1次滴定	第2次滴定
A.經稀釋後鹽酸（HCl）溶液之（粗）當量濃度N (eq/L)		
B.取經稀釋後之（約）0.1N鹽酸溶液體積V_a(cc)		
C.實驗步驟(一)經標定之NaOH溶液真實當量濃度N_b(eq/L)		
D.滴定前，滴定管NaOH溶液刻度v_1(cc)		

（續下表）

E.滴定後，滴定管NaOH溶液刻度v_2(cc)		
F.滴定所使用之NaOH溶液體積$V_b = (v_2 - v_1)$(cc) 【E−D】		
G.計算經稀釋後鹽酸（HCl）溶液之真實當量濃度N_a(eq/L) 【註12】		
H.計算經稀釋後鹽酸（HCl）溶液之真實當量濃度N_a(eq/L)（平均值）		
I.計算濃鹽酸中所含氯化氫（HCl）之真實重量百分率濃度（P%）【註13】		
J.計算濃鹽酸中所含氯化氫（HCl）之真實重量百分率濃度（P%）（平均值）		

【註12】酸鹼滴定達當量點時，酸之當量數＝鹼之當量數
即：$N_a \times V_a/1000 = N_b \times V_b/1000$
【註13】當量濃度（N）與重量百分率濃度（P%）之關係式：
N = [(v×D×P%)/（分子量/n）] /V
式中
N：經稀釋後鹽酸（HCl）溶液之真實當量濃度（eq/L）
v：溶質（濃鹽酸）體積（cc）
D：假設溶質（濃鹽酸）密度為1.19(g/cc)
P%：溶質（濃鹽酸）之重量百分率濃度
分子量：氯化氫（HCl）分子量 = 1.008 + 35.45 = 36.458(g/mole)
n：氯化氫（HCl）於酸鹼中和反應之H^+數 = 1
V：經稀釋後鹽酸（HCl）溶液之體積（L）

8. 廢液傾入廢液貯存桶待處理。【如有廢水處理場可排放至處理場處理之。】

(三)以經標定當量濃度（N_b）之氫氧化鈉溶液標定（約）0.1N硫酸（H_2SO_4）溶液之真實當量濃度（N_a），並計算濃硫酸（H_2SO_4）之真實重量百分率濃度（P%）

1. 如圖所示，以 25cc 移液管精取經稀釋之（約）0.1N 硫酸（H_2SO_4）溶液 25.00cc，倒入 250cc 錐形瓶中，記錄之；再加入 2 滴酚酞指示劑（呈無色）。

2. 取小燒杯盛裝已標定當量濃度（N_b）之 NaOH 溶液，利用漏斗裝入滴定管內（至刻度 0 處），記錄滴定管初始之刻度$v_1$cc。

3. 滴定 1.之硫酸溶液，至終（當量）點（為粉紅色）停止滴定，記錄滴定管之刻度$v_2$cc。

4. 計算所使用之 NaOH 溶液體積（$v_2 - v_1$）cc，記錄之。

5. 計算此硫酸（H_2SO_4）溶液之真實當量濃度（N_a），於下表。

6. 由 5. 所得硫酸（H_2SO_4）溶液之真實當量濃度（N_a），計算濃硫酸（H_2SO_4）中所含硫酸（H_2SO_4）之真實重量百分率濃度（P%），於下表。

7. 實驗結果記錄與計算：

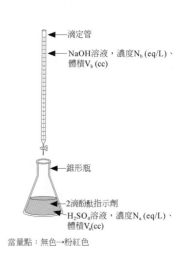

滴定管
NaOH溶液，濃度N_b(eq/L)、體積V_b(cc)
錐形瓶
2滴酚酞指示劑
H_2SO_4溶液，濃度N_a(eq/L)、體積V_a(cc)
當量點：無色→粉紅色

項　目（氫氧化鈉溶液標定硫酸溶液）	第1次滴定	第2次滴定
A.經稀釋後硫酸（H_2SO_4）溶液之（粗）當量濃度N (eq/L)		
B.取經稀釋後之（約）0.1N硫酸（H_2SO_4）溶液體積V_a(cc)		
C.實驗步驟(一)經標定之NaOH溶液真實當量濃度N_b(eq/L)		
D.滴定前，滴定管NaOH溶液刻度v_1(cc)		
E.滴定後，滴定管NaOH溶液刻度v_2(cc)		
F.滴定所使用NaOH溶液體積$V_b = (v_2 - v_1)$ (cc)　　　　　　　【E－D】		
G.計算經稀釋後硫酸（H_2SO_4）溶液之真實當量濃度N_a(eq/L)　　【註14】		
H.計算經稀釋後硫酸（H_2SO_4）溶液之真實當量濃度N_a(eq/L)（平均值）		
I.計算濃硫酸（H_2SO_4）中所含H_2SO_4之真實重量百分率濃度（P%）　【註15】		
J.計算濃硫酸（H_2SO_4）中所含H_2SO_4之真實重量百分率濃度（P%）（平均值）		

【註14】酸鹼滴定達當量點時，酸之當量數＝鹼之當量數
　　　　即：$N_a \times V_a/1000 = N_b \times V_b/1000$
【註15】當量濃度（N）與重量百分率濃度（P%）之關係式：
　　　　$N = [(v \times D \times P\%) / （分子量 / n）] / V$
　　　　式中
　　　　N：經稀釋後硫酸（H_2SO_4）溶液之真實當量濃度（eq/L）
　　　　v：溶質（濃硫酸）體積(cc)
　　　　D：假設溶質（濃硫酸）密度為1.84(g/cc)
　　　　P%：溶質（濃硫酸H_2SO_4）之重量百分率濃度
　　　　分子量：硫酸（H_2SO_4）分子量 = $1.008 \times 2 + 32.00 + 16.00 \times 4 = 98.016$(g/mole)
　　　　n：硫酸（H_2SO_4）於酸鹼中和反應之H^+數 = 2
　　　　V：稀釋後硫酸（H_2SO_4）溶液之體積（L）

8.廢液傾入廢液貯存桶。【如有廢水處理場可排放至處理場處理之。】

五、心得與討論：

實驗 13：氫離子濃度指數（pH）及酸鹼指示劑

一、目的

(一) 了解酸鹼概念及氫離子濃度指數（pH）之定義。

(二) 了解酸鹼指示劑及其使用。

(三) 利用酸鹼指示劑測試溶液（各種酸鹼、鹽類）之酸鹼性（pH 值）。

二、相關知識

(一)水的游離

　　「水（H_2O）」，具極微小導電能力，因水分子（H_2O）有極小部分會游離出 H^+（氫離子）及 OH^-（氫氧根離子），此為水之解離作用，以方程式表示如下：

$$H_2O_{(l)} + H_2O_{(l)} \rightleftharpoons H_3O^+_{(aq)} + OH^-_{(aq)}$$

或簡化表示為：

$$H_2O_{(l)} \rightleftharpoons H^+_{(aq)} + OH^-_{(aq)}$$

水解離之平衡常數 K 表示為

$$K = [H^+][OH^-]/[H_2O]$$

式中 [ ] 符號專用於表示物質之容積莫耳濃度（mole/L，M）；一般而言，平衡常數 K 不書寫單位，但計算時各成分濃度皆使用容積莫耳濃度（mole/L，M）。

　　25℃時，經精密測量發現，純水中 $[H^+] = [OH^-] = 1.004 \times 10^{-7} \doteqdot 1.0 \times 10^{-7}$（mole/L），又 1 公升水的質量為 997.07g，而 H_2O 之莫耳質量為 18.016（g/mole），則 $[H_2O] = （997.07/18.016）/1 = 55.34$（mole/L）。

故 25℃時，水解離之平衡常數 $K = (1.004 \times 10^{-7})(1.004 \times 10^{-7})/(55.34) = 1.821 \times 10^{-16}$。

　　水溶液中水分子之濃度變動極小，可將其視為常數，即 $[H_2O] = 55.34$（mole/L）；將其與平衡常數 K 合併，可得：

$$K \times [H_2O] = [H^+][OH^-] = K_w = 1.008 \times 10^{-14} \doteqdot 1.0 \times 10^{-14}（25℃）$$

式中 K_w 稱為水的離子積（ion product of water），常寫為 $K_w = [H^+][OH^-] = 1.0 \times 10^{-14}$。上式除適用於純水，亦適用於其他水溶液。【註 1：水之解離方程式為可逆反應方程式。】

(二) pH值之定義

任何水溶液中皆含有 H^+ 及 OH^-，且其濃度值通常很小，為方便表示及使用，丹麥化學家 Sorensen 提出「氫離子濃度指數（hydrogen ion index）：pH」來表示 $[H^+]$，即

$$pH = -\log[H^+]；pOH = -\log[OH^-]$$

【註 2：pH 沒單位；一般常用 pH，不常用 pOH】

（25℃）由 $K_w = [H^+][OH^-] = 1.0 \times 10^{-14}$

可得：$pK_w = pH + pOH = 14$

純水中 $[H^+] = [OH^-] = 1.0 \times 10^{-7}$（mole/L），故純水之 $pH = -\log[1.0 \times 10^{-7}] = 7$

當 $[H^+] > 1.0 \times 10^{-7}$（mole/L）時，pH < 7，為酸性溶液。

當 $[H^+] < 1.0 \times 10^{-7}$（mole/L）時，pH > 7，為鹼性溶液。

表 1 列出 25℃時，$[H^+]$ 與 pH 之關係及酸鹼性。

表 1：25℃時，水溶液之 $[H^+]$、$[OH^-]$ 與 pH、pOH 之關係及酸鹼性

$[H^+]$ mole/L	10^{-1}	10^{-2}	10^{-3}	10^{-4}	10^{-5}	10^{-6}	10^{-7}	10^{-8}	10^{-9}	10^{-10}	10^{-11}	10^{-12}	10^{-13}	10^{-14}
$[OH^-]$ mole/L	10^{-13}	10^{-12}	10^{-11}	10^{-10}	10^{-9}	10^{-8}	10^{-7}	10^{-6}	10^{-5}	10^{-4}	10^{-3}	10^{-2}	10^{-1}	10^{0}
pH	1	2	3	4	5	6	7	8	9	10	11	12	13	14
pOH	13	12	11	10	9	8	7	6	5	4	3	2	1	0
酸鹼性	酸性 [H⁺] 較高 ←						中性	鹼性 → [OH⁻] 較高						

例1：25℃，若水溶液之 $[H^+] = 1.58 \times 10^{-3}$(mole/L)，則其

(1)pH為？

解：$pH = -\log[H^+] = -\log(1.58 \times 10^{-3}) = 2.80$

(2)pOH為？

解：因 $[H^+][OH^-] = K_w = 1.0 \times 10^{-14}$

則 $1.58 \times 10^{-3} \times [OH^-] = 1.0 \times 10^{-14}$

$[OH^-] = 6.33 \times 10^{-12}$(mole/L)

$pOH = -\log[OH^-] = -\log(6.33 \times 10^{-12}) = 11.20$

另解：$pH + pOH = 14$

則：$2.80 + pOH = 14$

$pOH = 11.20$

例2：25℃，若水溶液之 pH = 8.90，則其

(1)$[H^+]$為？(mole/L)

解：$pH = -\log[H^+]$

$8.90 = -\log[H^+]$

$[H^+] = 10^{-8.90} = 1.26 \times 10^{-9}$(mole/L)

(2)$[OH^-]$為？(mole/L)

解：因 $[H^+][OH^-] = K_w = 1.0 \times 10^{-14}$

則 $1.26 \times 10^{-9} \times [OH^-] = 1.0 \times 10^{-14}$

$[OH^-] = 7.94 \times 10^{-6}$(mole/L)

另解：$pH + pOH = 14$

則：$8.90 + pOH = 14$

$pOH = 5.10$

$5.10 = -\log[OH^-]$

$[OH^-] = 10^{-5.10} = 7.94 \times 10^{-6}$(mole/L)

(三) 酸鹼之分類

酸鹼之強弱，依其溶於水中之解離程度，可分為：強酸、強鹼、弱酸、弱鹼。

1. **強酸**：化合物溶於水中，幾乎可完全解離出 H^+（氫離子）者，是為強酸，例如：過氯酸（HClO4）、氫碘酸（HI）、氫溴酸（HBr）、氫氯酸（HCl）、硝酸（HNO_3）、硫酸（H_2SO_4，二質子酸）。

   例如：$HCl_{(aq)} \rightarrow H^+_{(aq)} + Cl^-_{(aq)}$；$H_2SO_{4(aq)} \rightarrow 2H^+_{(aq)} + SO_4^{2-}_{(aq)}$

2. **強鹼**：化合物溶於水中，幾乎可完全解離出 OH^-（氫氧根離子）者，是為強鹼，例如：氫氧化鋰（LiOH）、氫氧化鈉（NaOH）、氫氧化鉀（KOH）、氫氧化鎂〔$Mg(OH)_2$〕、氫氧化鈣 $[Ca(OH)_2]$。

   例如：$NaOH_{(aq)} \rightarrow Na^+_{(aq)} + OH^-_{(aq)}$；$Ca(OH)_{2(aq)} \rightarrow Ca^{2+}_{(aq)} + 2OH^-_{(aq)}$

3. **弱酸**：化合物溶於水中（為可逆反應），僅有部分解離出 H^+（氫離子）者，是為弱酸，例如：氫氟酸（HF）、醋酸（CH_3COOH）、碳酸（H_2CO_3，二質子酸）、磷酸（H_3PO_4，三質子酸）、草酸（HOOC-COOH，二質子酸）、氫氰酸（HCN）。

   酸（HA）解離平衡式：$HA_{(aq)} \rightleftharpoons H^+_{(aq)} + A^-_{(aq)}$

   酸的解離平衡常數 $K_a = [H^+][A^-]/[HA]$

   例如：$CH_3COOH_{(aq)} \rightleftharpoons H^+_{(aq)} + CH_3COO^-_{(aq)}$

   醋酸的解離平衡常數 $K_a = [H^+][CH_3COO^-]/[CH_3COOH] = 1.8 \times 10^{-5}$

4. **弱鹼**：化合物溶於水中（為可逆反應），僅有部分解離出 OH^-（氫氧根離子）者，是為弱鹼，例如：氨（NH_3）、醋酸根離子（CH_3COO^-）、碳酸根離子（CO_3^{-2}）、磷酸根離子（PO_4^{-3}）、草酸根離子（$C_2O_4^{-2}$）、氰酸根離子（CN^-）。

   鹼（X^-）解離平衡式：$X^-_{(aq)} + H_2O_{(1)} \rightleftharpoons HX_{(aq)} + OH^-_{(aq)}$

   鹼的解離平衡常數 $K_b = [HX][OH^-]/[X^-]$

   例如：$CH_3COO^-_{(aq)} + H_2O_{(1)} \rightleftharpoons CH_3COOH_{(aq)} + OH^-_{(aq)}$

   醋酸根離子的解離平衡常數 $K_b = [CH_3COOH][OH^-]/[CH_3COO^-] = 5.7 \times 10^{-10}$

   例如：$NH_{3(aq)} + H_2O_{(1)} \rightleftharpoons NH_4^+_{(aq)} + OH^-_{(aq)}$

   氨（水）的解離平衡常數 $K_b = [NH_4^+][OH^-]/[NH_3] = 1.8 \times 10^{-5}$

   酸或鹼之解（游）離平衡常數 K_a 或 K_b 越大，則其解離程度越大；解離平衡常數 K_a 或 K_b 越小，則其解離程度越小。解離平衡常數 K_a 或 K_b，可查表得知。

例3：25℃，0.1M醋酸（CH_3COOH）溶液經測定pH = 2.88，則其解離平衡常數K_a為？解離度為（α）？

解：$pH = -\log[H^+] = 2.88$

$\quad\quad [H^+] = 1.0 \times 10^{-2.88}(M)$

$\quad\quad$故平衡時，溶液之$[H^+] = [CH_3COO^-] = 1.0 \times 10^{-2.88} = 0.00132(M) = 1.32 \times 10^{-3}(M)$

$\quad\quad$【水之解離極小，其$[H^+] = 10^{-7}M$，於此可忽略不計】

$\quad\quad\quad\quad CH_3COOH_{(aq)} \rightleftharpoons CH_3COO^-_{(aq)} + H^+_{(aq)}$

初始：　　　0.1　　　　　　　0　　　　　　0

平衡：$0.1 - 1.32 \times 10^{-3}$　1.32×10^{-3}　1.32×10^{-3}

（續下表）

解離平衡常數$K_a = [CH_3COO^-][H^+]/[CH_3COOH]$
$\qquad\qquad = (1.0\times10^{-2.88}\times1.0\times10^{-2.88})/(0.1-1.0\times10^{-2.88})$
$\qquad\qquad = 1.74\times10^{-5}$

解離度$(\alpha) = (1.0\times10^{-2.88}/0.1)\times100\% = 1.3\%$

【故醋酸（CH_3COOH）為弱酸（弱電解質），於水中僅部分解離】

例4：25℃，0.01M氫氧化鈉（NaOH）溶液經測定pH＝12.0，則其解離平衡常數K_b為？

解：$pH = -\log[H^+] = 12$

$\quad[H^+] = 1.0\times10^{-12}(M)$

$\quad$因$[H^+][OH^-] = K_w = 1.0\times10^{-14}$

$\quad$則$1.0\times10^{-12}\times[OH^-] = 1.0\times10^{-14}$

$\quad[OH^-] = 1.0\times10^{-2}(M)$

$\quad$故平衡時，溶液之$[OH^-] = [Na^+] = 1.0\times10^{-2}(M) = 0.01(M)$

$\quad$【水之解離極小，其$[OH^-] = 10^{-7}$M，於此可忽略不計】

$\qquad\qquad NaOH_{(aq)} \longrightarrow Na^+_{(aq)} + OH^-_{(aq)}$

初始：$\qquad$0.01$\qquad\qquad$0$\qquad\quad$0

平衡：0.01－0.01$\qquad$0.01$\qquad$0.01(M)

解離平衡常數$K_b = [Na^+][OH^-] / [NaOH]$

$\qquad\qquad = 0.01\times0.01 / (0.01-0.01) \fallingdotseq \infty$

【故氫氧化鈉（NaOH）為強鹼（強電解質），於水中視為完全解離】

例5：0.1M HCl、0.1M H_2SO_4與0.1M CH_3COOH之濃度相同，其pH各為？

解：

(1)因鹽酸（HCl）溶液為強酸（強電解質），於水中視為完全解離，故

$\qquad\qquad HCl_{(aq)} \rightarrow H^+_{(aq)} + Cl^-_{(aq)}$

初始：$\quad$0.1$\qquad$0$\qquad\quad$0

平衡：$\quad$0$\qquad$0.1$\qquad$0.1(M)

故平衡時，溶液之$[H^+] = 0.1(M)$【水之解離極小，其$[H^+] = 10^{-7}$M，於此可忽略不計】

$pH = -\log[H^+] = -\log(0.1) = 1.0$

(2)因硫酸（H_2SO_4）溶液為強酸（強電解質，2質子酸），於水中視為完全解離，故

$\qquad\qquad H_2SO_{4(aq)} \rightarrow 2H^+_{(aq)} + SO_4^{2-}_{(aq)}$

初始：$\quad$0.1$\qquad\qquad$0$\qquad\qquad$0

平衡：$\quad$0$\qquad$0.1×2$\quad$0.1(M)

故平衡時，溶液之$[H^+] = 0.1\times2 = 0.2(M)$$\qquad$【水之解離極小，其$[H^+] = 10^{-7}$M，於此可忽略不計】

$pH = -\log[H^+] = -\log(0.2) = 0.70$

(3)因醋酸（CH_3COOH）溶液為弱酸（弱電解質），於水中僅部分解離，故

$\qquad\qquad H_2O_{(l)} \rightleftharpoons H^+_{(aq)} + OH^-_{(aq)}$

平衡：$\qquad\qquad\boxed{1.0\times10^{-7}}$ $1.0\times10^{-7}(M)$

$\qquad CH_3COOH_{(aq)} \rightleftharpoons H^+_{(aq)} + CH_3COO^-_{(aq)}$

初始：$\qquad$0.1$\qquad\qquad$0$\qquad\qquad$0

平衡：$\qquad$0.1－X$\qquad\boxed{X}\qquad\quad$X(M)

故平衡時，溶液之$[H^+] = [(1.0\times10^{-7}) + X](M)$

醋酸的解離平衡常數$K_a = [H^+][CH_3COO^-]/[CH_3COOH] = 1.8\times10^{-5}$，代入

得：$[(1.0\times10^{-7}) + X](X)/(0.1 - X) = 1.8\times10^{-5}$

解$X = 1.33\times10^{-3}(M)$$\qquad$【註3：$ax^2 + bx + c = 0$，解 $x = \dfrac{-b+\sqrt{b^2-4ac}}{2a}$】

$pH = -\log[H^+] = -\log(1.33\times10^{-3}) = 2.88$

（續下表）

例6：氨水（$NH_{3(aq)}$、$NH_3 \cdot H_2O$）常稱為氫氧化銨（NH_4OH），指氨（NH_3）氣的水溶液，有強烈刺鼻氣味，具弱鹼性。

$25°C$，已知氨水$NH_{3(aq)}$解離平衡常數$K_b = 1.8 \times 10^{-5}$，試計算1.0M之氨水其pH值及解離度（α）各為？

解：氨於水中之解離式可表示為：

$$NH_{3(aq)} + H_2O_{(l)} \rightleftharpoons NH_4^+{}_{(aq)} + OH^-{}_{(aq)}$$

初始： 1.0   0   0

平衡：1.0－X   X   X(M)

解離平衡常數$K_b = [NH_4^+][OH^-]/[NH_3] = 1.8 \times 10^{-5}$

得：$(X) \times (X)/(1.0 - X) = X^2/(1.0 - X) = 1.8 \times 10^{-5}$

解$X = 4.23 \times 10^{-3}(M) = [OH^-]$ 　　　【水之解離極小，其$[OH^-] = 10^{-7}M$，於此可忽略不計】

又$K_w = 1.0 \times 10^{-14} = [H^+] \times [OH^-]$

得：$1.0 \times 10^{-14} = [H^+] \times 4.23 \times 10^{-3}$

$[H^+] = 2.36 \times 10^{-12}$

$pH = -\log[H^+] = -\log(2.36 \times 10^{-12}) = 11.63$

解離度（α）$= (4.23 \times 10^{-3}/1.0) \times 100\% = 0.423\%$

故氨水（$NH_{3(aq)}$）為弱鹼（弱電解質），於水中僅部分解離。

【註4】氨水（$NH_3 \cdot H_2O$）中，氨氣分子（NH_3）發生微弱水解生成氫氧根離子（OH^-）及銨根離子（NH_4^+）。「氫氧化銨（NH_4OH）」之名稱並不十分恰當，其只是對氨水溶液中離子的描述，但無法由溶液中被分離出。

(四)pH值測定

測定溶液之 pH 值方法有二，一為以 pH 計測定，一為以酸鹼指示劑所顯示顏色來判定，說明如下：

1. pH 計：略（於實驗 15 介紹）。

2. 酸鹼指示劑：指示劑為一種弱酸或弱鹼之有機物，於水溶液中會與 H^+ 及 OH^- 達成平衡，為可逆反應；指示劑呈分子態或離子態其顏色明顯變化不同，其呈現樣態（顏色）則受溶液之 pH 值影響，故由其所顯現的顏色，即可判斷溶液之 pH 值。

以酸性指示劑〔分子態（HIn）為酸型顏色；離子態（In^-）為鹼型顏色〕為例，說明如下：

$HIn_{(aq)} + H_2O_{(l)} \rightleftharpoons H_3O^+{}_{(aq)} + In^-{}_{(aq)}$

$K_a = [H_3O^+][In^-]/[HIn]$

$[H_3O^+] = K_a \times [HIn]/[In^-]$

則 $pH = pK_a - \log\{[HIn]/[In^-]\}$

(1) 當 $[HIn]/[In^-] = 1$ 時，$pH = pK_a$，此時指示劑以分子態（HIn）及離子態（In^-）混合共存，呈色既非酸型顏色，亦非鹼型顏色。

(2) 當 $[HIn]/[In^-] \geq 10$ 時，$pH \leq pK_a - 1$，此時指示劑以分子態（HIn）較多，呈色為酸型顏色。

(3) 當 $[HIn]/[In^-] \leq 0.1$ 時，$pH \geq pK_a + 1$，此時指示劑以離子態（In^-）較多，呈色為鹼型顏色。

由此可知：欲測定溶液之 pH 值，選定指示劑變色範圍宜落在 $pK_a = pH \pm 1$（或 $pH = pK_a \pm 1$）

之間。

　　不同指示劑具有不同之酸型及鹼型顏色，各有其 pH 值之變色範圍，故酸鹼滴定時，選用指示劑之變色範圍，需包括滴定達當量點時溶液之 pH 值，方能正確判斷滴定是否完成。表 2 為常用指示劑及其變色範圍。

表 2：常用指示劑及其變色範圍

指示劑	顏色變化		pH變色範圍
	酸型顏色	鹼型顏色	
橙色IV（orange IV）	紅	黃	1.0～3.0
甲基橙（methyl orange）	紅	黃	3.1～4.4
甲基紅（methyl red）	紅	黃	4.2～6.2
溴瑞香草酚藍（bromothymol blue）	黃	藍	6.0～7.6
酚酞（phenolphthalein）	無	紅	8.2～10.0
茜素黃R（alizarin yellow R）	黃	紅	10.2～12.0

　　實用上指示劑作成 2 種型式，一為粉末狀可配成指示劑溶液，一為乾燥之指示劑試紙。
　　「pH 值」於化學反應（如酸鹼中和、金屬腐蝕等）、水處理（如混凝沉澱、化學沉降、加氯消毒、生物處理等）、各種水質標準（如自來水水質標準、飲用水水質標準、放流水標準、灌溉用水水質標準等）、水域生態、微生物生存環境、…等，皆扮演極重要之因子。
　　本實驗配製、稀釋已知濃度之標準酸、鹼溶液，使成 pH = 2～12 等溶液；再分別加入不同 pH 變色範圍之指示劑，觀察其呈色；另使用市售之廣用試紙分別測試 pH = 2～12 等溶液、日常生活中不同溶液之酸鹼性（pH 值）、鹽類水溶液之酸鹼性（pH 值）。

三、器材與藥品

1.試管	14.稀釋之肥皂水500cc【任意濃度】
2.試管架	15.稀釋之食醋500cc【任意濃度】
3.標籤紙（小）	16.汽水或可樂500cc【任意濃度】
4.燒杯（500、1000cc）	17.紅茶或綠茶500cc【任意濃度】
5.刻度吸管	18.稀釋之檸檬汁500cc【任意濃度】
6.量筒（50cc）	19.3%碳酸氫鈉（$NaHCO_3$）溶液500g【溶15g碳酸氫鈉於水，配成500g】
7.廣用試紙	20.氯化鈉（NaCl）溶液1000mg/L【溶0.5g氯化鈉於水，配成500cc】
8.玻棒	21.醋酸鈉（CH_3COONa）溶液1000mg/L【溶0.5g醋酸鈉於水，配成500cc】
9.洗瓶	22.碳酸鈉（Na_2CO_3）溶液1000mg/L【溶0.5g碳酸鈉於水，配成500cc】
10.稀釋之氨水500cc【任意濃度】	23.硫酸鈉（Na_2SO_4）溶液1000mg/L【溶0.5g硫酸鈉於水，配成500cc】

（續下表）

11.稀釋之洗衣粉溶液500cc【任意濃度】	24.磷酸鈉（Na_3PO_4）溶液1000mg/L【溶0.5g磷酸鈉於水，配成500cc】
12.稀釋之洗髮精溶液500cc【任意濃度】	25.氯化銨（NH_4Cl）溶液1000mg/L【溶0.5g氯化銨於水，配成500cc】
13.稀釋之清（洗）潔劑溶液500cc【任意濃度】	26.硫酸銅（$CuSO_4$）溶液1000mg/L【溶0.5g硫酸銅於水，配成500cc】
27.甲基橙（Methyl orange）指示劑：稱取0.1 g甲基橙；溶於試劑水使成100 cc。	
28.溴瑞香草酚藍（Bromothymol blue）：稱取0.10g溴瑞香草酚藍溶於3.2cc之2.0g/L NaOH（或8cc之0.02M NaOH）溶液，以試劑水稀釋至250cc。	
29.酚酞（Phenophthalein）指示劑：稱取1.0g酚酞，溶於100cc酒精。	
30.茜素黃R（Alizarin yellow R）指示劑：稱取0.1g茜素黃R，溶於試劑水使成100cc。	
31.配製0.01M HCl標準溶液1000cc：取約1100cc試劑水，入燒杯將其煮沸（驅二氧化碳）後，覆蓋錶玻璃，冷卻至室溫；取1000cc定量瓶，內裝約800～900cc冷卻後之試劑水；以裝安全吸球之刻度吸管吸取0.83cc之濃鹽酸（HCl，約36～37%），沿定量瓶內壁緩緩加入，將定量瓶蓋上蓋子，左右輕輕搖動使均勻；再加入試劑水至標線。 【註5】注意：強酸稀釋時，應將強酸加入水中；嚴禁將水加入強酸中。實驗室之濃鹽酸（HCl）約為36～37%（於此暫以37%計算，其真實濃度仍需經過「標準溶液」予以「標定」），為強酸，外觀透明無色，溶液及蒸氣極具腐蝕性，開瓶、操作時應戴安全手套，並於抽氣櫃內操作。	
32.配製0.01M NaOH標準溶液1000cc：取約1100cc試劑水，入燒杯將其煮沸（驅二氧化碳）後，覆蓋錶玻璃，冷卻至室溫；取1000cc定量瓶，內裝約800～900cc冷卻後之試劑水；秤0.40g之NaOH（其純度並非100%；動作應稍快，減少其潮解），傾入定量瓶中，蓋上蓋子，搖盪攪拌使完全溶解後，再加入試劑水至標線。（亦可以磁攪拌器使攪拌溶解） 【註6】真實濃度仍需經標準酸予以標定。	

四、實驗步驟與結果

（一）取製備之標準 0.01M HCl 溶液 20cc、標準 0.01M NaOH 溶液 20cc。

（二）準備 22 支試管（分 A、B 兩組，每組 11 支），貼上標籤，分別標示 pH，由 2 至 12。

（三）準備製備 pH 由 2 至 12 之 11 種水溶液

取 1000cc 燒杯盛裝約 600cc 試劑水，加熱至沸騰，持續數分鐘，以趨走溶於水中之二氧化碳（CO_2），待冷卻備用。【註6：二氧化碳（CO_2）溶於水中，會形成碳酸（H_2CO_3），使水偏微酸性，加熱可排除之。】

1. 製備pH 2至6之酸性水溶液

(1) 取 22 支貼上標籤之試管（分 2 組，每組 11 支）置試管架。

(2) 取已製備之 0.01M HCl 溶液 6cc，移入第 1 支試管，得 pH = 2 溶液（[HCl] = 10^{-2}M = 0.01M）。【製備 2 組】

(3) 另以 50cc 量筒取 0.01M HCl 溶液 5cc，再加入試劑水 45cc 使成 50cc（稀釋 10 倍），使混合均勻，得 pH = 3 溶液（[HCl] = 10^{-3}M = 0.001M）。

(4) 取 pH = 3 溶液 6cc，移入第 2 支試管，pH = 3。【製備 2 組】

(5) 再另以 50cc 量筒取 0.001M HCl 溶液 5cc，再加入試劑水 45cc 使成 50cc（稀釋 10 倍），使混合均勻，得 pH = 4 溶液（[HCl] = 10^{-4}M = 0.0001M）。

(6) 取 pH = 4 溶液 6cc，移入第 3 支試管，pH = 4。【製備 2 組】

(7) 依相同方式稀釋，配製 pH = 5 溶液；取 6cc 得第 4 支試管（[HCl] = 10^{-5}M = 0.00001M）。【製備 2 組】

(8) 依相同方式稀釋，配製 pH = 6 溶液；取 6cc 得第 5 支試管（[HCl] = 10^{-6}M = 0.000001M）。【製備 2 組】

2. 製備至pH 7之中性水溶液

(1) 取煮沸之試劑水 6cc，移入第 6 支試管；得 pH = 7 溶液（[H^+] = 10^{-7}M = 0.0000001M）。【製備 2 組】

3. 製備pH 8至12之鹼性水溶液

(1) 取已製備之 0.01M NaOH 溶液 6cc，移入第 11 支試管，得 pH = 12 溶液（[NaOH] = 10^{-2}M = 0.01M）。【製備 2 組】

(2) 另以 50cc 量筒取 0.01M NaOH 溶液 5cc，再加入試劑水 45cc 使成 50cc（稀釋 10 倍），使混合均勻，得 pH = 11 溶液（[NaOH] = 10^{-3}M = 0.001M）。

(3) 取 pH = 11 溶液 6cc，移入第 10 支試管，pH = 11。【製備 2 組】

(4) 依相同方式稀釋，配製 pH = 10 溶液；取 6cc 得第 9 支試管（[NaOH] = 10^{-4}M = 0.0001M）。【製備 2 組】

(5) 依相同方式稀釋，配製 pH = 9 溶液；取 6cc 得第 8 支試管（[NaOH] = 10^{-5}M = 0.00001M）。【製備 2 組】

(6) 依相同方式稀釋，配製 pH = 8 溶液；取 6cc 得第 7 支試管（[NaOH] = 10^{-6}M = 0.000001M）。【製備 2 組】

（四）pH = 2～12 之呈色試驗 [先將 A、B 組（每組各 11 支）試管依序（pH = 2～12）置試管架上]

1.（A 組）使用甲基橙指示劑，觀察 pH = 2、3、4、5 溶液之呈色

(1) 取甲基橙指示劑，各滴 2 滴於各試管（pH = 2、3、4、5）。

(2) 記錄各試管中溶液之顏色（紅、橙紅、黃、淡黃）。

2.（A 組）使用溴瑞香酚藍指示劑，觀察 pH = 6、7、8 溶液之呈色

(1) 取溴瑞香酚藍指示劑，各滴 2 滴於各試管（pH = 6、7、8）。

(2) 記錄各試管中溶液之顏色（淡黃、黃綠、藍）。

3.（A 組）使用酚酞指示劑，觀察 pH = 9、10 溶液之呈色

(1) 取酚酞指示劑，各滴 2 滴於各試管（pH = 9、10）。

(2) 記錄各試管中溶液之顏色（無、粉紅）。

4.（A 組）使用茜素黃 R 指示劑，觀察 pH = 11、12 溶液之呈色

(1) 取茜素黃 R 指示劑，各滴 2 滴於各試管（pH = 11、12）。

(2) 記錄各試管中溶液之顏色（黃、紅）。

5. （B 組）以乾淨之玻棒沾取各待測溶液（B 組之 11 支試管），潤濕廣用試紙，再以試紙之呈色與其標準色卡（紙）比對、判定 pH 值，記錄之。

【註 7：1. 使用廣用試紙之呈色需直接與標準色卡（紙）比對判定，唯其顏色並不易描述。

2. 廣用試紙價廉、使用方便、快速，但不能準確定量。3. 使用廣用試紙測試溶液之酸鹼性（pH 值），誤差約爲 pH 值 ±1；此於水處理現場操作檢測進行粗（初）判，足矣；但用於「水質標準」之 pH 值測試，則不足矣。】

試管編號	1	2	3	4	5	6	7	8	9	10	11
pH	2	3	4	5	6	7	8	9	10	11	12
$[H^+]$ (mol/L)											
$[OH^-]$ (mol/L)											
（A 組）指示劑	甲基橙	甲基橙	甲基橙	甲基橙	溴瑞香草酚藍	溴瑞香草酚藍	溴瑞香草酚藍	酚酞	酚酞	茜素黃 R	茜 素 黃 R
A 組顏色											
（B 組）試紙	廣用試紙										
B 組顏色											

(五)測定日常生活中不同溶液之酸鹼性（pH值）

取已製備、稀釋之下列 10 種日常生活中不同溶液：(1) 小蘇打溶液（碳酸氫鈉 $NaHCO_3$，3%）、(2) 氨水、(3) 洗衣粉溶液、(4) 洗髮精溶液、(5) 清（洗）潔劑溶液、(6) 肥皂水、(7) 食醋、(8) 汽水或可樂、(9) 紅茶或綠茶、(10) 檸檬汁；使用廣用試紙檢定各溶液之酸鹼性（pH 值）。

1. 取 10 支試管置試管架，各取待測溶液 5cc 置入各試管。

2. 以乾淨之玻棒，分別沾取各待測溶液，潤濕廣用試紙，再以試紙之呈色與其標準色卡（紙）比對、判定溶液之 pH 值及酸鹼性，記錄之。

編號	1	2	3	4	5	6	7	8	9	10
溶液	小蘇打（碳酸氫鈉）	氨水	洗衣粉	洗髮精	清（洗）潔劑	肥皂水	食醋	汽水或可樂	紅茶或綠茶	檸檬汁
試紙	廣用試紙									

（續下表）

顏色									
pH									
酸鹼性									

(六)鹽類水溶液之酸鹼性（pH值）

　　取已製備之下列 7 種鹽類溶液（濃度 1000mg/L）：(1) 氯化鈉（NaCl）、(2) 醋酸鈉（CH_3COONa）、(3) 碳酸鈉（Na_2CO_3）、(4) 硫酸鈉（Na_2SO_4）、(5) 磷酸鈉（Na_3PO_4）、(6) 氯化銨（NH_4Cl）、(7) 硫酸銅（$CuSO_4$）；使用廣用試紙檢定各溶液之酸鹼性（pH 值）。

1. 取 7 支試管置試管架，各取待測溶液 5cc 置入各試管。
2. 以乾淨之玻棒，分別沾取各待測溶液，潤濕廣用試紙，再以試紙之呈色與其標準色卡（紙）比對、判定溶液之 pH 值及酸鹼性，記錄之。

編號	1	2	3	4	5	6	7
溶液	氯化鈉	醋酸鈉	碳酸鈉	硫酸鈉	磷酸鈉	氯化銨	硫酸銅
試紙	廣用試紙						
顏色							
pH							
酸鹼性							

五、心得與討論：

_____

_____

_____

_____

_____

_____

_____

_____

_____

_____

_____

_____

_____

實驗 14：緩衝溶液

一、目的

(一) 了解緩衝溶液之意義及組成。

(二) 學習緩衝溶液之配製。

(三) 學習酸、鹼溶液對非緩衝溶液及緩衝溶液作用之差異。

二、相關知識

「緩衝溶液（buffer solution）」為一種弱酸與弱酸鹽類 [例如：醋酸（CH_3COOH）與醋酸鈉（CH_3COONa）] 或弱鹼與弱鹼鹽類 [例如：氫氧化氨（NH_4OH）與氯化銨（NH_4Cl）] 共存之混合液；此溶液不會因加入少量之強酸或強鹼而改變其 pH 值，得能維持溶液 pH 值之穩定。

緩衝溶液如何維持 pH 之穩定呢？說明如下：

(一)酸性緩衝溶液

假設一含弱酸（HA）及其鹽類（A^-）之緩衝溶液，若外界加入鹼 OH^-（如氫氧化鈉 NaOH），則緩衝溶液中之 HA 會與 OH^- 反應生成 A^- 和 H_2O，即外來之 OH^- 會被反應作用掉；若外界加入酸 H^+（如鹽酸 HCl），則緩衝溶液中之 A^- 會與 H^+ 反應生成 HA，即外來之 H^+ 會被反應作用掉。其反應式表示如下：

HA（弱酸）+ OH^-（外加鹼）$\rightarrow A^- + H_2O$

A^-（弱酸鹽類）+ H^+（外加酸）$\rightarrow$ HA

例如，醋酸（CH_3COOH；弱酸）與醋酸鈉（CH_3COONa；弱酸的鹽，溶於水釋出 CH_3COO^-、Na^+）共存之緩衝溶液，其分別與鹼 OH^- 或酸 H^+ 作用之反應式如下：

CH_3COOH（弱酸）+ OH^-（外加鹼）$\rightarrow CH_3COO^- + H_2O$

CH_3COO^-（弱酸鹽類）+ H^+（外加酸）$\rightarrow CH_3COOH$

例如，磷酸二氫鈉（NaH_2PO_4；弱酸）與磷酸氫二鈉（Na_2HPO_4；弱酸的鹽，溶於水釋出 HPO_4^{2-}、Na^+）共存之緩衝溶液，其分別與鹼 OH^- 或酸 H^+ 作用之反應式如下：

$H_2PO_4^-$（弱酸）+ OH^-（外加鹼）$\rightarrow HPO_4^{2-} + H_2O$

HPO_4^{2-}（弱酸鹽類）+ H^+（外加酸）$\rightarrow H_2PO_4^-$

(二)鹼性緩衝溶液

假設一含弱鹼（BOH）及其鹽類（B^+）之緩衝溶液，若外界加入酸 H^+（如鹽酸 HCl），則緩衝溶液中之 BOH 會與 H^+ 反應生成 B^+ 和 H_2O，即外來之 H^+ 會被反應作用掉；若外界加入鹼 OH^-（如氫氧化鈉 NaOH），則緩衝溶液中之 B^+ 會與 OH^- 反應生成 BOH，即外來之 OH^- 會被反應作用掉。其反應式表示如下：

BOH（弱鹼）$+ H^+$（外加酸）$\rightarrow B^+ + H_2O$

B^+（弱鹼鹽類）$+ OH^-$（外加鹼）$\rightarrow$ BOH

例如，氫氧化銨（NH_4OH，弱鹼）與氯化銨（NH_4Cl，弱鹼鹽類，溶於水釋出 NH_4^+、Cl^-）共存之緩衝溶液，其分別與酸 H^+ 或鹼 OH^- 作用之反應式如下：

NH_4OH（弱鹼）$+ H^+$（外加酸）$\rightarrow NH_4^+ + H_2O$

NH_4^+（弱鹼鹽類）$+ OH^-$（外加鹼）$\rightarrow NH_4OH$

(三)緩衝溶液之pH值

1.酸性緩衝溶液之pH值：

酸性緩衝溶液　$HA \rightleftharpoons H^+ + A^-$

酸平衡常數 $K_a = [H^+][A^-]/[HA]$

$[H^+] = K_a \times [HA]/[A^-]$

代入 $pH = -\log[H^+]$ 即得。　【註 1：$pK_a = -\log K_a$】

或 $pH = pK_a + \log\{[A^-]/[HA]\} = -\log K_a + \log\{[A^-]/[HA]\}$

【註 1：當溶液中之 $[A^-]/[HA] = 1$ 時（或 $[A^-] = [HA]$），即 $\log\{[A^-]/[HA]\} = 0$，則 $pH = -\log K_a = pK_a$；吾人可選定 pK_a 值與溶液所要控制之 pH 值相近的弱酸，來調配緩衝溶液之 pH 值；並可藉由調整溶液中之 $[A^-]/[HA]$ 比值，來微調緩衝溶液之 pH 值。例如，醋酸 (CH_3COOH) 之 $K_a \doteqdot 1.8 \times 10^{-5}$〔或 $pK_a = -\log K_a = -\log (1.8 \times 10^{-5}) = 4.74$〕，則含 ($CH_3COOH + CH_3COONa$) 緩衝溶液中，若 $[CH_3COOH] = [CH_3COONa]$，由 $pH = pKa + \log\{[CH_3COONa]/[CH_3COOH]\} = 4.74 + 0 = 4.74$，可知該緩衝溶液 pH 值約為 4.74。】

2.鹼性緩衝溶液之pH值

鹼性緩衝溶液 $BOH \rightleftharpoons B^+ + OH^-$

鹼平衡常數 $K_b = [OH^-][B^+]/[BOH]$

$[OH^-] = K_b \times [BOH]/[B^+]$

又 $Kw = [H^+] \times [OH^-] = 1.0 \times 10^{-14}$

得：$[H^+] = 1.0 \times 10^{-14}/[OH^-]$

代入：$pH = -\log[H^+]$ 即得。　　【註2：$pK_b = -\log K_b$】

或 $pH = 14 - pK_b - \log\{[B^+]/[BOH]\} = 14 + \log K_b - \log\{[B^+]/[BOH]\}$

例1：1公升溶液中，含有$[CH_3COOH] = 0.5M$，$[CH_3COONa] = 0.5M$，組成緩衝溶液，其pH值為？
　　　【CH_3COOH之解離常數$K_a \doteqdot 1.8 \times 10^{-5}$】

解：CH_3COOH溶於水僅部份解離，釋出CH_3COO^-、H^+
　　CH_3COONa溶於水則完全解離，釋出CH_3COO^-、Na^+
　　設達平衡時，由CH_3COOH解離釋出之$[CH_3COO^-] = [H^+] = X(M)$
　【註3：假設溶液中H^+來源僅為CH_3COOH，由H_2O解離之H^+（$= 1.0 \times 10^{-7}M$）可忽略不計】

$$CH_3COONa \rightarrow CH3COO^- + Na^+$$

　　初始：　　　0.5　　　　　0　　　　　0
　　解離後：　　　0　　　　　0.5　　　　0.5

$$CH_3COOH \rightleftharpoons CH_3COO^- + H^+$$

　　初始：　　　0.5　　　　　　0　　　　0
　　平衡時：$(0.5-X)$　　　　　X　　　　X
　　故達平衡時：$[CH_3COO^-] = (0.5+X)(M)$、$[H^+] = X(M)$、$[CH_3COOH] = (0.5-X)(M)$
　　代入$K_a = [CH_3COO^-][H^+]/[CH_3COOH] = 1.8 \times 10^{-5}$
　　$(0.5+X) \times (X)/(0.5-X) = 1.8 \times 10^{-5}$
　　假設$X \ll 0.5$，則$(0.5+X) \doteqdot 0.5$、$(0.5-X) \doteqdot 0.5$
　　故：$(0.5) \times (X)/0.5 = 1.8 \times 10^{-5}$
　　$X = 1.8 \times 10^{-5}(M) = [H^+]$
　　緩衝溶液之$pH = -\log[H^+] = -\log(1.8 \times 10^{-5}) = 4.74$

另解：
　　$pH = -\log Ka + \log\{[A^-]/[HA]\}$
　　$pH = -\log(Ka) + \log\{[CH_3COONa]/[CH_3COOH]\}$
　　$= -\log(1.8 \times 10^{-5}) + \log(0.5/0.5)$
　　$= 4.74$

(2)前緩衝溶液中加入0.01M之HCl溶液後，其pH值為？

解：0.01M之HCl會與0.5M醋酸鈉(CH_3COONa)反應，生成醋酸(CH_3COOH)，如下：
　　$CH_3COONa_{(aq)} + HCl_{(aq)} \rightarrow CH_3COOH_{(aq)} + NaCl_{(aq)}$
　　【或：$CH_3COO^-_{(aq)} + H^+_{(aq)} \rightarrow CH_3COOH_{(aq)}$】
　　反應後溶液中
　　$[CH_3COO^-] = 0.5 - 0.01 = 0.49(M)$
　　$[CH_3COOH] = 0.5 + 0.01 = 0.51(M)$
　　設$[H^+] = Y(M)$
　　代入$Ka = [CH_3COO^-][H^+]/[CH_3COOH] = 1.8 \times 10^{-5}$
　　則：$(0.49) \times (Y)/0.51 = 1.8 \times 10^{-5}$
　　$Y = 1.87 \times 10^{-5}(M) = [H^+]$
　　緩衝溶液之$pH = -\log[H^+] = -\log(1.87 \times 10^{-5}) = 4.73$
　【註4】0.01M HCl溶液之$pH = -\log[H^+] = -\log(0.01) = 2.0$

(3)前緩衝溶液中加入0.01M之NaOH溶液後，其pH值為？

解：0.01M之NaOH會與0.5M醋酸(CH_3COOH)反應，生成醋酸鈉(CH_3COONa)，如下：
　　$CH_3COOH_{(aq)} + NaOH_{(aq)} \rightarrow CH_3COONa_{(aq)} + H_2O_{(aq)}$
　　【或：$CH_3COOH_{(aq)} + OH^-_{(aq)} \rightarrow CH_3COO^-_{(aq)} + H_2O_{(aq)}$】
　　反應後溶液中
　　$[CH_3COO^-] = 0.5 + 0.01 = 0.51(M)$
　　$[CH_3COOH] = 0.5 - 0.01 = 0.49(M)$

（續下表）

設$[H^+] = Z(M)$

代入$Ka = [CH_3COO^-][H^+]/[CH_3COOH] = 1.8 \times 10^{-5}$

則：$(0.51) \times (Z)/0.49 = 1.8 \times 10^{-5}$

$Z = 1.73 \times 10^{-5}(M) = [H^+]$

緩衝溶液之pH $= -\log[H^+] = -\log(1.73 \times 10^{-5}) = 4.76$

【註5】0.01M NaOH溶液之pH $= -\log[H^+] = -\log(10^{-12}) = 12.0$

【註6】此計算方法皆為近似解法，並未考慮質量平衡、電荷平衡及水的解離（K_w）。

例2：（NH₄OH + NH₄Cl）緩衝溶液之pH值【NH₄OH之解離常數$K_b \approx 1.80 \times 10^{-5}$】

各取1.0M氨水（$NH_3 \cdot H_2O$或NH_4OH，弱鹼）溶液10cc、1.0M氯化銨（NH_4Cl，弱鹼的鹽）溶液10cc，將兩者混合配為緩衝溶液，試計算此溶液之pH值？

解：混合溶液中氨水（$NH_3 \cdot H_2O$或NH_4OH）莫耳濃度 $= (1.0 \times 10/1000)/[(10 + 10)/1000] = 0.50(mole/L)$

NH_4Cl莫耳濃度 $= (1.0 \times 10/1000)/[(10 + 10)/1000] = 0.50(mole/L)$

氨水（$NH_3 \cdot H_2O$或NH_4OH）溶於水僅部份解離；NH_4Cl溶於水則完全解離，釋出NH_4^+、Cl^-

設達平衡時，由$NH_3 \cdot H_2O$（或NH_4OH）解離釋出之$[NH_4^+] = [OH^-] = X(M)$

【註7：假設溶液中OH^-來源僅為NH_4OH，由H_2O解離之OH^-（$= 1.0 \times 10^{-7}M$）可忽略不計】

$$NH_4Cl \rightarrow NH_4^+ + Cl^-$$

初始：　　 0.50　　　 0　　　 0

解離後：　　 0　　　 0.50　 0.50

$$NH_3 \cdot H_2O （或NH_4OH） \rightleftharpoons NH_4^+ + OH^-$$

初始：　　 0.50　　　　　　　 0　　 0

平衡時：0.50－X　　　　　　 X　　 X

故達平衡時，$[NH_4^+] = (0.50 + X) (M)$、$[OH^-] = X(M)$、$[NH_3] = (0.50-X) (M)$

代入$K_b = [NH_4^+][OH^-] / [NH_3] = 1.8 \times 10^{-5}$

$(0.50 + X) \times (X) / (0.50-X) = 1.8 \times 10^{-5}$

整理之，得：$X^2 + (0.50 + 1.8 \times 10^{-5})X - 9 \times 10^{-6} = 0$

解$X \approx 1.8 \times 10^{-5}(M)$　　【註6：$ax^2 + bx + c = 0$；$x = \dfrac{-b + \sqrt{b^2 - 4ac}}{2a}$】

得$[OH^-] = X = 1.8 \times 10^{-5}(M)$

又$K_w = [H^+] \times [OH^-] = 1.0 \times 10^{-14}$

代入，得$[H^+] \times 1.8 \times 10^{-5} = 1.0 \times 10^{-14}$

$[H^+] = 5.56 \times 10^{-10}$

水溶液之pH $= -\log[H^+] = -\log(5.56 \times 10^{-10}) = 9.26$

另解：代入公式：pH $= 14 + \log K_b - \log\{[B^+]/[BOH]\} = 14 - pK_b - \log\{[B^+] / [BOH]\}$

pH $= 14 + \log(1.80 \times 10^{-5}) - \log(0.50 / 0.50) = 14 - 4.74 = 9.26$

例3：（CH₃COOH + CH₃COONa）緩衝溶液之pH值【CH₃COOH之解離常數$Ka \approx 1.8 \times 10^{-5}$】

取57.40cc濃醋酸（CH_3COOH；99.82%，比重1.0492）、82.04g醋酸鈉（CH_3COONa）溶解於試劑水中，以1000cc定量瓶定容配為緩衝溶液，試計算此溶液之pH值？

解：CH_3COOH莫耳質量 $= 12.01 \times 2 + 1.01 \times 4 + 16.00 \times 2 = 60.06(g/mole)$

CH_3COONa莫耳質量 $= 12.01 \times 2 + 1.01 \times 3 + 16.00 \times 2 + 22.99 = 82.04(g/mole)$

溶液中CH_3COOH濃度 $= [(57.40 \times 1.0492 \times 99.82\%)/60.06]/(1000/1000) = 1.0(mole/L，M)$

溶液中CH_3COONa濃度 $= (82.04/82.04)/(1000/1000) = 1.0(mole/L，M)$

CH_3COOH溶於水僅部份解離；CH_3COONa溶於水則完全解離，釋出CH_3COO^-、Na^+

設達平衡時，由CH_3COOH解離釋出之$[CH_3COO^-] = [H^+] = X(M)$

【註8：假設溶液中H^+來源僅為CH_3COOH，由H_2O解離之H^+（$= 1.0 \times 10^{-7}M$）可忽略不計】

$$CH_3COONa \rightarrow CH_3COO^- + Na^+$$

初始：　　 1.0　　　　 0　　　 0

解離後：　　 0　　　　 1.0　　 1.0

（續下表）

$$CH_3COOH \rightleftharpoons CH_3COO^- + H^+$$

初始： 　　1.0　　　　　0　　　　0

平衡時：1.0－X　　　　　X　　　　X

故達平衡時，$[CH_3COO^-] = (1.0 + X) (M)$、$[H^+] = X(M)$、$[CH_3COOH] = (1.0 - X)(M)$

代入$Ka = [CH_3COO^-][H^+] / [CH_3COOH] = 1.8 \times 10^{-5}$

$(1.0 + X) \times (X) / (1.0 - X) = 1.8 \times 10^{-5}$

整理之，得：$X^2 + (1.0 + 1.8 \times 10^{-5})X - 1.8 \times 10^{-5} = 0$

解$X \fallingdotseq 1.8 \times 10^{-5}(M)$　　　【註8：$ax^2 + bx + c = 0$；$x = \dfrac{-b + \sqrt{b^2 - 4ac}}{2a}$】

得$[H^+] = X = 1.8 \times 10^{-5}(M)$

水溶液之$pH = -\log[H^+] = -\log(1.8 \times 10^{-5}) = 4.74$

另解：代入公式：$pH = -\log K_a + \log\{[A^-] / [HA]\} = pK_a + \log\{[A^-] / [HA]\}$

　　　$pH = -\log K_a + \log\{[A^-] / [HA]\} = -\log(1.8 \times 10^{-5}) + \log(1.0 / 1.0) = 4.74$

例4：（$CH_3COOH + CH_3COONa$）緩衝溶液之pH值調配【CH_3COOH之解離常數$K_a \fallingdotseq 1.8 \times 10^{-5}$】

欲以0.10M醋酸及XM醋酸鈉調配緩衝溶液，使pH = 5.0，則醋酸鈉濃度X應為？(M)

解：$pH = -\log K_a + \log\{[A^-] / [HA]\} = pK_a + \log\{[A^-] / [HA]\}$

　　　$5.0 = -\log(1.8 \times 10^{-5}) + \log\{[CH_3COONa] / [CH_3COOH]\}$

　　　$0.26 = \log\{[CH_3COONa] / [CH_3COOH]\}$

　　　$[CH_3COONa] / [CH_3COOH] = 10^{0.26} \fallingdotseq 1.82$

　　　$[CH_3COONa] / [0.10] \fallingdotseq 1.82$

　　　$[CH_3COONa] \fallingdotseq 0.182(M)$

　　　即配成之緩衝溶液中，應含有0.10M之醋酸(CH_3COOH)及0.182M之醋酸鈉(CH_3COONa)。

　　於水質分析檢測常見緩衝溶液之使用。例如，「水中生化需氧量檢測方法」，其稀釋水製備時，即須添加「磷酸鹽緩衝溶液」，其配製方法如下：溶解8.5g磷酸二氫鉀（KH_2PO_4）、21.75g磷酸氫二鉀（K_2HPO_4）、33.4 g磷酸氫二鈉（$Na_2HPO_4 \cdot 7H_2O$）及1.7g氯化銨（NH_4Cl）於約500cc試劑水中，再以試劑水稀釋至1L，此溶液 pH 值應為7.2，無需任何調整。例如，「水之氫離子濃度指數（pH 值）測定方法－電極法」，使用標準緩衝溶液於 pH 計之校正；如進行 pH 計之二點校正，應先以 7.0±0.5 之中性緩衝溶液進行零點校正，再以相差 2 至 4 個 pH 值單位之酸性（如 pH = 4.0）或鹼性（如 pH = 10.0）緩衝溶液進行斜率校正。

　　本實驗係製備一些非緩衝溶液、緩衝溶液，測其 pH 值後再加入酸（H^+）或鹼（OH^-），並藉酸鹼指示劑觀察其顏色變化，以比較其 pH 值之改變情形。

三、器材與藥品

1.燒杯	2.玻棒	3.量筒	4.定量瓶（100、1000cc）
5.玻璃試管	6.廣用試紙	7.滴管	8.錐形瓶
9.溴甲酚綠（Bromocresol green）指示劑：取0.10g溴甲酚綠溶於3.2cc之2.0g/L NaOH溶液，以試劑水稀釋至250cc。或秤取0.10g溴甲酚綠，溶於乙醇（95%），以乙醇（95%）稀釋至100cc。			
10.溴瑞香草酚藍（Bromothymol blue）指示劑：取0.10g溴瑞香草酚藍溶於3.2cc之2.0g/L NaOH溶液，以試劑水稀釋至250cc。			

（續下表）

11.酚酞（Phenophthalein）指示劑：取1.0g酚酞，溶於100cc酒精中。

12.配製1.0M鹽酸（HCl）溶液100cc：取約110cc試劑水，入燒杯將其煮沸（驅CO_2）後，覆蓋錶玻璃，冷卻至室溫；取100cc定量瓶，內裝約80～90cc冷卻後之試劑水；以裝安全吸球之刻度吸管吸取8.28cc之濃鹽酸（HCl，以37%計、密度1.19g/cc），沿定量瓶內壁緩緩加入，將定量瓶蓋上蓋子，左右搖動使均勻，降溫至室溫；再加入試劑水至標線搖勻。
【註9】注意：強酸稀釋時，應將強酸加入水中；嚴禁將水加入強酸中。實驗室之濃鹽酸為強酸，外觀透明無色，溶液及蒸氣極具腐蝕性，開瓶、操作時應戴安全手套，並於抽氣櫃內操作。

13.配製0.010M鹽酸（HCl）溶液1000cc：取1.0M鹽酸（HCl）溶液10.0cc，加入煮沸冷卻後之試劑水中，以1000cc定量瓶定容之。

14.配製1.0M氫氧化鈉（NaOH）溶液100cc：取約110cc試劑水，入燒杯將其煮沸（驅CO_2）後，覆蓋錶玻璃，冷卻至室溫；取100cc定量瓶，內裝約80～90cc冷卻後之試劑水；秤4.00g之NaOH（於此暫視其純度為100%；動作應稍快，減少其潮解），傾入定量瓶中，蓋上蓋子，搖盪攪拌使完全溶解後，再加入試劑水至標線搖勻，置塑膠容器中。（亦可以磁攪拌器使攪拌溶解）

15.配製0.010M氫氧化鈉（NaOH）溶液1000cc：取1.0M氫氧化鈉（NaOH）溶液10.0cc，加入煮沸冷卻後之試劑水中，以1000cc定量瓶定容之。

16.配製0.50M磷酸二氫鈉（NaH_2PO_4）溶液1000cc：秤取59.99g磷酸二氫鈉，溶解於試劑水中，以1000cc定量瓶定容之。【NaH_2PO_4莫耳質量 = 22.99 + 1.01×2 + 30.97 + 16.00×4 = 119.98(g/mole)】

17.配製0.50M磷酸氫二鈉（Na_2HPO_4）溶液1000cc：秤取70.98g磷酸氫二鈉，溶解於試劑水中，以1000cc定量瓶定容之。【Na_2HPO_4莫耳質量 = 22.99×2 + 1.01 + 30.97 + 16.00×4 = 141.96(g/mole)】

18.配製1.0M醋酸（CH_3COOH）溶液1000cc：取57.40cc濃醋酸（99.82%，比重1.0492），溶解於試劑水中，以1000cc定量瓶定容之。【CH_3COOH莫耳質量 = 12.01×2 + 1.01×4 + 16.00×2 = 60.06(g/mole)】

19.配製1.0M醋酸鈉（CH_3COONa）溶液1000cc：秤取82.04g醋酸鈉，溶解於試劑水中，以1000cc定量瓶定容之。【CH_3COONa莫耳質量 = 12.01×2 + 1.01×3 + 16.00×2 + 22.99 = 82.04(g/mole)】

20.配製1.0M氨水（$NH_{3(aq)}$）溶液1000cc：取67.77cc濃氨水（28%，比重0.8980），溶解於試劑水中，以1000cc定量瓶定容之。【NH_3莫耳質量 = 14.01 + 1.01×3 = 17.04(g/mole)】
【註10】濃氨水之比重隨濃度而改變，需視藥品包裝標示而定；例如：25%，比重0.9070；28%，比重0.8980；32%，比重0.8863。

21.配製1.0M氯化銨（NH_4Cl）溶液1000cc：秤取53.50g氯化銨，溶解於試劑水中，以1000cc定量瓶定容之。【NH_4Cl莫耳質量 = 14.01 + 1.01×4 + 35.45 = 53.50(g/mole)】

四、實驗步驟與結果

本實驗將使用 3 種酸鹼指示劑，評定不同酸鹼濃度溶液之 pH 值，如下：

酸鹼指示劑	pH變色範圍	顏色變化
1.溴甲酚綠（Bromocresol green）	3.8～5.4	黃→藍
2.溴瑞香草酚藍（Bromothymol blue）	6.0～7.6	黃→藍
3.酚酞（Phenophthalein）	8.2～10.0	無→紅

(一)加酸或加鹼於非緩衝溶液，pH值之變化

1. 製備非緩衝溶液

取 500cc 燒杯及 2 支試管，依下表製備溶液 A、溶液 B、溶液 C 備用。

溶液 A	純水：取500cc燒杯置入150cc試劑水，煮沸（2～4分鐘）後冷卻備用。
溶液 B	0.001M HCl：取試管，內置5cc0.01M HCl溶液與45cc試劑水混合稀釋爲50cc0.001M HCl。
溶液 C	0.001M NaOH：取試管，內置5cc0.01M NaOH溶液與45cc試劑水混合稀釋爲50cc0.001M NaOH。

2. 測定非緩衝溶液之pH值

(1) 另取 1 支試管，置入 5cc 溶液 A，取乾淨玻棒沾取溶液 A，以廣用試紙測試其 pH 值（與標準色卡比色），記錄之（或以 pH 計測定溶液之 pH 值）；另於溶液中加入 2 滴溴瑞香草酚藍指示劑，記錄其顏色。

(2) 另取 1 支試管，置入 5cc 溶液 B，以相同方法測試其 pH 值；另於溶液中加入 2 滴溴甲酚綠指示劑，記錄其顏色。

(3) 另取 1 支試管，置入 5cc 溶液 C，以相同方法測試其 pH 值；另於溶液中加入 2 滴酚酞指示劑，記錄其顏色。

(4) 結果記錄：

溶液	非緩衝溶液種類	pH值	溶液之酸鹼性	加入指示劑	顏色
A	純水	7		溴瑞香草酚藍	
B	0.001（或 10^{-3}）M HCl	3		溴甲酚綠	
C	0.001（或 10^{-3}）M NaOH	11		酚酞	

3. 加酸後，測定非緩衝溶液之pH值

(1) 另取 3 支試管，分別置入 5cc 之溶液 A、B、C；另各加入 1 滴 1M 之鹽酸（HCl）溶液，輕搖使混合均勻。

(2) 取乾淨玻棒沾取溶液 A，以廣用試紙測試其 pH 值（與標準色卡比色），記錄之（或以 pH 計測定溶液之 pH 值）；另於溶液中加入 2 滴溴瑞香草酚藍指示劑，記錄其顏色。

(3) 以相同方法測試溶液 B 之 pH 值；另於溶液中加入 2 滴溴甲酚綠指示劑，記錄其顏色。

(4) 以相同方法測試溶液 C 之 pH 值；另於溶液中加入 2 滴酚酞指示劑，記錄其顏色。

(5) 結果記錄：

溶液	非緩衝溶液種類	pH值	溶液之酸鹼性	加入指示劑	加HCl後之顏色
A	純水＋1滴1M之鹽酸（HCl）溶液			溴瑞香草酚藍	
B	0.001M HCl＋1滴1M之鹽酸（HCl）溶液			溴甲酚綠	
C	0.001M NaOH＋1滴1M之鹽酸（HCl）溶液			酚酞	

4. 加鹼後，測定非緩衝溶液之pH值

(1) 另取 3 支試管，分別置入 5cc 之溶液 A、B、C；另各加入 1 滴 1M 之氫氧化鈉（NaOH）溶液，輕搖使混合均勻。

(2) 同步驟 3.，以廣用試紙（或 pH 計）分別測試各溶液之 pH 值、加入酸鹼指示劑後之顏色，記錄之。

(3) 結果記錄：

溶液	非緩衝溶液種類	pH值	溶液之酸鹼性	加入指示劑	加NaOH後之顏色
A	純水＋1滴1M之氫氧化鈉（NaOH）溶液			溴瑞香草酚藍	
B	0.001M HCl＋1滴1M之氫氧化鈉（NaOH）溶液			溴甲酚綠	
C	0.001M NaOH＋1滴1M之氫氧化鈉（NaOH）溶液			酚酞	

(二)加酸或加鹼於緩衝溶液，pH值之變化

1. 製備緩衝溶液

取 3 支試管，依下表製備溶液 D、溶液 E、溶液 F 備用。

溶液 D	NaH_2PO_4 + Na_2HPO_4之緩衝溶液：各取0.50M磷酸二氫鈉（NaH_2PO_4）溶液10cc、0.50M磷酸氫二鈉（Na_2HPO_4）溶液10cc，將兩者於250cc錐形瓶（或燒杯）中混合。
溶液 E	CH_3COOH + CH_3COONa之緩衝溶液：各取1.0M醋酸（CH_3COOH）溶液10cc、1.0M醋酸鈉（CH_3COONa）溶液10cc，將兩者於250cc錐形瓶（或燒杯）中混合。
溶液 F	NH_4OH + NH_4Cl之緩衝溶液：各取1.0M氨水（NH_4OH）溶液10cc、1.0M氯化銨（NH_4Cl）溶液10cc，將兩者於250cc錐形瓶（或燒杯）中混合。

2. 測定緩衝溶液之pH值

(1) 另取 3 支試管，分別置入 5cc 之緩衝溶液 D、E、F，同步驟 (一)2.，以廣用試紙（或 pH 計）分別測試溶液 D、E、F 之 pH 值、加入酸鹼指示劑後之顏色，記錄之。

(2) 結果記錄：

溶液	緩衝溶液種類	pH值	溶液之酸鹼性	加入指示劑	顏色
D	$NaH_2PO_4 + Na_2HPO_4$			溴瑞香草酚藍	
E	$CH_3COOH + CH_3COONa$			溴甲酚綠	
F	$NH_4OH + NH_4Cl$			酚酞	

3. 加酸後，測定緩衝溶液之pH值

(1) 另取 3 支試管，分別置入 5cc 之緩衝溶液 D、E、F；另各加入 1 滴 1M 之鹽酸（HCl）溶液，輕搖使混合均勻。

(2) 取乾淨玻棒沾取 D 溶液，以廣用試紙測試其 pH 值（與標準色卡比色），記錄之（或以 pH 計測定溶液之 pH 值）；另於溶液中加入 2 滴溴瑞香草酚藍指示劑，記錄其顏色。

(3) 以相同方法測試 E 溶液之 pH 值；另於溶液中加入 2 滴溴甲酚綠指示劑，記錄其顏色。

(4) 以相同方法測試 F 溶液之 pH 值；另於溶液中加入 2 滴酚酞指示劑，記錄其顏色。

(5) 結果記錄：

溶液	緩衝溶液種類	pH值	溶液之酸鹼性	加入指示劑	加HCl後之顏色
D	$(NaH_2PO_4 + Na_2HPO_4)$ + 1滴 1M之鹽酸（HCl）溶液			溴瑞香草酚藍	
E	$(CH_3COOH + CH_3COONa)$ + 1 滴1M之鹽酸（HCl）溶液			溴甲酚綠	
F	$(NH_4OH + NH_4Cl)$ + 1滴1M之 鹽酸（HCl）溶液			酚酞	

4. 加鹼後，測定緩衝溶液之pH值

(1) 另取 3 支試管，分別置入 5cc 之緩衝溶液 D、E、F；另各加入 1 滴 1M 之氫氧化鈉（NaOH）溶液，輕搖使混合均勻。

(2) 同步驟 3.，以廣用試紙（或 pH 計）分別測試各溶液之 pH 值、加入酸鹼指示劑後之顏色，記錄之。

(3) 結果記錄：

溶液	緩衝溶液種類	pH值	溶液之酸鹼性	加入指示劑	加NaOH後之顏色
D	$(NaH_2PO_4 + Na_2HPO_4)$ + 1滴1M之 氫氧化鈉（NaOH）溶液			溴瑞香草酚藍	
E	$(CH_3COOH + CH_3COONa)$ + 1 滴1M之氫氧化鈉（NaOH）溶液			溴甲酚綠	
F	$(NH_4OH + NH_4Cl)$ + 1滴1M之氫 氧化鈉（NaOH）溶液			酚酞	

五、心得與討論

實驗 15：pH 計繪製酸鹼滴定曲線

一、目的

(一) 學習 pH 計之操作。

(二) 使用 pH 計測定溶液之 pH 值。

(三) 繪製酸鹼滴定曲線，求出當量點、當量濃度。

二、相關知識

(一)酸鹼滴定

　　「滴定」是將已知濃度（N_1 或 M_1）的標準溶液滴入已知體積（V_2）的被測溶液中，待反應達終點（指示劑變色）後，利用標準溶液消耗的體積（V_1），計算被測溶液的濃度（N_2 或 M_2）。

　　水溶液中「酸」會解離釋出 H^+ 和陰離子，「鹼」會釋出 OH^- 和陽離子。當酸、鹼溶液接觸混合時，H^+ 和 OH^- 反應生成 H_2O，陰離子和陽離子則反應生成鹽類。故酸鹼反應生成水和鹽類，此為「酸鹼中和反應」，反應通式如下：

　　酸 + 鹼 → 水 + 鹽

例如，鹽酸（HCl）溶液與氫氧化鈉（NaOH）溶液之（中和）總反應式為：

$$HCl_{(aq)} + NaOH_{(aq)} \rightarrow H_2O_{(1)} + NaCl_{(aq)}$$

酸、鹼及所生成之鹽皆屬強電解質，於水中會溶解生成離子，以全離子反應式表示為：

$$H^+_{(aq)} + Cl^-_{(aq)} + Na^+_{(aq)} + OH^-_{(aq)} \rightarrow H_2O_{(1)} + Cl^-_{(aq)} + Na^+_{(aq)}$$

其淨離子反應式為：

$$H^+_{(aq)} + OH^-_{(aq)} \rightarrow H_2O_{(1)}$$

於此可知：1 莫耳 HCl 需 1 莫耳 NaOH 與之反應；即 1 莫耳 H^+ 需 1 莫耳 OH^- 與之反應。

例如，硫酸（H_2SO_4）溶液與氫氧化鈉（NaOH）溶液之（中和）總反應式為：

$$H_2SO_{4(aq)} + 2NaOH_{(aq)} \rightarrow 2H_2O_{(1)} + Na_2SO_{4(aq)}$$

酸、鹼及所生成之鹽皆屬強電解質，於水中會溶解生成離子，以全離子反應式表示為：

$$2H^+_{(aq)} + SO_4^{2-}{}_{(aq)} + 2Na^+_{(aq)} + 2OH^-_{(aq)} \rightarrow 2H_2O_{(1)} + SO_4^{2-}{}_{(aq)} + 2Na^+_{(aq)}$$

其淨離子反應式仍爲：

$$H^+_{(aq)} + OH^-_{(aq)} \rightarrow H_2O_{(1)}$$

於此可知：1 莫耳 H_2SO_4 需 2 莫耳 NaOH 與之反應；相同的，1 莫耳 H^+ 需 1 莫耳 OH^- 與之反應。

　　酸鹼滴定過程中，恰能使溶液之 pH = 7 而呈中性時，稱之「中和點」；當酸所消耗氫離子（H^+）之莫耳數等於鹼所消耗氫氧根離子（OH^-）之莫耳數（化學計量關係爲：H^+ 之莫耳數 = OH^- 之莫耳數。或：酸之當量數 = 鹼之當量數），稱之「當量點（equivalent point）」；恰能使指示劑顏色改變時，滴定之操作已完成，稱之「滴定終點（endpoint）」。

【註 1】酸鹼指示劑的變色爲一漸進過程，有一定的 pH 範圍，故滴定終點和當量點不一定相同，但只要選擇適合的指示劑，通常可將滴定終點視爲當量點。

(二)酸鹼滴定之化學計量

　　當「酸鹼滴定」（酸鹼中和反應）達當量點（或滴定終點）時之化學計量關係式有二：

(1) 酸（H^+）之莫耳數 = $M_a \times V_a \times$（每分子酸解離出之 H^+ 數）

　　= 鹼（OH^-）之莫耳數 = $M_b \times V_b \times$（每分子鹼解離出之 OH^- 數）

式中

M_a：酸之容積莫耳濃度（mole/L）

V_a：達滴定終點時酸之體積（L）

M_b：鹼之容積莫耳濃度（mole/L）

V_b：達滴定終點時鹼之體積（L）

(2) 酸之當量數 = $N_a \times V_a = N_b \times V_b$ = 鹼之當量數

式中

N_a：酸之當量濃度（eq/L）

V_a：達滴定終點時酸之體積（L）

N_b：鹼之當量濃度（eq/L）

V_b：達滴定終點時鹼之體積（L）

例1：取4.00克之NaOH，以煮沸後冷卻之試劑水溶解並稀釋至1000cc，則

(1)溶液之容積莫耳濃度爲？(mole/L，M)

解：氫氧化鈉（NaOH）莫耳質量 = 22.99 + 16.0 + 1.01 = 40.00(g/mole)

　　　容積莫耳濃度 = (4.00/40.00)/(1000/1000) = 0.10(mole/L)

(2)溶液之當量濃度爲？（eq/L，N）

解：$NaOH_{(aq)} \rightarrow Na^+_{(aq)} + 1\boxed{OH^-}_{(aq)}$

　　　當量濃度 = [4.00/(40.00/1)]/(1000/1000) = 0.10(eq/L)

（續下表）

例2：取8.3cc濃鹽酸（37%、密度1.19 g/cc），加入煮沸後冷卻之試劑水稀釋至1000cc，則

(1)溶液之容積莫耳濃度為？（mole/L，M）

解：氯化氫（HCl）莫耳質量 = 1.01 + 35.45 = 36.46(g/mole)

　　容積莫耳濃度 = [(8.3×1.19×37%)/36.46]/(1000/1000) = 0.10(mole/L)

(2)溶液之當量濃度為？(eq/L，N)

解：$HCl_{(aq)} \rightarrow 1\boxed{H^+}_{(aq)} + Cl^-_{(aq)}$

　　當量濃度 = [(8.3×1.19×37%)/(36.46/1)]/(1000/1000) = 0.10(eq/L)

例3：取25.00cc未知濃度之鹽酸（HCl）溶液於250cc錐形瓶中，滴入2滴酚酞指示劑(呈無色)；再以 0.10M(N) NaOH溶液滴定之，達滴定終點（為粉紅色），計使用24.70ccNaOH溶液。試計算此鹽酸 （HCl）溶液之

(1)容積莫耳濃度（M_a）為？（mole/L，M）

解：$HCl_{(aq)} + NaOH_{(aq)} \rightarrow H_2O_{(l)} + NaCl_{(aq)}$

　　$M_a × V_a ×$（每分子酸解離出之H^+數）= $M_b × V_b ×$（每分子鹼解離出之OH^-數）

　　【註2：HCl反應時，釋出1個H^+；NaOH反應時，釋出1個OH^-】

　　$M_a × (25.00/1000) × (1) = 0.10 × (24.70/1000) × (1)$

　　$M_a ≒ 0.099(mole/L)$

(2)當量濃度（N_a）為？（eq/L，N）

解：$N_a × V_a = N_b × V_b$

　　$N_a × (25.00/1000) = 0.10 × (24.70/1000)$

　　$N_a ≒ 0.099(eq/L)$

例4：取5.4cc濃硫酸（98%、密度1.84 g/cc），加入煮沸後冷卻之試劑水稀釋至1000cc，則

(1)溶液之容積莫耳濃度（M_a）為？（mole/L，M）

解：硫酸（H_2SO_4）莫耳質量 = 1.01×2 + 32.07 + 16.00×4 = 98.09(g/mole)

　　容積莫耳濃度 = [(5.4×1.84×98%)/98.09]/(1000/1000) ≒ 0.10(mole/L)

(2)溶液之當量濃度（N_a）為？（eq/L，N）

解：$H_2SO_{4(aq)} \rightarrow 2\boxed{H^+}_{(aq)} + SO_4^{2-}_{(aq)}$

　　當量濃度 = [(5.4×1.84×98%)/(98.09/2)]/(1000/1000) ≒ 0.20(eq/L)

例5：取25.00cc未知濃度之硫酸（H_2SO_4）溶液於250cc錐形瓶中，滴入2滴酚酞指示劑（呈無色）；再以 0.10M(N) NaOH溶液滴定，滴定至終點（為粉紅色），計使用49.40ccNaOH溶液。試計算此硫酸 （H_2SO_4）溶液之

(1)容積莫耳濃度（M_a）為？（mole/L，M）

解：$H_2SO_{4(aq)} + 2NaOH_{(aq)} \rightarrow 2H_2O_{(l)} + Na_2SO_{4(aq)}$

　　$M_a × V_a ×$(每分子酸解離出之H^+數) = $M_b × V_b ×$(每分子鹼解離出之OH^-數)

　　【註3：H_2SO_4反應時，釋出2個H^+；NaOH反應時，釋出1個OH^-】

　　$M_a × (25.00/1000) × (2) = 0.10 × (49.40/1000) × (1)$

　　$M_a ≒ 0.10(mole/L)$

(2)當量濃度（N_a）為？（eq/L，N）

解：$N_a × V_a = N_b × V_b$

　　$N_a × (25.00/1000) = 0.10 × (49.40/1000)$

　　$N_a ≒ 0.20(eq/L)$

(三)繪製酸鹼滴定曲線

將酸鹼滴定過程所使用酸（鹼）之體積（X軸）及待測溶液之pH值（Y軸）繪圖，是謂為「酸鹼滴定曲線」。由滴定曲線可看出滴定時溶液pH值的變化方向與變化速度，亦可藉由當量點之pH找出適合的指示劑。最佳的指示劑應恰好在當量點時發生顏色變化，即使滴定終點剛好為當量點，但實際上兩點不易恰為同一點。故選擇指示劑，係以滴定過程中，pH值變化最大的範圍附近為依據，此時的滴定終點與當量點產生的誤差不會超過±0.1%。

於鹼液滴定酸液過程中溶液pH之變化為：開始時為酸液自身之pH，隨著鹼滴定液之加入而消耗H^+，故pH值會逐漸上升；達當量點時酸液中之H^+已完全被鹼滴定液之OH^-所中和，但此時之溶液未必為中性，可能呈酸性或鹼性；係因中和反應之生成物除水外，另有鹽類；該鹽類溶於水中會解離出陰、陽離子，其可能又與水產生反應，使水分子發生解離之反應，而改變了溶液達當量點時之pH。

酸鹼滴定達當量點時之pH，因滴定之酸鹼種類而異，依酸鹼強弱之不同，分為強酸強鹼滴定、強酸弱鹼滴定、弱酸強鹼滴定、弱酸弱鹼滴定等4種情形，分別介紹如下：

1.「**強酸與強鹼**」滴定：反應生成之鹽類並無水解反應，故溶液呈中性。

例如：氫氧化鈉與鹽酸的滴定，反應方程式如下：

$$HCl_{(aq)} + NaOH_{(aq)} \rightarrow H_2O_{(1)} + \boxed{NaCl}_{(aq)}$$
$$H_2O_{(1)} + \boxed{NaCl}_{(aq)} \rightarrow H_2O_{(1)} + Na^+_{(aq)} + Cl^-_{(aq)}$$

達當量點時，滴定溶液中存在的是由強酸和強鹼所形成的鹽NaCl，其並無水解反應，因此pH = 7，又可稱為中和點。滴定曲線如下圖所示，在當量點前後，滴定溶液僅些許的體積變化就能使pH值變化甚大。此類滴定，幾乎任何指示劑都可適用。例如甲基橙（pH 3.1～4.4）和酚酞（pH 8.0～10.0）的變色範圍均有一部分在pH值變化最大的範圍內，因此可選用為指示劑。

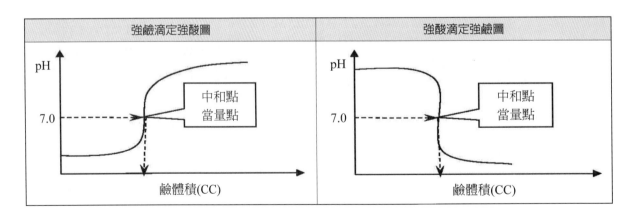

2.「**強酸與弱鹼**」滴定：反應生成之鹽類會解離出「弱鹼根離子」，其會產生水解反應釋出H^+，使溶液呈酸性。

例如：鹽酸與氫氧化銨的滴定，反應方程式如下：

$$HCl_{(aq)} + NH_4OH_{(aq)} \rightarrow H_2O_{(1)} + \boxed{NH_4Cl}_{(aq)}$$
$$H_2O_{(1)} + \boxed{NH_4Cl}_{(aq)} \rightarrow H_2O_{(1)} + \boxed{NH_4^+}_{(aq)} + Cl^-_{(aq)}$$
$$H_2O_{(1)} + \boxed{NH_4^+}_{(aq)} \rightleftharpoons NH_{3(aq)} + \boxed{H_3O^+}_{(aq)}$$

達當量點時，滴定溶液中存在的是由強酸和弱鹼所形成的鹽 NH_4Cl，其會產生水解反應釋出 H_3O^+，使溶液呈酸性。滴定曲線如下圖所示，故強酸弱鹼滴定僅可選擇變色範圍 pH 值小於 7 的指示劑，例如甲基橙、甲基紅。

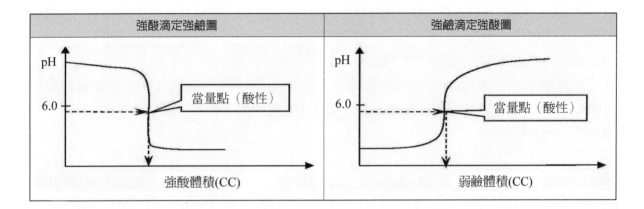

3.「弱酸與強鹼」滴定：反應生成之鹽類會解離出「弱酸根離子」，其會產生水解反應釋出 OH^-，使溶液呈鹼性。

例如：醋酸與氫氧化鈉的滴定，反應方程式如下：

$$CHCOOH_{(aq)} + NaOH_{(aq)} \rightarrow H_2O_{(1)} + \boxed{CH_3COONa}_{(aq)}$$
$$H_2O_{(1)} + \boxed{CH_3COONa}_{(aq)} \rightarrow H_2O_{(1)} + \boxed{CH_3COO^-}_{(aq)} + Na^+_{(aq)}$$
$$H_2O_{(1)} + \boxed{CH_3COO^-}_{(aq)} \rightleftharpoons CHCOOH_{(aq)} + \boxed{OH^-}_{(aq)}$$

達當量點時，滴定溶液中存在的是由弱酸及強鹼所形成的鹽 CH_3COONa，其會產生水解反應釋出 OH^-，使溶液呈鹼性。滴定曲線如下圖所示，故弱酸強鹼滴定僅可選擇變色範圍 pH 值大於 7 的指示劑，例如酚酞。

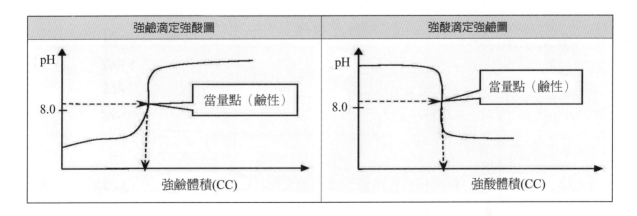

4.「**弱酸與弱鹼**」滴定：反應生成之鹽類會解離出「弱鹼根離子」、「弱酸根離子」，其皆會

產生水解反應，可能使溶液呈中性、酸性或鹼性，視 2 種離子之水解程度而定。
例如：

$$CHCOOH_{(aq)} + NH_4OH_{(aq)} \rightarrow H_2O_{(1)} + \boxed{CH_3COONH_4}_{(aq)}$$

$$H_2O_{(1)} + \boxed{CH_3COONH_4}_{(aq)} \rightarrow H_2O_{(1)} + \boxed{CH_3COO^-}_{(aq)} + \boxed{NH_4^+}_{(aq)}$$

$$H_2O_{(1)} + \boxed{NH_4^+}_{(aq)} \rightleftharpoons NH_{3(aq)} + \boxed{H_3O^+}_{(aq)}$$

$$H_2O_{(1)} + \boxed{CH_3COO^-}_{(aq)} \rightleftharpoons CHCOOH_{(aq)} + \boxed{OH^-}_{(aq)}$$

本實驗之酸鹼滴定過程，以 pH 計進行滴定溶液 pH 變化之量測，將結果繪成滴定曲線（滴定溶液體積－溶液 pH 值），可以明確看出滴定過程中溶液之 pH 變化情形，並可由滴定曲線之反曲點求得反應達當量點時溶液之 pH。

本實驗以已知濃度之氫氧化鈉溶液，分別對相同濃度之鹽酸（HCl）溶液與醋酸（CH_3COOH）溶液進行滴定，藉以比較「強鹼－強酸」與「強鹼－弱酸」滴定曲線及達當量點時溶液 pH 之差異。

例6：取未知濃度（約0.1M）HCl溶液100.0cc於200cc燒杯中，以pH計測定其pH值，並加入2～4滴酚酞指示劑（呈無色）；另取滴定管裝入0.10M NaOH標準溶液滴定之，記錄滴定之NaOH體積及溶液pH值（並記錄溶液變粉紅色時之NaOH體積及pH值），結果如下表：

未知濃度（約0.1M）HCl溶液體積 = 100.0cc；水溫 = 20.8℃；pH = 1.40

0.100M NaOH 滴定量(cc)	0	5.00	10.00	15.00	20.00	25.00	30.00	35.00	40.00	45.00	50.00	55.00
溶液pH值	1.40	1.41	1.42	1.45	1.46	1.49	1.52	1.56	1.60	1.65	1.70	1.76
0.100M NaOH 滴定量(cc)	60.00	65.00	70.00	72.00	74.00	76.00	78.00	80.00	81.00	82.00	83.00	84.00
溶液pH值	1.82	1.93	2.04	2.10	2.17	2.25	2.36	2.51	2.61	2.75	2.99	3.41
0.100M NaOH 滴定量(cc)	85.00	85.50	85.60	85.80	86.00	87.00	88.00	89.00	90.00	100.00	110.00	120.00
溶液pH值	6.00	8.25	8.63	9.10	9.50	10.35	10.67	10.90	11.07	11.60	11.83	11.95

【註4】滴定過程溶液由無色→粉紅色時，溶液之pH值 = 8.73，NaOH滴定體積 = 85.50 cc。

(1)試繪出此酸鹼滴定曲線，並標示當量（反曲）點之位置及其NaOH體積與pH值？
解：酸鹼滴定曲線繪製如下

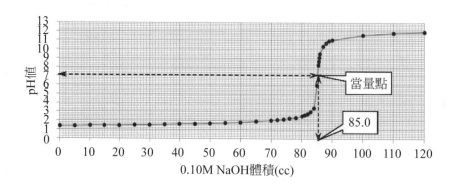

（續下表）

(2)由滴定曲線所得之當量點，計算HCl溶液之真實濃度為？（mole/L）

解：$HCl_{(aq)} + NaOH_{(aq)} \rightarrow H_2O_{(l)} + NaCl_{(aq)}$

設HCl溶液之真實濃度為M_a（mole/L）

由酸鹼滴定曲線之當量（反曲）點位置得pH = 7.0時，NaOH體積 = 85.0cc，代入

$M_a \times V_a \times$（每分子酸解離出之H^+數）= $M_b \times V_b \times$（每分子鹼解離出之OH^-數）

【註5：HCl反應時，釋出1個H^+；NaOH反應時，釋出1個OH^-】

$M_a \times (100.0/1000) \times (1) = 0.10 \times (85.0/1000) \times (1)$

$M_a = 0.085$（mole/L）

(3)達滴定終點時（溶液變粉紅色），計使用85.50cc之NaOH溶液，計算HCl溶液之真實濃度為？（mole/L）

解：設HCl溶液之真實濃度為Ma（mole/L）

達滴定終點時（溶液變粉紅色），計使用85.50cc之NaOH溶液，代入

$M_a \times (100.0/1000) \times (1) = 0.10 \times (85.50/1000) \times (1)$

$M_a = 0.0855 \fallingdotseq 0.086$(mole/L)

三、器材與藥品

1.pH計	7.玻棒或磁攪拌器
2.（標準）緩衝溶液（pH = 4.00）	8.100cc量筒
3.（標準）緩衝溶液（pH = 7.00）	9.200～300cc燒杯
4.（標準）緩衝溶液（pH = 10.00）	10.漏斗
5.洗瓶	11.滴定管
6.面紙（或拭鏡紙）	

12.酚酞指示劑：溶解0.5g酚酞（Phenolphthalein）於50cc 95%乙醇，加入50cc試劑水。

13.配製0.100mole/L氫氧化鈉（NaOH）標準溶液1000cc：取約1100cc試劑水，入燒杯將其煮沸（驅二氧化碳）後，覆蓋錶玻璃，冷卻至室溫；取1000cc定量瓶，內裝約800～900cc冷卻之試劑水；精秤4.000g之NaOH（假設其純度為100%；動作應稍快，減少其潮解），傾入定量瓶中，蓋上蓋子，搖盪攪拌使完全溶解後，再加入試劑水至標線，搖勻之。（亦可以磁攪拌器使攪拌溶解）【每組約200cc】

14.配製（約0.10mole/L）鹽酸（HCl）溶液1000cc：取約1100cc試劑水，入燒杯將其煮沸（驅二氧化碳）後，覆蓋錶玻璃，冷卻至室溫；取1000cc定量瓶，內裝約800～900cc冷卻後之試劑水；以裝安全吸球之刻度吸管吸取8.5cc之濃鹽酸（約36%），沿定量瓶內壁緩緩加入，將定量瓶蓋上蓋子，左右搖動使均勻，降溫至室溫；再加入試劑水至標線，搖勻之。【每組約100cc】

【註6】注意：強酸稀釋時，應將強酸加入水中；嚴禁將水加入強酸中。實驗室之濃鹽酸約為36～37%（於此暫以36%計算，其真實濃度仍需經過「標準溶液」予以「標定」），為強酸，外觀透明無色，溶液及蒸氣極具腐蝕性，開瓶、操作時應戴安全手套，並於抽氣櫃內操作。

15.配製（約0.10mole/L）醋酸（CH₃COOH）溶液1000cc：取1000cc定量瓶，內裝約700～800cc試劑水；以刻度吸管取5.60cc濃醋酸（約18M，99%以上），緩慢加入定量瓶中，搖勻之；再加入試劑水至刻度，搖勻之。【此溶液濃度尚未標定】【每組約100cc】

【註7】實驗室之濃醋酸之重量百分率約99.5（%）、密度1.05（g/cc）；（CH₃COOH）莫耳質量 = $12.01 \times 2 + 1.008 \times 4 + 16.00 \times 2 = 60.052$（g/mole）；故濃醋酸之容積莫耳濃度 = $(1000 \times 1.08 \times 0.995/60.052)/(1000/1000) \fallingdotseq 18$(M) = 18(N)；稀釋後醋酸溶液之當量濃度 = $[(5.60 \times 1.08 \times 0.995)/(60.052/1)]/(1000/1000) \fallingdotseq 0.10$(N) = 0.10(M)；醋酸（CH₃COOH）為單質子酸，故其當量濃度數值 = 容積莫耳濃度數值。

四、實驗步驟與結果

(一)水樣之pH值測定：

1. 依 pH 計操作手冊完成 pH 計校正。

2. 將電極、溫度探棒以試劑水沖洗乾淨，再予輕輕拭乾，然後浸入待測水樣中，以磁石或玻棒均勻緩慢攪拌，俟讀值穩定後讀取 pH 值、溫度，記錄之。【註 8：過程中，每更換水樣時，需將電極、溫度探棒、磁石或玻棒以試劑水沖洗乾淨，再以面紙輕輕拭乾。】

3. 若水樣 pH 值測定結束，取出電極棒、溫度探棒掛在架上。【註 9：實驗過程中，若電極棒未使用時，電極棒底部仍需暫浸試劑水中。】

4. 實驗結束後，以試劑水沖洗拭乾電極、溫度探棒後，應將電極封存於 3M 氯化鉀（KCl）溶液中（塑膠小套管內裝 3M KCl 溶液），切記不可任其裸露於空氣中，致使電極液乾涸損壞。

(二)「氫氧化鈉（NaOH）溶液－鹽酸（HCl）溶液」滴定曲線：

1. 取滴定管，裝入 0.100M NaOH 標準溶液至刻度為 0 處，備用。

2. 如圖所示，以量筒取未知濃度（約 0.1M）HCl 溶液 100.0cc，放入 200～300cc 燒杯，以 pH 計測其 pH 值、溫度，記錄之。【註 10：若取（水樣）體積太小，pH 計之電極棒及溫度探棒較不易浸至液面下，操作較不便。】

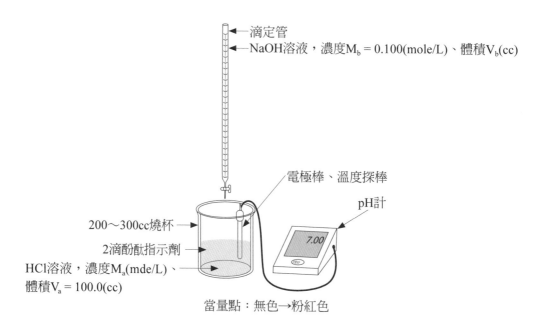

滴定管
NaOH溶液，濃度M_b = 0.100(mole/L)、體積V_b(cc)

電極棒、溫度探棒

pH計

200～300cc燒杯

2滴酚酞指示劑

HCl溶液，濃度M_a(mde/L)、體積V_a = 100.0(cc)

7.00

當量點：無色→粉紅色

3. 或可加入 2 滴酚酞指示劑（呈無色）。【註 11：可比較滴定達當量點，指示劑與 pH 計結果之差異。】

4. 開始滴定。初始每次滴入約 5～10cc 之 0.100M NaOH 溶液並記錄 pH 值；當 pH 值到達 2.5 時，調整為每次滴入 1cc 之 NaOH 溶液並記錄 pH 值；當 pH 值到達 4 時，調整為每次滴入 0.5cc 之 NaOH 溶液並記錄 pH 值；當 pH 值到達 10 時，調整為每次滴入 1cc 之 NaOH 溶液並記錄 pH 值；當 pH 值到達 11 時，調整為每次滴入 5cc 之 NaOH 溶液並記錄 pH 值；當 pH 值到達（約）12 時，停止滴定。（滴定過程並應記錄溶液由無色→粉紅色時，溶液之 pH 值及 NaOH 滴定體積。）【註 12：滴定時，溶液 pH 值變化與滴入之 NaOH 體積有關；即滴定初始 pH 值變化較小，每次滴入之 NaOH 量可稍多；但滴定接近當量點附近時，pH 值變化較大，則每次滴入之 NaOH 量需予減少；稍過當量點後，pH 值變化又較小時，每次滴入之 NaOH 量可再稍多。】

5. 酸鹼滴定結果記錄表：

NaOH 標準溶液濃度 = 0.100M													
未知濃度（約 0.1M）HCl 溶液體積 = 100.0cc；水溫 = ＿＿＿ ℃；pH = ＿＿＿。													
NaOH滴定量(cc)	0												
溶液pH值													
NaOH滴定量(cc)													
溶液pH值													
NaOH滴定量(cc)													
溶液pH值													
【註13】滴定過程溶液由無色→粉紅色時，溶液之pH值 = ＿＿＿，NaOH滴定體積 = ＿＿＿cc。													

6. 繪製酸鹼滴定曲線：將記錄結果點繪於方格紙（X軸為 0.100M NaOH 體積；Y軸為 pH 值）；標示出當量點（反曲點）位置之 NaOH 滴定體積及 pH 值。

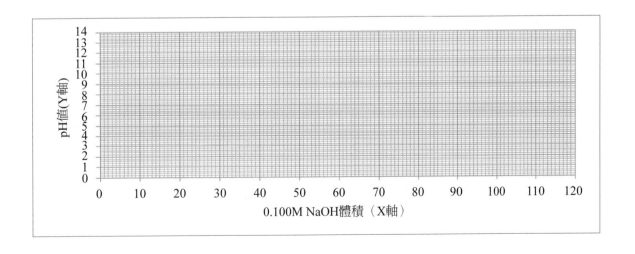

7. 分別使用 pH 計、酚酞指示劑，計算 HCl 溶液之真實濃度（未知濃度，約 0.1M），比較之。

項　目	使用pH計	使用酚酞指示劑
A.NaOH標準溶液濃度M_b（mole/L）	\multicolumn{2}{c}{0.100}	
B.達當量點位置之pH	（當量點）	（無色→粉紅色）
C.達當量點位置之NaOH滴定體積V_b (cc)		
D.（未知濃度）HCl溶液體積V_a (cc)	\multicolumn{2}{c}{100.0}	
E.（未知濃度）HCl溶液之真實濃度M_a (mole/L)		

【註14】本實驗計算式：$M_a \times (V_a/1000) \times (1) = M_b \times (V_b/1000) \times (1)$ 或 $N_a \times V_a/1000 = N_b \times V_b/1000$

8. 實驗廢液送廢水處理廠處理之，或貯存無機廢液桶（或廢酸、廢鹼貯存桶）待處理。

（三）「氫氧化鈉（NaOH）溶液－醋酸（CH₃COOH）溶液」滴定曲線：

1. 取滴定管，裝入 0.100M NaOH 標準溶液至刻度為 0 處，備用。

2. 以量筒取未知濃度（約 0.1M）CH$_3$COOH 溶液 100.0cc，放入 200～300cc 燒杯，以 pH 計測其 pH 值、溫度，記錄之。【註 15：若取（水樣）體積太小，pH 計之電極棒及溫度探棒較不易浸至液面下，操作較不便。】

3. 或可加入 2 滴酚酞指示劑（呈無色）。【註 16：可比較滴定達當量點，指示劑與 pH 計結果之差異。】

4. 開始滴定。初始每次滴入約 5～10cc 之 0.100M NaOH 溶液並記錄 pH 值；當 pH 值稍有改變時，調整為每次滴入 1cc 之 NaOH 溶液並記錄 pH 值；當 pH 值明顯改變時，調整為每次滴入 0.5cc 之 NaOH 溶液並記錄 pH 值；當 pH 值到達 10 時，調整為每次滴入 1cc 之 NaOH 溶液並記錄 pH 值；當 pH 值到達 11 時，調整為每次滴入 5cc 之 NaOH 溶液並記錄 pH 值；當 pH 值到達（約）12 時，停止滴定。（滴定過程並記錄溶液由無色→粉紅色時之 NaOH 滴定量及溶液 pH 值）【註 17：滴定時，溶液 pH 值變化與滴入之 NaOH 體積有關；即滴定初始 pH 值變化較小，每次滴入之 NaOH 量可稍多；但滴定接近當量點附近時，pH 值變化較大，則每次滴入之 NaOH 量需予減少；稍過當量點後，pH 值變化又較小時，每次滴入之 NaOH 量可再稍多。】

5. 酸鹼滴定結果記錄表

| \multicolumn{9}{c}{NaOH 標準溶液濃度 = 0.100M} |||||||||
\multicolumn{9}{l}{　　未知濃度（約 0.1M）CH$_3$COOH 溶液體積 = 100.0cc；水溫 = ＿＿＿℃；pH = ＿＿＿。}								
NaOH滴定量(cc)	0							
溶液pH值								
NaOH滴定量(cc)								
溶液pH值								
NaOH滴定量(cc)								
溶液pH值								
\multicolumn{9}{l}{【註18】滴定過程溶液由無色→粉紅色時，溶液之pH值＝＿＿＿，NaOH滴定體積＝＿＿＿cc。}								

6. 繪製酸鹼滴定曲線：將記錄結果點繪於方格紙（X軸為0.100M NaOH體積；Y軸為pH值）；標示出當量點（反曲點）位置之 NaOH 滴定體積及 pH 值。

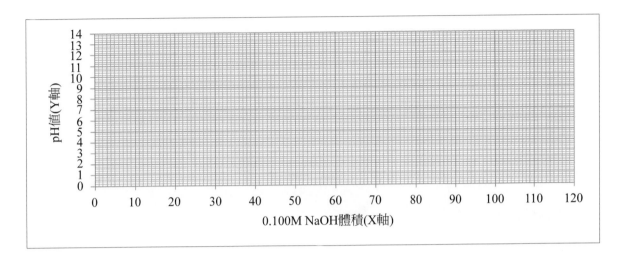

7. 分別使用 pH 計、酚酞指示劑，計算 CH_3COOH 溶液之眞實濃度（未知濃度，約 0.1M），比較之。

項　目	使用pH計	使用酚酞指示劑
A.NaOH標準溶液濃度M_b (mole/L)	0.100	
B.達當量點位置之pH	（當量點）	（無色→粉紅色）
C.達當量點位置之NaOH滴定體積V_b (cc)		
D.（未知濃度）CH_3COOH溶液體積V_a (cc)	100.0	
E.（未知濃度）CH_3COOH溶液之眞實濃度M_a (mole/L)		

【註 19】本實驗計算式：$M_a \times (V_a/1000) \times (1) = M_b \times (V_b/1000) \times (1)$ 或 $N_a \times V_a/1000 = N_b \times V_b/1000$

8. 實驗廢液送廢水處理廠處理之，或貯存無機廢液桶（或廢酸、廢鹼貯存桶）待處理。

五、心得與討論：

_____

_____

_____

_____

_____

_____

_____

實驗 16：化學平衡－醋酸游離常數（K_a）之測定

一、目的

（一）學習使用 pH 計。

（二）學習酸鹼滴定之操作、計算。

（三）學習水溶液中醋酸之解（游）離、平衡及解（游）離常數（K_a）之相關計算。

二、相關知識

(一)乙酸（CH_3COOH，Acetic acid、醋酸）簡介

乙酸爲醋中主要成分爲，故又稱醋酸，具腐蝕性，廣泛存在於自然界。醋酸常溫時爲透明無色之吸濕性液體（密度 1.049g/cm³），具強烈刺激酸味；熔點（凝固點）爲 16.5℃，純醋酸溫度低於熔點時會呈現無色冰狀晶（固）體（密度 1.266g/cm³），故無水醋酸又稱爲冰醋酸；可燃、沸點 118.1℃；與水可完全混溶，易溶於乙醇、乙醚、四氯化碳、丙酮、甲苯、己烷，幾乎不溶於二硫化碳。

因具強烈刺激性氣味及腐蝕性蒸氣，對眼、鼻黏膜有刺激作用，操作較高濃度之醋酸應於抽氣櫃進行；濃度較高之乙酸具腐蝕性，直接接觸能導致皮膚燒傷，眼睛失明及黏膜發炎，需適當之防護，其燒傷或產生水泡未必立即顯現，常於暴露後幾小時顯現；一般乳膠手套不具保護作用，處理乙酸時應戴特製之丁腈橡膠手套；攝入高濃度之乙酸溶液有害人及動物健康，能導致消化系統嚴重傷害及潛在致死性血液酸性變化。

【註 1】有機化學中，乙酸（CH_3COOH）常被縮寫爲 Ac-O-H 或 H-O-Ac，Ac- 表示爲乙酸中的乙醯基 [$CH_3C(O)$-，Acetyl]；酸鹼中和反應中也見有以 H-Ac 表示乙酸，Ac- 表示爲乙酸根離子（CH_3COO^-，Acetate）。對初學者而言極易混淆、困擾。

(二)醋酸之解（游）離

醋酸（CH_3COOH）爲含羧基（-COOH）之有機酸，溶於水中不完全解離（弱電解質），僅會釋出部分氫離子（H^+）與醋酸根離子（CH_3COO^-），溶液中同時存有未游離之醋酸（CH_3COOH）分子，彼此間達成平衡，水溶液呈弱酸性。醋酸（CH_3COOH）之解離方程式如下：【註 2：符號「$\rightleftharpoons$」表示爲可逆反應】

$$CH_3COOH + H_2O \rightleftharpoons CH_3COO^- + H_3O^+$$

平衡常數 K_c 表示爲：

$$K_c = [CH_3COO^-][H_3O^+]/[CH_3COOH][H_2O]$$

於稀薄溶液中，視水仍爲純水濃度，即 $[H_2O] \doteqdot 55.6M =$ 常數

故 $K_c \times [H_2O] = [CH_3COO^-][H_3O^+]/[CH_3COOH] = K_a$

式中 K_a 稱爲酸之解（游）離常數（acid ionization constant）。

於書寫醋酸（CH_3COOH）之解離方程式時，常將 H_2O 省略，H_3O^+ 簡寫爲 H^+；故醋酸之解離方程式可寫成：

$$CH_3COOH \rightleftharpoons CH_3COO^- + H^+$$

醋酸之解離常數 Ka 表示爲：

$$K_a = [CH_3COO^-][H^+]/[CH_3COOH]$$

同理，一般之弱酸 HA，於水溶液中之解離，其解離方程式可寫成：

$$HA \rightleftharpoons A^- + H^+$$

該弱酸之解離常數 K_a 表示爲：

$$K_a = [A^-][H^+]/[HA]$$

若弱酸 HA 之初始濃度爲 C(M)，達平衡時 HA、A^-、H^+ 之濃度分別爲 $[HA]$、$[A^-]$、$[H^+]$，α 爲解離度；則 $[HA] = C(1-\alpha)$，另於弱酸之稀薄溶液中，H^+ 來源有 $HA[HA \rightleftharpoons A^- + H^+]$ 及 $H_2O[H_2O \rightleftharpoons OH^- + H^+]$，其中 H_2O 解離之 H^+（ $= 1.0 \times 10^{-7}M$）若予忽略不計，則溶液中達平衡時之 $[H^+] = [A^-] = \alpha C$，即：

$$HA \rightleftharpoons A^- + H^+$$

初始：　　　 C　　　 0　　 0

平衡時：C(1−α)　　 αC　 αC

$K_a = [A^-][H^+]/[HA] = [H^+][H^+]/C(1-\alpha) = [H^+]^2/C(1-\alpha)$

$\alpha = [H^+]/C$

又當 α 很小時，（1−α）$\doteqdot$ 1，則

$K_a = [H^+]^2/C(1-\alpha) \doteqdot [H^+]^2/C$

故已知弱酸 HA 之初始濃度 C(M) 及達平衡時之 pH 值（$[H^+] = 10^{-pH}$），即可估算其酸解離常數 K_a 及解離度 α（％）。

例1：25℃時，0.10M之醋酸（CH₃COOH）水溶液，經測定pH = 2.88，則

(1)當達平衡時，水溶液中[CH₃COOH]、[CH₃COO⁻]、[H⁺]各為？（M）

解：pH = 2.88 = －log[H⁺]

[H⁺] = 10⁻²·⁸⁸ = 1.318×10⁻³(M) = [CH₃COO⁻]

【註：假設溶液中H⁺來源僅為CH₃COOH；由H₂O解離之H⁺(= 1.0×10⁻⁷M)可忽略不計】

$$CH_3COOH \rightleftharpoons CH_3COO^- + H^+$$

初始：　　　　　0.10　　　　　　0　　　　　　0

平衡：　0.10－1.318×10⁻³　1.318×10⁻³　1.318×10⁻³

故[CH₃COOH] = 0.10－1.318×10⁻³ ≒ 0.0987(M)

[CH₃COO⁻] = [H⁺] = 1.318×10⁻³(M)

(2) 0.10M之CH₃COOH水溶液之解離度α(%)為？

解：解離度α(%) =（電解質所解離之莫耳數 / 電解質解離前之總莫耳數）×100%

= （電解質所解離之容積莫耳濃度 / 電解質解離前之總容積莫耳濃度）×100%

= (1.318×10⁻³/0.10)×100%

= 1.318%

另解：α = [H⁺]/C = (10⁻²·⁸⁸)/0.10 = (1.318×10⁻³)/0.10 = 0.01318 = 1.318%

(3)醋酸(CH₃COOH)之解離常數Kₐ為？

解：Kₐ = [CH₃COO⁻][H⁺]/[CH₃COOH]

Kₐ = [(1.318×10⁻³)×(1.318×10⁻³)] / (0.10－1.318×10⁻³) = 1.76×10⁻⁵

另解：Kₐ = [H⁺]² / C = (10⁻²·⁸⁸)² / 0.10 = (1.318×10⁻³)² / 0.10 ≒ 1.74×10⁻⁵

例2：25℃時，0.010M之醋酸（CH₃COOH）水溶液，已知CH₃COOH之解離常數Kₐ ≒ 1.8×10⁻⁵

(1)當達平衡時，水溶液中[CH₃COOH]、[CH₃COO⁻]、[H⁺]各為？M

解：假設達平衡時，CH₃COOH解離釋出之[CH₃COO⁻] = [H⁺] = X(M)

【註3：假設溶液中H⁺來源僅為CH₃COOH；由H₂O解離之H⁺(= 1.0×10⁻⁷M)可忽略不計】

$$CH_3COOH \rightleftharpoons CH_3COO^- + H^+$$

初始：　　0.010　　　　　　0　　　　0

平衡：　0.010－X　　　　　X　　　　X

代入Kₐ = [CH₃COO⁻][H⁺] / [CH₃COOH] = 1.8×10⁻⁵

(X)×(X) / (0.010－X) = 1.8×10⁻⁵

整理之，得：X² + 1.81×10⁻⁵X － 1.8×10⁻⁷ = 0

X = 4.15×10⁻⁴(M)　【註：ax² + bx + c = 0；解 $x = \dfrac{-b + \sqrt{b^2 - 4ac}}{2a}$ 】

得[CH₃COO⁻] = [H⁺] = 4.15×10⁻⁴(M)

[CH₃COOH] = 0.010－X = 0.010－(4.15×10⁻⁴) = 0.00959(M)

(2)0.010M CH₃COOH水溶液之解離度α(%)為？

解：解離度α(%) =（電解質所解離之容積莫耳濃度 / 電解質解離前之總容積莫耳濃度）×100%

= (4.15×10⁻⁴/0.010)×100%

= 4.15%

(3) 0.010M CH₃COOH水溶液之pH為？

解：pH = －log[H⁺] = －log(4.15×10⁻⁴) = 3.38

　　化學家已分析並計算出多數酸溶於水時之酸解離常數 Kₐ，表 1 僅列出某些酸於水溶液中之酸解離常數 Kₐ 值。【註 5：多數酸溶於水時之酸解離常數 Kₐ 可於化學書籍查得。】

表 1：某些酸於水溶液中之酸解（游）離常數 K_a 值

酸種類	解離方程式	酸解離常數 K_a (25℃)	酸種類	解離方程式	酸解離常數 K_a (25℃)
過氯酸	$HClO_4 \rightarrow H^+ + ClO_4^-$	極大	甲酸	$HCOOH \rightleftharpoons H^+ + HCOO^-$	1.8×10^{-4}
氫氯酸	$HCl \rightarrow H^+ + Cl^-$	極大	乙酸（醋酸）	$CH_3COOH \rightleftharpoons H^+ + CH_3COO^-$	1.8×10^{-5}
硝酸	$HNO_3 \rightarrow H^+ + NO_3^-$	極大	碳酸	$H_2CO_3 \rightleftharpoons H^+ + HCO_3^-$ $HCO_3^- \rightleftharpoons H^+ + CO_3^{2-}$	4.3×10^{-7} 5.6×10^{-11}
硫酸	$H_2SO_4 \rightarrow H^+ + HSO_4^-$ $HSO_4^- \rightleftharpoons H^+ + SO_4^{2-}$	極大 1.2×10^{-2}	氫硫酸	$H_2S \rightleftharpoons H^+ + HS^-$ $HS^- \rightleftharpoons H^+ + S^{2-}$	9.1×10^{-8} 1.0×10^{-14}
亞硫酸	$H_2SO_3 \rightleftharpoons H^+ + HSO_3^-$ $HSO_3^- \rightleftharpoons H^+ + SO_3^{2-}$	1.3×10^{-2} 6.3×10^{-5}	苯甲酸	$C_6H_5COOH \rightleftharpoons H^+ + C_6H_5COO^-$	6.14×10^{-8}
草酸	$H_2C_2O_4 \rightleftharpoons H^+ + HC_2O_4^-$ $HC_2O_4^- \rightleftharpoons H^+ + C_2O_4^{2-}$	5.36×10^{-2} 5.42×10^{-6}	次氯酸	$HClO \rightleftharpoons H^+ + ClO^-$	3.0×10^{-8}
亞氯酸	$HClO_2 \rightleftharpoons H^+ + ClO_2^-$	1.1×10^{-2}	氫氰酸	$HCN \rightleftharpoons H^+ + CN^-$	6.2×10^{-10}
磷酸	$H_3PO_4 \rightleftharpoons H^+ + H_2PO_4^-$ $H_2PO_4^- \rightleftharpoons H^+ + HPO_4^{2-}$ $HPO_4^{-2} \rightleftharpoons H^+ + PO_4^{3-}$	7.5×10^{-3} 6.2×10^{-3} 4.4×10^{-13}	酚（石碳酸）	$C_6H_5OH \rightleftharpoons H^+ + C_6H_5O^-$	1.0×10^{-10}
氫氟酸	$HF \rightleftharpoons H^+ + F^-$	6.6×10^{-4}			

【註6】

(1) $HA_{(aq)} + H_2O_{(l)} \rightleftharpoons A^-_{(aq)} + H_3O^+_{(aq)}$ 或 $HA_{(aq)} \rightleftharpoons A^-_{(aq)} + H^+_{(aq)}$

　　酸解離常數 $K_a = [A^-][H_3O^+] / [HA] = [A^-][H^+]/[HA]$

(2) 酸解離常數：

　　$K_a > 1 \times 10^3$ 為很強之酸；$1 \times 10^3 > K_a > 1 \times 10^{-2}$ 為強酸；$1 \times 10^{-2} > K_a > 1 \times 10^{-7}$ 為弱酸；$K_a < 1 \times 10^{-7}$ 為很弱之酸。

三、器材與藥品

1.氫氧化鈉（NaOH）	4.濃醋酸（約17.4M）	7.刻度吸管	10.酚酞指示劑
2.1000cc、100cc燒杯	5.250cc定量瓶	8. pH計（或廣用試紙）	11.50cc定量瓶
3.錶玻璃	6.滴定管	9.錐形瓶	12.50cc量筒

13.配製0.10N氫氧化鈉（NaOH）（標準）溶液1000cc：取約1100cc試劑水，入燒杯將其煮沸（驅二氧化碳）後，覆蓋錶玻璃，冷卻至室溫；取1000cc定量瓶，內裝約600～800cc冷卻後之試劑水；精秤4.000g之NaOH（假設其純度為100%；動作應稍快，減少其潮解），傾入定量瓶中，搖盪攪拌使溶解後，再加入試劑水至標線，搖勻之。（亦可以磁攪拌器使攪拌溶解）

【註7】氫氧化鈉（NaOH）莫耳質量 = 22.99 + 16.00 + 1.008 = 39.998(g/mole)

氫氧化鈉（標準）溶液之當量濃度(N) = [(4.00×100%)/(39.998/1)]/(1000/1000) = 0.10（N或eq/L）

氫氧化鈉（NaOH）之真實純度當非100%，仍須標定（請參閱標準酸鹼溶液之配製及標定）。

14.配製約0.10N（或0.10M）醋酸（CH₃COOH）溶液1000cc：取1000cc定量瓶，內裝約700～800cc試劑水；以刻度吸管取5.75cc濃醋酸（約17.4M，99%以上），緩慢加入定量瓶中，搖勻之；再加入試劑水至刻度，搖勻之。【此濃度尚未標定】

【註8】實驗室之濃醋酸之重量百分率約99.5%、密度約1.05(g/cc)；CH_3COOH莫耳質量 = 12.01 × 2 + 1.008 × 4 + 16.00 × 2 = 60.052(g/mole)；故濃醋酸之容積莫耳濃度 = (1000×1.05×0.995/60.052)/(1000/1000)≒17.4(M) = 17.4(N)；設取濃醋酸體積為Vcc，則17.4×(V/1000) = 0.10×(1000/1000)，V≒5.75(cc)。CH_3COOH為單質子酸，故其容積莫耳濃度數值＝當量濃度數值。

四、實驗步驟與結果

(一)測定（約0.10N）醋酸（CH_3COOH）溶液之真實當量濃度

1. 以量筒精取 25.0cc（約 0.10N）醋酸溶液入錐形瓶中，加入 2 滴酚酞指示劑（無色）。
2. 取裝有 0.10N 氫氧化鈉（NaOH）溶液之滴定管，記錄其刻度 V_0(cc)；以其滴定錐形瓶中之醋酸溶液，滴定至粉紅色為終點，記錄滴定管刻度 V_1(cc)。
3. 達滴定終點，計算使用氫氧化鈉溶液體積 = $V_1 - V_0$(cc)，記錄之。
4. 計算醋酸溶液之真實當量濃度 Na(N)。
5. 實驗結果記錄與計算

項　目	第1次	第2次
A.（標準）氫氧化鈉溶液之當量濃度N_b（N或eq/L）		
B.醋酸溶液體積V_a（cc）	25.0	25.0
C.滴定前，滴定管中氫氧化鈉溶液之刻度V_0 (cc)		
D.滴定後，滴定管中氫氧化鈉溶液之刻度V_1 (cc)		
E.滴定使用氫氧化鈉溶液體積 $V_b = (V_1 - V_0)$ (cc)　【D-C】		
F.計算醋酸溶液之真實當量濃度N_a（N或eq/L）　【註9】		
G.醋酸溶液之平均真實當量濃度$N_{a(ave)}$（N或eq/L）		

【註 9】 達滴定終點時：酸之當量數 = 鹼之當量數 = $N_a \times V_a = N_b \times V_b$

　　　　$N_a \times (25.0/1000) = 0.100 \times (V_1 - V_0)/1000$

(二)配製不同濃度之醋酸溶液

1. 取 50cc 定量瓶（或 50cc 量筒）4 支（編號：A、B、C、D），以刻度吸管分別加入 50.0、25.0、5.0、2.5cc[步驟 (一) 經測定濃度] 之醋酸溶液；再以試劑水稀釋至刻度（50cc）。
2. 將稀釋後之醋酸溶液，分別置於 4 個 50 或 100cc 燒杯中（編號：A、B、C、D）。【留步驟 (三) 測其 pH 值】
3. 計算經稀釋後，編號：A、B、C、D 之醋酸溶液濃度，如下表。

稀釋前醋酸溶液濃度（M或N）			
項　目	稀釋前醋酸溶液體積（cc）	稀釋後醋酸溶液體積（cc）	稀釋後醋酸溶液濃度C(M)
A. 試樣 A	50.0	50.0（1 倍）	
B. 試樣 B	25.0	50.0（2 倍）	
C. 試樣 C	5.00	50.0（10 倍）	
D. 試樣 D	2.50	50.0（20 倍）	

【註 10】 醋酸（CH_3COOH）為單質子酸，故其當量濃度數值 = 容積莫耳濃度數值。

(三)測定各稀釋後醋酸溶液之pH值、計算醋酸之解離常數K_a

1. 將前 4 個試樣（編號：A、B、C、D）之醋酸溶液，分別置於 4 個 50 或 100cc 燒杯中。
2. 以 pH 計（或廣用試紙）分別測定其 pH 值，記錄之。
3. 計算各試樣之解離常數 K_a 及解離度 α，如下表：

項　目	醋酸初始濃度C(M)	pH	$[H^+]$ = 10^{-pH}(M)	$[H^+]^2$	解離度α = $[H^+]/C$	$C(1-α)$	解離常數K_a = $[H^+]^2/C(1-α)$	
							計算值	平均值
A. 試樣 A								
B. 試樣 B								
C. 試樣 C								
D. 試樣 D								
查表1.所得醋酸之解離常數K_a = _____。								

【註 11】醋酸之解離方程式可寫成：$CH_3COOH \rightleftharpoons CH_3COO^- + H^+$

解離常數 $K_a = [CH_3COO^-][H^+]/[CH_3COOH] = [H^+]^2/C(1-α) \fallingdotseq [H^+]^2/C$

五、心得與討論：

_____

_____

_____

_____

_____

_____

_____

_____

_____

_____

_____

_____

_____

_____

_____

_____

_____

_____

_____

實驗 17：化學沉降 — 碳酸鈣、氫氧化鈣之溶解度積常數

一、目的

（一）了解離子化合物（電解質）之「溶解」與「沉澱」之特性。
（二）了解溶解度積常數（K_{sp}）之定義。
（三）學習溶解度積常數（K_{sp}）之相關計算。

二、相關知識

(一)離子化合物（電解質）於水中之溶解與沉澱（化學沉降）

固態物質於水中，「溶解度」雖有大小的差異，但若添加「過量」之固態物質於水中，達到當時水環境所能允許之「飽和溶解量（濃度）」時，則此固態物質於水中之溶解量將不會再增加，當其量超過最大溶解量時，將會以沉澱固體物型態存於水中。

離子化合物（電解質）溶於水中會解離出陰離子、陽離子；惟不同之離子化合物於水中溶解度大小各有不同，且差異極大，或「可溶」－表示於水中之溶解度頗大；或「適度可溶」－表示於水中之溶解度較小，但仍視為可溶；或「不可溶」－表示於水中之溶解度非常小，於水溶液中很容易產生沉澱物。

經驗上，許多離子化合物於水中之溶解度大小已被歸納出一些規則，如表 1 所示。

表 1：常見離子化合物於水中溶解度之規則（定性描述）

	化合物含有下列離子時，多數可溶於水	例外說明
1	Li^+、Na^+、K^+、NH_4^+	沒有例外
2	NO_3^-、$CHCOO^-$、ClO_3^-、ClO_4^-	沒有例外（但醋酸銀 CH_3COOAg 為適度可溶、醋酸鉻 $(CH_3COO)_3Cr$ 難溶）
3	Cl^-、Br^-、I^-	與 Ag^+、Cu^+、Hg_2^{2+}、Pb^{2+} 配對之化合物為不可溶
4	SO_4^{2-}	與 Sr^{2+}、Ba^{2+}、Pb^{2+}、Hg_2^{2+} 配對之化合物為不可溶（但硫酸鈣、硫酸銀為適度可溶）
	化合物含有下列離子時，多數不可溶於水	例外說明
1	OH^-、S^{2-}	與 Li^+、Na^+、K^+、NH_4^+ 配對之化合物為可溶
2	OH^-	與 Ca^{2+}、Sr^{2+}、Ba^{2+} 配對之化合物為適度可溶
3	S^{2-}	與 Ca^{2+}、Sr^{2+}、Ba^{2+} 配對之化合物為可溶
4	CO_3^{2-}、SO_3^{2-}、PO_4^{3-}	與 Li^+、Na^+、K^+、NH_4^+ 配對之化合物為可溶

【註1】「可溶」：表示於水中之溶解度頗大。「適度可溶」：表示於水中之溶解度較小，但仍視為可溶。「不可溶」：表示於水中之溶解度非常小，於水溶液中很容易產生沉降（澱）物。【此表僅為溶解度大小約略之估計，無法定量；定量請參閱溶解度積常數 K_{sp}。】

運用表1，可預測兩溶液混合後，是否會有沉澱之化學反應發生？

例1：$Pb(NO_3)_{2(aq)} + KI_{(aq)} \rightarrow$ 是否會有沉澱之化學反應發生？

解：可將反應物寫成離子形式，如下：

$Pb^{2+}_{(aq)} + 2NO_3^-{}_{(aq)} + K^+_{(aq)} + I^-_{(aq)} \rightarrow$

再將這些陰、陽離子組合，視其形成之化合物會否產生沉澱？

查表1可發現碘化鉛（PbI_2）為唯一會沉澱之產物，而硝酸鉀（KNO_3）為可溶的，故

$Pb^{2+}_{(aq)} + 2NO_3^-{}_{(aq)} + 2K^+_{(aq)} + 2I^-_{(aq)} \rightarrow \mathbf{PbI_{2(s)}} \downarrow + 2K^+_{(aq)} + 2NO_3^-{}_{(aq)}$

上式可寫成淨離子方程式

$Pb^{2+}_{(aq)} + 2I^-_{(aq)} \rightarrow \mathbf{PbI_{2(s)}} \downarrow$

例2：若將含下表之陰離子、陽離子溶液混合時，預測是否發生沉澱反應？沉澱物顏色各為？

離子	Ag^+	Ba^{2+}	Zn^{2+}
$Cl-$	(1)	(2)	(3)
CrO_4^{2-}	(4)	(5)	(6)

解：(1)為氯化銀（$AgCl$）白色沉澱；(2)為氯化鋇（$BaCl_2$）可溶於水；(3)為氯化鋅（$ZnCl_2$）可溶於水；(4)為鉻酸銀（Ag_2CrO_4）磚紅色沉澱；(5)為鉻酸鋇（$BaCrO_4$）黃色沉澱；(6)為鉻酸鋅（$ZnCrO_4$）可溶於水。

表1中，離子化合物之「不可溶」，表示於水中之「溶解度非常小」，但仍有其「非常小之溶解度（濃度）」或很容易產生「沉澱物」。環境污染領域，於「水」中，「環保法規」對某些陰、陽離子濃度有其允許濃度（最大限值）之規定，大多皆屬濃度甚微小者，僅列舉數例如表2所示；而離子化合物以「沉澱物」存在，若含有重金屬，於水處理則會生成「含重金屬之污泥」，其於廢棄物處理則會成為「有害廢棄物」。

須注意者：運用「化學沉降反應」處理含（溶解）重金屬離子之水，雖可降低水中（溶解）之重金屬離子濃度，但亦生成含重金屬之沉澱物，此即「含重金屬之污泥」，另衍生為「廢棄物」清理之問題。

【註2】重金屬：比重接近或高於5.0的金屬〔如鉛（Pb）、鉻（Cr）、鎘（Cd）、鐵（Fe）、銅（Cu）、汞（Hg）、銀（Ag）、錳（Mn）、鎳（Ni）、鋅（Zn）、鈷（Co）、錫（Sn）等〕或類金屬元素（砷As），其對生物有明顯毒性。此類物質於水中或為溶解態離子或為固態沉澱物。例如：重金屬鉛（Pb），溶解態為鉛離子（Pb^{+2}），固態沉澱物或為氯化鉛（$PbCl_2$）、溴化鉛（$PbBr_2$）、碘化鉛（PbI_2）、碳酸鉛（$PbCO_3$）、草酸鉛（PbC_2O_4）、鉻酸鉛（$PbCrO_4$）、硫酸鉛（$PbSO_4$）、磷酸鉛〔$Pb_3(PO_4)_2$〕、氫氧化鉛〔$Pb(OH)_2$〕、硫化鉛（PbS）等。

表 2：環保法規，對「水」中某些陰、陽離子之允許濃度（最大限值）

項目	飲用水水質標準	污水經處理後注入地下水體水質標準	海洋放流管線放流水標準	放流水標準
鉛（Pb）	0.01	0.05	5.0	1.0
鉻（總鉻）（Cr）	0.05	0.05	2.0	2.0
鎘（Cd）	0.005	0.005	0.5	0.03
鐵（Fe）	0.3	0.3	—	10（溶解性）
銅（Cu）	1.0	1.0	2.0	3.0
總硬度（以$CaCO_3$計）	300	—	—	—
氟鹽（F^-）	0.8	0.8	—	15
硫酸鹽（SO_4^{-2}）	250	250	—	—
硫化物（S^{-2}）	—	—	—	1.0
氯鹽（Cl^-）	250	250	—	—

【註 3】皆為「最大限值」，單位：mg/L。

(二)溶解度積常數（K_{sp}）

低溶解度或不可溶之離子化合物溶於水時，可利用「溶解度積常數：K_{sp}」來評估其在水溶液中之溶解量（濃度）及是否會形成沉澱？

定溫時，固體離子化合物於水中皆有不同程度之溶解度，如氯化銀（AgCl）於水中溶解度很小：當其溶於水中，形成飽和溶液達平衡時，平衡式如下：

$$AgCl_{(s)} \rightleftharpoons Ag^+_{(aq)} + Cl^-_{(aq)}$$

因 $AgCl_{(s)}$ 是固體，此溶解度平衡為非均勻平衡，平衡常數 K 為

$$K = [Ag^+][Cl^-]/[AgCl_{(s)}]$$

因 $[AgCl_{(s)}]$ 為一定值，故可將 $K \times [AgCl_{(s)}]$ 合併為一常數，稱為 K_{sp}；即

$$K \times [AgCl_{(s)}] = [Ag^+][Cl^-] = K_{sp} = 1.8 \times 10^{-10}$$

K_{sp} 稱為溶解度積常數（簡稱溶度積），sp 為 solubility product（溶解度乘積）。

對一般低溶解度離子化合物於水中，當固液共存且達最大溶解度時，形成一飽和溶液；其未溶解之過量固體（A_mB_n）與溶於水中之離子（A^{n+}、B^{m-}）間建立一平衡關係，如下：

$$A_mB_{n(s)} \rightleftharpoons mA^{n+}_{(aq)} + nB^{m-}_{(aq)}$$
$$K_{sp} = [A^{n+}]^m[B^{m-}]^n$$

式中 K_{sp} 為溶解度積常數（不寫單位）；$[A^{n+}]$、$[B^{m-}]$ 分別為 A^{n+}、B^{m-} 之容積莫耳濃度，單位為：mole/L。

　　化學家已分析、計算出一系列低溶解度離子化合物之溶解度積常數，表 3 列出某些低溶解度離子化合物之 K_{sp}（25℃）。多數離子化合物之 K_{sp} 可於化學書籍查得。

表 3：某些低溶解度離子化合物之 K_{sp}（25℃）

離子化合物	化學式	K_{sp}(25℃)	離子化合物	化學式	K_{sp}(25℃)	離子化合物	化學式	K_{sp}(25℃)
碳酸鎂	$MgCO_3$	1.0×10^{-5}	氫氧化鋇	$Ba(OH)_2$	1.3×10^{-2}	硫酸鈣	$CaSO_4$	2.5×10^{-5}
碳酸鎳	$NiCO_3$	1.3×10^{-7}	氫氧化鍶	$Sr(OH)_2$	6.4×10^{-3}	硫酸銀	Ag_2SO_4	1.5×10^{-5}
碳酸鈣	$CaCO_3$	3.8×10^{-9}	氫氧化鈣	$Ca(OH)_2$	4.0×10^{-5}	硫酸亞汞	Hg_2SO_4	6.8×10^{-7}
碳酸鋇	$BaCO_3$	2.0×10^{-9}	氫氧化鎂	$Mg(OH)_2$	7.1×10^{-12}	硫酸鍶	$SrSO_4$	3.5×10^{-7}
碳酸鍶	$SrCO_3$	5.2×10^{-10}	氫氧化鈹	$Be(OH)_2$	4.0×10^{-13}	硫酸鉛	$PbSO_4$	2.2×10^{-8}
碳酸錳	$MnCO_3$	5.0×10^{-10}	氫氧化鋅	$Zn(OH)_2$	3.3×10^{-13}	硫酸鋇	$BaSO_4$	1.7×10^{-10}
碳酸銅	$CuCO_3$	2.3×10^{-10}	氫氧化錳	$Mn(OH)_2$	2.0×10^{-13}	硫化錳	MnS	2.3×10^{-13}
碳酸亞鈷	$CoCO_3$	1.0×10^{-10}	氫氧化鎘	$Cd(OH)_2$	8.1×10^{-15}	硫化亞鐵	FeS	4.2×10^{-17}
碳酸亞鐵	$FeCO_3$	2.1×10^{-11}	氫氧化鉛	$Pb(OH)_2$	1.2×10^{-15}	硫化鎳	NiS	3.0×10^{-19}
碳酸鋅	$ZnCO_3$	1.7×10^{-11}	氫氧化亞鐵	$Fe(OH)_2$	8.0×10^{-16}	硫化鋅	ZnS	2.0×10^{-24}
碳酸銀	$AgCO_3$	8.1×10^{-12}	氫氧化鎳	$Ni(OH)_2$	3.0×10^{-16}	硫化亞鈷	CoS	2.0×10^{-25}
碳酸鎘	$CdCO_3$	1.0×10^{-12}	氫氧化亞鈷	$Co(OH)_2$	2.0×10^{-16}	硫化亞錫	SnS	3.0×10^{-27}
碳酸鉛	$PbCO_3$	7.4×10^{-14}	氫氧化銅	$Cu(OH)_2$	1.3×10^{-20}	硫化鉛	PbS	1.0×10^{-28}
氯化鉛	$PbCl_2$	2.0×10^{-5}	氫氧化汞	$Hg(OH)_2$	4.0×10^{-26}	硫化鎘	CdS	2.0×10^{-28}
氯化亞銅	$CuCl$	1.2×10^{-6}	氫氧化亞錫	$Sn(OH)_2$	6.0×10^{-27}	硫化銅	CuS	6.0×10^{-34}
氯化銀	$AgCl$	1.8×10^{-10}	氫氧化鉻	$Cr(OH)_3$	6.0×10^{-31}	硫化亞銅	Cu_2S	3.0×10^{-48}
氯化亞汞	Hg_2Cl_2	1.3×10^{-18}	氫氧化鋁	$Al(OH)_3$	3.5×10^{-34}	硫化銀	Ag_2S	7.1×10^{-50}
氟化鎂	MgF_2	6.8×10^{-9}	氫氧化鐵	$Fe(OH)_3$	3.0×10^{-39}	硫化汞	HgS	4.0×10^{-53}
氟化鈣	CaF_2	2.7×10^{-11}	氫氧化錫	$Sn(OH)_4$	1.0×10^{-57}	硫化鐵	Fe_2S_3	1.0×10^{-83}

【註 4】$A_mB_{n(s)} \rightleftharpoons mA^{n+}_{(aq)} + nB^{m-}_{(aq)}$　　$K_{sp} = [A^{n+}]^m[B^{m-}]^n$

　　於水處理時，溶解度積常數計算式常被用於「估算」低溶解度鹽類物質之溶解度或濃度。

例3：25℃時，已知 $Ca(OH)_2$ 飽和溶液之 $K_{sp} = 4.0\times10^{-5}$；試求
(1)溶液中之 $[Ca^{2+}]$ 為 ？(mole/L)
解：　　　　　$Ca(OH)_{2(s)} \rightleftharpoons Ca^{2+}_{(aq)} + 2OH^-_{(aq)}$
　　平衡時：　　　　　　　　X　　　　2X
　　$K_{sp} = [Ca^{2+}][OH^-]^2 = (X)\times(2X)^2 = 4.0\times10^{-5}$
　　$4X^3 = 4.0\times10^{-5}$
　　$X = 0.0215 (M；mole/L) = [Ca^{+2}]$

（續下表）

(2)$[Ca^{2+}]$相當於？(mg/L)【原子量：Ca = 40.08】

解：$[Ca^{2+}]$ = 0.0215(mole/L) = 0.0215(mole/L)×40.08(g/mole)×1000(mg/g) = 861.7(mg/L)

(3)溶液之pH？

解：$[OH^-]$ = 2X = 2×0.0215 = 0.043 = $1.0×10^{-14}/[H^+]$

$[H^+]$ = $(1.0×10^{-14})/0.043$ = $2.33×10^{-13}$(M)

pH = $-\log[H^+]$ = $-\log[2.33×10^{-13}]$ = 12.63

例4：實驗課時，若測出$Ca(OH)_2$飽和溶液之pH = 12.50；試求

(1)溶液中之$[Ca^{2+}]$為？(mole/L)

解：　　　　　　　$Ca(OH)_{2(s)} \rightleftharpoons Ca^{2+}_{(aq)} + 2OH^-_{(aq)}$

平衡時：　　　　　　　　X　　　2X

pH = $-\log[H^+]$ = 12.50

$[H^+]$ = $10^{-12.50}$ = $3.16×10^{-13}$(M)

K_w = $[H^+][OH^-]$ = $1.0×10^{-14}$

$[OH^-]$ = $1.0×10^{-14}/[H^+]$ = $(1.0×10^{-14})/(3.16×10^{-13})$ = 0.0316(M)

∴$[Ca^{2+}]$ = $[OH^-]/2$ = 0.0316/2 = 0.0158(M；mole/L)

另解：飽和溶液之pH = 12.5，即pOH = 14－12.5 = 1.5

$[OH^-]$ = $10^{-1.5}$ = 0.0316(M)

∴$[Ca^{2+}]$ = $[OH^-]/2$ = 0.0316/2 = 0.0158(M；mole/L)

(2)溶液中之鈣離子相當於？(mg/L)【原子量：Ca = 40.08】

解：$[Ca^{2+}]$ = 0.0158(mole/L) = 0.0158(mole/L)×40.08(g/mole)×1000(mg/g) = 633.3(mg/L)

(3) $Ca(OH)_2$之K_{sp}為？

解：$Ca(OH)_2$之K_{sp} = $[Ca^{+2}][OH^-]^2$

代入K_{sp} = $[Ca^{2+}][OH^-]^2$ = $\{[OH^-]/2\}×[OH^-]^2$ = 0.0158×$(0.0316)^2$ = $1.58×10^{-5}$

與查表值：$Ca(OH)_2$飽和溶液之K_{sp} = $4.0×10^{-5}$相當接近，誤差可能由溫度、pH或是否達到飽和濃度等原因造成。

例5：25℃時，欲分析計算$Ca(OH)_2$飽和溶液之K_{sp} = ？應如何進行？

解：(1)先配製$Ca(OH)_2$飽和溶液：取定量試劑水，加入少量$Ca(OH)_2$並持續攪拌之，直至不再溶解且有沉澱物產生，即得之。

(2)列出$Ca(OH)_{2(s)}$之平衡式

$Ca(OH)_{2(s)} \rightleftharpoons Ca^{2+}_{(aq)} + 2OH^-_{(aq)}$　　　K_{sp} = $[Ca^{2+}][OH^-]^2$

(3)欲分析計算K_{sp}值，需測出飽和溶液達平衡時之$[Ca^{2+}]$及$[OH^-]$濃度。

(4)$[Ca^{2+}]$濃度測定：以重量法測定。

(5)$[OH^-]$濃度測定：以pH計測定溶液之pH值，再經計算得$[OH^-]$；或取定量體積之飽和溶液，以標準酸溶液滴定求$[OH^-]$。

(6)計算$Ca(OH)_2$飽和溶液之K_{sp}

方法(1)：只知$[Ca^{2+}]$，由平衡式得$[OH^-]$ = $2[Ca^{2+}]$，

帶入K_{sp} = $[Ca^{2+}][OH^-]^2$ = $[Ca^{2+}]×\{2[Ca^{2+}]\}^2$ = $4[Ca^{2+}]^3$

方法(2)：已知$[Ca^{2+}]$、$[OH^-]$，分別帶入K_{sp} = $[Ca^{2+}][OH^-]^2$

方法(3)：只知$[OH^-]$，由平衡式得$[Ca^{2+}]$ = $(1/2)[OH^-]$，

帶入K_{sp} = $[Ca^{2+}][OH^-]^2$ = $(1/2)[OH^-]×[OH^-]^2$ = $0.5[OH^-]^3$

(三)沉澱判斷準則

以氫氧化鈣 $Ca(OH)_2$ 之沉澱平衡爲例

$$Ca(OH)_{2(s)} \rightleftharpoons Ca^{2+}_{(aq)} + 2OH^-_{(aq)}$$

若將含有 Ca^{2+} 與 OH^- 之溶液混合,設水溶液中離子積(冪次方乘)$Q = [Ca^{2+}][OH^-]^2$;
若離子積 $Q > K_{sp}$(溶度積常數),反應向左移動直至平衡,會有 $Ca(OH)_2$ 沉澱物產生,此屬「化學沉降(chemical precipitation)」。
若離子積 $Q = K_{sp}$,溶液爲飽和。
若離子積 $Q < K_{sp}$,溶液呈未飽和,繼續溶解,無法發生沉澱反應。
故「離子化合物」之「溶解」與「沉澱」實爲一體兩面之現象,與其水環境中溶質種類、濃度相關。

　　化學工程師需了解「平衡之移動」,並能應用此種關係來處理水中的某些問題,例如:水中鈣(Ca^{2+})、鎂(Mg^{2+})硬度於鍋爐中會形成鍋垢($CaCO_3$),故鍋爐用水需去除鈣、鎂硬度;如 $Ca(OH)_2$ 飽和溶液之 pH = 12.5,其可作爲緩衝溶液;[水中氯鹽檢測方法－硝酸銀滴定法] 以銀離子(Ag^+)用於水中氯鹽(Cl^-)之檢測,於中性溶液中,以硝酸銀($AgNO_3$)溶液滴定水中的氯離子(Cl^-),形成氯化銀($AgCl_{(s)}$)沉澱,達滴定終點時,多餘的硝酸銀與指示劑鉻酸鉀(K_2CrO_4)生成紅色的鉻酸銀(Ag_2CrO_4)沈澱(達滴定終點);銀離子(Ag^+)亦爲「放流水標準」之水質項目,其限值爲 0.5mg/L;水中(溶解)之高濃度重金屬離子與其沉澱物之處理。【註 5:「化學沉降(chemical precipitation)」與「化學混凝(chemical coagulation)」皆可產生「沉澱物」,但原理機制並不相同。】

(四)選擇沉澱

　　若溶液中含有二種以上不同的離子,逐漸加入某種可生沉澱反應之試劑,則溶解度最小的化合物會先沉澱析出,而後溶解度次小的化合物會因沉澱試劑增加,終至亦沉澱析出。

例6:【已知:放流水標準中氟(F^-)之最大限值爲15mg/L】
25℃時,已知氟化鈣(CaF_2)飽和溶液之 $K_{sp} = 2.7 \times 10^{-11}$;試求
(1)CaF_2飽和溶液之溶解度爲?(mg/L)【原子量:Ca = 40.08、F = 19.00】
解:CaF_2莫耳質量 = $40.08 + 19.00 \times 2 = 78.08$(g/mole)
　　設CaF_2飽和溶液之溶解度爲W(mole/L),則
　　$CaF_{2(s)} \rightleftharpoons Ca^{2+}_{(aq)} + 2F^-_{(aq)}$
　　平衡時　　　　W　　　2W
　　$K_{sp} = [Ca^{2+}][F^-]^2 = (W) \times (2W)^2 = 2.7 \times 10^{-11}$
　　$4W^3 = 2.7 \times 10^{-11}$
　　$W = 1.89 \times 10^{-4}$(mole/L) = $1.89 \times 10^{-4} \times 78.08$(g/L) = 0.0148(g/L) = 14.8(mg/L)

(續下表)

(2)CaF_2飽和溶液中之Ca^{2+}、F^-各爲？(mg/L)

解：$Ca^{2+} = 1.89 \times 10^{-4}(mole/L) \times 40.08(g/mole) \times 1000(mg/g) = 7.58(mg/L)$

$F^- = (2 \times 1.89 \times 10^{-4})(mole/L) \times 19.00(g/mole) \times 1000(mg/g) = 7.18(mg/L)$

例7：【共同離子效應】

於0.01M氯化鈣（$CaCl_2$）水溶液中，氟化鈣（CaF_2）之溶解度及溶液中Ca^{2+}、F^-各爲？(mg/L)

解：氯化鈣溶解度較大，0.01M於此完全溶解，$CaCl_{2(aq)} \rightarrow Ca^{2+}_{(aq)} + 2Cl^-_{(aq)}$，故貢獻$[Ca^{2+}] = 0.01M$

設在0.01M氯化鈣（$CaCl_2$）水溶液中氟化鈣（CaF_2）之溶解度爲X(M)，則

$$CaF_{2(s)} \rightleftharpoons Ca^{2+}_{(aq)} + 2F^-_{(aq)}$$

初始：　　　　　　　0.01

新平衡：　　　0.01 + X　　2X

$K_{sp} = [Ca^{2+}][F^-]^2 = (0.01 + X) \times (2X)^2 = 2.7 \times 10^{-11}$

$X \doteqdot 2.60 \times 10^{-5}(M)$－氟化鈣$(CaF_2)$之溶解度

達新平衡時

$Ca^{2+} = (0.01 + 2.60 \times 10^{-5})(mole/L) \times 40.08(g/mole) \times 1000(mg/g) = 401.8(mg/L)$

$F^- = (2.60 \times 10^{-5})(mole/L) \times 19.00(g/mole) \times 1000(mg/g) = 0.494(mg/L)$

【註6】此爲「共同離子效應」，共同離子爲「Ca^{2+}」；溶液達新平衡時$[Ca^{2+}]$增加，$[F^-]$降低，但溶度積K_{sp}不變，即$K_{sp} = [Ca^{2+}][F^-]^2 = 2.7 \times 10^{-11}$

例8：於100.0mg/L氟化鈉（NaF）（完全溶解）水溶液中，試估算至少需加入氯化鈣（$CaCl_2$）量爲？(mg/L)，方能使溶液中氟離子（F^-）低於15.0mg/L。【原子量：Na = 22.99、Cl = 35.45】

解：(1)初始：氟化鈉NaF = 100.0mg/L = $[(100.0 \times 10^{-3}) / (22.99 + 19.00)] / 1 = 2.38 \times 10^{-3}(M)$

$NaF_{(aq)} \rightarrow Na^+_{(aq)} + F^-_{(aq)}$，$[Na^+] = 2.38 \times 10^{-3}(M)$、$[F^-] = 2.38 \times 10^{-3}(M)$

(2)新平衡時：氟離子$(F^-) = 15.0mg/L = [(15.0 \times 10^{-3})/(19.00)]/1 = 7.89 \times 10^{-4}(M)$

(3)溶液中需(沉澱)移除之氟離子$(F^-) = (2.38 \times 10^{-3}) - (7.89 \times 10^{-4}) = 1.591 \times 10^{-3}(M)$

(4)又$Ca^{2+}_{(aq)} + 2F^-_{(aq)} \rightarrow CaF_{2(s)}$

設移除$1.591 \times 10^{-3}(M)$氟離子(F^-)所需之$[Ca^{2+}] = Y(M)$，則

$1/Y = 2/(1.591 \times 10^{-3})$

$Y = 7.955 \times 10^{-4}(M)$

(5)達新平衡時溶液中$[F^-] = 7.89 \times 10^{-4}(M)$，設溶液中之$[Ca^{2+}] = Z(M)$，則

$$CaF_{2(s)} \rightleftharpoons Ca^{2+}_{(aq)} + 2F^-_{(aq)}$$

新平衡：　　　　　Z　　7.89×10^{-4}

$K_{sp} = [Ca^{2+}][F^-]^2 = (Z) \times (7.89 \times 10^{-4})^2 = 2.7 \times 10^{-11}$

$Z = 4.34 \times 10^{-5}(M)$

(6)所需加入之氯化鈣（$CaCl_2$）量 = (Y + Z)(M) = $(7.955 \times 10^{-4} + 4.34 \times 10^{-5})(M) = 8.389 \times 10^{-4}(M)$

$= 8.389 \times 10^{-4} \times (40.08 + 35.45 \times 2) \times 1000 \doteqdot 93.1(mg/L)$

至少需加入氯化鈣（$CaCl_2$）量約爲93.1(mg/L)【但會產生氟化鈣（CaF_2）沉澱物】

例9：已知平衡方程式及溶解度積常數，如下表所示：【原子量：Ca = 40.08】

	平衡方程式	溶解度積常數K_{sp} (25℃)	環境工程之重要性
1	$CaCO_{3(s)} \rightleftharpoons Ca^{2+}_{(aq)} + CO_3^{2-}_{(aq)}$	5.0×10^{-9}	去除硬度、鍋垢
2	$CaSO_{4(s)} \rightleftharpoons Ca^{2+}_{(aq)} + SO_4^{2-}_{(aq)}$	2.5×10^{-5}	排煙脫硫作用

試比較$CaCO_3$、$CaSO_4$於水中，(1)溶解度各爲？(mole/L)(2)$[Ca^{2+}]$爲？(mole/L)(3)Ca^{2+}爲？(mg/L)

(1)計算平衡時$CaCO_3$之溶解度(mole/L)、$[Ca^{2+}]$、Ca^{2+}(mg/L)各爲？

解：　　　　$CaCO_{3(s)} \rightleftharpoons Ca^{2+}_{(aq)} + CO_3^{2-}_{(aq)}$

平衡時：　　　　　　　　X　　　X

（續下表）

$K_{sp} = [Ca^{2+}][CO_3^{2-}] = (X) \times (X) = 5.0 \times 10^{-9}$

$X^2 = 5.0 \times 10^{-9}$

$X = 7.071 \times 10^{-5}$ (mole/L) = CaCO$_3$之溶解度

$[Ca^{2+}] = 7.071 \times 10^{-5}$(mole/L)

$Ca^{2+} = 7.071 \times 10^{-5}$(mole/L)$\times 40.08$(g/mole)$\times 1000$(mg/g) = 2.834(mg/L)

(2)計算平衡時CaSO$_4$之溶解度(mole/L)、[Ca^{2+}]、Ca^{2+}(mg/L)各為？

解：　　　　　　$CaSO_{4(s)} \rightleftharpoons Ca^{2+}_{(aq)} + SO_4^{2-}_{(aq)}$

平衡時：　　　　　　　　Y　　　　Y

$K_{sp} = [Ca^{2+}][SO_4^{2-}] = (Y) \times (Y) = 2.5 \times 10^{-5}$

$Y^2 = 2.5 \times 10^{-5}$

$Y = 0.005$(mole/L) = CaSO$_4$之溶解度

$[Ca^{2+}] = 0.005$(mole/L)

$Ca^{2+} = 0.005$(mole/L)$\times 40.08$(g/mole)$\times 1000$(mg/g) = 200.4(mg/L)

項　目	K_{sp}(25℃)	溶解度（M）	[Ca^{2+}](M)	Ca^{2+}(mg/L)
CaCO$_3$	5.0×10^{-9}	7.071×10^{-5}	7.071×10^{-5}	2.834
CaSO$_4$	2.5×10^{-5}	5.0×10^{-3}	5.0×10^{-3}	200.4

例10：已知平衡方程式及溶解度積常數，如下表所示：【原子量：Cu = 63.55】

	平衡方程式	溶解度積常數K_{sp} (25℃)	環境工程之重要性
1	$Cu(OH)_{2(s)} \rightleftharpoons Cu^{2+}_{(aq)} + 2OH^-_{(aq)}$	2.0×10^{-19}	去除重金屬；放流水標準中銅之最大限值為3.0mg/L
2	$CuS_{(s)} \rightleftharpoons Cu^{2+}_{(aq)} + S^{2-}_{(aq)}$	1.0×10^{-36}	

試比較Cu(OH)$_2$、CuS於水中之(1)溶解度各為？(mole/L)(2)[Cu^{2+}]為？(mole/L)(3)Cu^{2+}為？(mg/L)

(1)計算平衡時Cu(OH)$_2$之溶解度、[Cu^{2+}]及Cu^{2+}之濃度各為？

解：　　　　　　$Cu(OH)_{2(s)} \rightleftharpoons Cu^{2+}_{(aq)} + 2OH^-_{(aq)}$

平衡時：　　　　　　　　X　　　　2X

$K_{sp} = [Cu^{2+}][OH^-]^2 = (X) \times (2X)^2 = 2.0 \times 10^{-19}$

$4X^3 = 2 \times 10^{-19}$

$X = 3.68 \times 10^{-7}$ (mole/L) = Cu(OH)$_2$之溶解度

$[Cu^{2+}] = 3.68 \times 10^{-7}$(mole/L)

$Cu^{2+} = 3.68 \times 10^{-7}$(mole/L)$\times 63.55$(g/mole)$\times 1000$(mg/g) = 0.0234(mg/L)

(2)計算平衡時CuS之溶解度、[Cu^{2+}]及Cu^{2+}之濃度各為？

解：　　　　　　$CuS_{(s)} \rightleftharpoons Cu^{2+}_{(aq)} + S^{2-}_{(aq)}$

平衡時：　　　　　　　　Y　　　　Y

$K_{sp} = [Cu^{2+}][S^{2-}] = (Y) \times (Y) = 1.0 \times 10^{-36}$

$Y^2 = 1.0 \times 10^{-36}$

$Y = 1.0 \times 10^{-18}$(mole/L) = CuS之溶解度

$[Cu^{2+}] = 1.0 \times 10^{-18}$(mole/L)

$Cu^{2+} = 1.0 \times 10^{-18}$(mole/L)$\times 63.55$(g/mole)$\times 1000$(mg/g) = 6.355×10^{-14}(mg/L)

項　目	K_{sp} (25℃)	溶解度（M）	[Cu^{2+}](M)	Cu^{2+}(mg/L)
Cu(OH)$_2$	2.0×10^{-19}	3.68×10^{-7}	3.68×10^{-7}	0.0234
CuS	1.0×10^{-36}	1.0×10^{-18}	1.0×10^{-18}	6.355×10^{-14}

三、器材與藥品

1.500cc燒杯	7.漏斗
2.250cc燒杯	8.氫氧化鈣Ca(OH)$_2$
3.鐵架（含鐵環、陶瓷纖維網）	9.250cc錐形瓶
4.濾紙	10.塑膠滴管
5.玻棒	11.烘箱
6.碳酸鈣CaCO$_3$	12.pH計（或廣用試紙）

四、實驗步驟與結果

(一)碳酸鈣（CaCO$_3$）之溶解度積常數（假設為25℃）

1. 取 500cc 燒杯，內裝約 250cc 試劑水，加熱持續煮沸約 3～5 分鐘（驅趕水中之二氧化碳），冷卻備用。
2. 取烘乾之濾紙秤重，記錄之；再以此濾紙精秤碳酸鈣（CaCO$_3$）約 0.20g，記錄之。
3. 將碳酸鈣傾入 250cc 燒杯中（濾紙保留續用），加入冷卻後之試劑水 200.0cc，以玻棒攪拌（約 10 分鐘）使碳酸鈣溶解成飽和溶液（仍含不溶解固體物）。【此溶液固液共存】
4. 將此飽和溶液以步驟 2. 之濾紙過濾，濾液貯存於 250cc 錐形瓶中。
5. 以塑膠滴管取錐形瓶中濾液淋洗燒杯中殘留之固體物（未溶解之碳酸鈣），繼續過濾。
6. 過濾結束，將含有（未溶解）碳酸鈣之（濕）濾紙置於 103～105℃烘箱烘乾至恒重，秤重記錄之。
7. 實驗結束，廢液集中倒無機廢液桶貯存。
8. 實驗結果記錄與計算：

	項　目		結果記錄與計算
A	烘乾之濾紙重W$_0$ (g)		
B	（烘乾之濾紙＋碳酸鈣）重W$_1$ (g)		
C	碳酸鈣重＝(W$_1$－W$_0$) (g) 　　　　【B－A】		
D	100℃烘乾後之（濾紙＋濾紙上未溶解之碳酸鈣）重＝W$_2$ (g)		
E	（烘乾後）濾紙上未溶解之碳酸鈣重＝(W$_2$－W$_0$) (g) 　【D－A】		
F	溶解之碳酸鈣重＝(W$_1$－W$_2$) (g) 　　　【B－D或C－E】		
G	溶解之碳酸鈣濃度〔CaCO$_3$〕 ＝[(W$_1$－W$_2$)/100.09]/(200.0/1000) (mole/L) 　　【F／20.018】		
H	溶解之鈣離子濃度[Ca^{2+}] ＝ [CaCO$_3$] (mole/L) 　　　【H＝G】		
I	溶解之碳酸根離子濃度[CO$_3^{2-}$] ＝ [Ca^{2+}] (mole/L) 　　【I＝H】		

（續下表）

	項目		結果記錄與計算
J	寫出碳酸鈣$CaCO_3$之平衡方程式	【參見註6】	
K	寫出碳酸鈣$CaCO_3$之溶解度積常數式K_{sp}	【參見註6】	$K_{sp} =$
L	計算實驗所得$CaCO_3$之$K_{sp} = [Ca^{2+}] \times [CO_3^{2-}]$	【H×I】	
M	查表3.中$CaCO_3$之溶解度積常數K_{sp}	【參見表3】	

【註6】$CaCO_3$ 莫耳質量 = 40.08 + 12.01 + 16.00×3 = 100.09(g/mole)

$$CaCO_{3(s)} \rightleftharpoons Ca^{2+}_{(aq)} + CO_3^{2-}_{(aq)} \qquad K_{sp} = [Ca^{2+}][CO_3^{2-}] = 5.0 \times 10^{-9}$$

(二)氫氧化鈣〔$Ca(OH)_2$〕之溶解度積常數

1. 取 500cc 燒杯，內裝約 150cc 試劑水，加熱持續煮沸約 3～5 分鐘（驅趕水中之二氧化碳），冷卻備用。
2. 取烘乾之濾紙秤重，記錄之；再以此濾紙精秤氫氧化鈣〔$Ca(OH)_2$〕約 1.50g，記錄之。
3. 將氫氧化鈣傾入 250cc 燒杯中（濾紙保留續用），加入試劑水 100.0cc，以玻棒攪拌（約 10 分鐘）使氫氧化鈣溶解成飽和溶液（仍含不溶解固體物）。【此溶液固液共存】
4. 將此飽和溶液以步驟 1. 之濾紙過濾，濾液貯存於 250cc 錐形瓶中。
5. 以塑膠滴管取濾液淋洗燒杯中殘留之固體物（未溶解之氫氧化鈣），繼續過濾。
6. 過濾結束，將含有（未溶解）氫氧化鈣之（濕）濾紙置於 103～105℃烘箱烘乾至恒重，秤重記錄之。
7. 另以 pH 計（或廣用試紙）測定濾液之 pH 值，以此計算 $Ca(OH)_2$ 之 K_{sp} 值。
8. 實驗結束，廢液集中倒無機廢液桶貯存。
9. 實驗結果記錄與計算：

	項目		結果記錄與計算
A	烘乾之濾紙重W_0(g)		
B	（烘乾之濾紙 + 氫氧化鈣）重W_1(g)		
C	氫氧化鈣重 = ($W_1 - W_0$) (g)	【B－A】	
D	100℃烘乾後之（濾紙 + 濾紙上未溶解之氫氧化鈣）重 = W_2 (g)		
E	（烘乾後）濾紙上未溶解之氫氧化鈣重 = ($W_2 - W_0$) (g)	【D－A】	
F	溶解之氫氧化鈣重 = ($W_1 - W_2$) (g)	【B－D或C－E】	
G	溶解之氫氧化鈣濃度 [$Ca(OH)_2$] = [($W_1 - W_2$)/74.10]/(100.0/1000) (mole/L)	【F / 7.41】	
H	溶解之鈣離子濃度[Ca^{2+}] = [$Ca(OH)_2$] (mole/L)	【H = G】	
I	pH計（或廣用試紙）測定濾液之pH值		
J	由測定之pH值計算氫氧根離子濃度 [OH^-] = (1.0×10^{-14})/(10^{-pH})(mole/L)		
K	寫出氫氧化鈣$Ca(OH)_2$之平衡方程式	【參見註7.】	
L	寫出氫氧化鈣$Ca(OH)_2$之溶解度積常數式K_{sp}	【參見註7.】	$K_{sp} =$

（續下表）

M	查表3.中Ca(OH)$_2$之溶解度積常數K$_{sp}$	【參見表3】	
N	計算實驗所得Ca(OH)$_2$之K$_{sp}$，如下：		

方法(1)：只知[Ca^{2+}]，則[OH$^-$] = 2[Ca^{2+}] 代入K$_{sp}$ = [Ca^{2+}][OH$^-$]^2 $\qquad$ = [Ca^{2+}]×{2[Ca^{2+}]}^{2} = 4[Ca^{2+}]^3	[Ca^{2+}] = _____ M、[OH$^-$] = _____ M K$_{sp}$ = _____ _____
方法(2)：已知[Ca^{2+}]、[OH$^-$] 代入K$_{sp}$ = [Ca^{2+}][OH$^-$]^2	[Ca^{2+}] = _____ M、[OH$^-$] = _____ M K$_{sp}$ = _____
方法(3)：只知[OH$^-$]，則[Ca^{2+}] = (1/2)[OH$^-$] 代入K$_{sp}$ = [Ca^{2+}][OH$^-$]^2 $\qquad$ = (1/2)[OH$^-$]×[OH$^-$]^2 = 0.5[OH$^-$]^3	[OH$^-$] = _____ M、[Ca^{2+}] = _____ M K$_{sp}$ = _____
三種方法計算結果比較，何者K$_{sp}$較接近4.0×10^{-5}	圈選之：方法(1)、方法(2)、方法(3)

【註7】Ca(OH)$_2$ 莫耳質量 = 40.08 + (16.0 + 1.01)×2 = 74.10(g/mole)

$$Ca(OH)_{2(s)} \rightleftharpoons Ca^{2+}_{(aq)} + 2OH^-_{(aq)} \qquad K_{sp} = [Ca^{2+}][OH^-]^2 = 4.0×10^{-5}$$

五、心得與討論：

實驗 18：化學平衡之移動 — 共同離子效應

一、目的

(一) 學習使用 pH 計。

(二) 學習水溶液中共同離子效應之概念。

(三) 學習水溶液中共同離子效應之操作、計算。

(四) 學習水溶液中醋酸之游離、平衡及游離常數（K_a）之相關計算。

二、相關知識

(一)共同離子效應（Common Ion Effect）

　　水溶液中之離子濃度達平衡時，若加入含有與原平衡系統中相同離子之電解質，依勒沙特列原理，因平衡系統中某相同離子濃度增加，會導致平衡移動，將使弱酸或弱鹼之解離度變小，或使難溶性鹽類之溶解度變小，此稱爲共同離子效應。【註1：平衡系統達新平衡時，平衡常數 K、K_a、K_b、K_{sp} 不會改變】

1. 於酸性或鹼性溶液之共同離子效應

　　於酸性或鹼性溶液可產生共同離子效應例示如下：

項　目	共同離子效應例	說　明
弱酸與其弱酸鹽共存	CH_3COOH部分解離，如下： $CH_3COOH \rightleftharpoons \boxed{CH_3COO^-} + H^+$ CH_3COONa完全解離，如下： $CH_3COONa \rightarrow \boxed{CH_3COO^-} + Na^+$	$K_a = [CH_3COO^-][H^+]/[CH_3COOH] = 1.8 \times 10^{-5}$ 當原CH_3COOH溶液中加入CH_3COONa，使原平衡系中額外增加了CH_3COO^-，致反應向左邊移動達新平衡，故溶液中$[H^+]$減少，$[CH_3COO^-]$、$[CH_3COOH]$增加。
弱酸與強酸共存	CH_3COOH部分解離，如下： $CH_3COOH \rightleftharpoons CH_3COO^- + \boxed{H^+}$ HCl完全解離，如下： $HCl \rightarrow Cl^- + \boxed{H^+}$	$K_a = [CH_3COO^-][H^+]/[CH_3COOH] = 1.8 \times 10^{-5}$ 當原CH_3COOH溶液中加入HCl，使原平衡系中額外增加了H^+，致反應向左邊移動達新平衡，故溶液中$[CH_3COO^-]$減少，$[H^+]$、$[CH_3COOH]$增加。
弱鹼與其弱鹼鹽共存	NH_3部分解離，如下： $NH_3 + H_2O \rightleftharpoons \boxed{NH_4^+} + OH^-$ NH_4Cl完全解離，如下： $NH_4Cl \rightarrow \boxed{NH_4^+} + Cl^-$	$K_b = [NH_4^+][OH^-]/[NH_3] = 1.8 \times 10^{-5}$ 當原$NH_3 \cdot H_2O$溶液中加入NH_4Cl，使原平衡系中額外增加了NH_4^+，致反應向左邊移動達新平衡，故溶液中$[OH^-]$減少，$[NH_4^+]$、$[NH_3]$增加。

（續下表）

| 弱鹼與強鹼共存 | NH₃部分解離，如下：
$NH_3 + H_2O \rightleftharpoons NH_4^+ + \boxed{OH^-}$
NaOH完全解離，如下：
$NaOH \rightarrow Na^+ + \boxed{OH^-}$ | $K_b = [NH_4^+][OH^-]/[NH_3] = 1.8 \times 10^{-5}$
當原$NH_3 \cdot H_2O$溶液中加入NaOH，使原平衡系中額外增加了OH^-，致反應向左邊移動達新平衡，故溶液中$[NH_4^+]$減少，$[OH^-]$、$[NH_3]$增加。 |

【註2】「$\rightleftharpoons$」為可逆反應符號。

2. 於難溶性鹽類之共同離子效應

於難溶性鹽類溶液可產生共同離子效應例示如下：

共同離子效應例		說　明
氯化銀與氯化鈉共存	AgCl難溶，如下： $AgCl_{(s)} \rightleftharpoons Ag^+ + \boxed{Cl^-}$ NaCl完全解離，如下： $NaCl \rightarrow Na^+ + \boxed{Cl^-}$	AgCl之$K_{sp} = [Ag^+][Cl^-] = 2.8 \times 10^{-10}$ 當原AgCl溶液中加入NaCl，使平衡系中額外增加了Cl^-，致反應向左邊移動達新平衡，故溶液中$[Ag^+]$減少，$[Cl^-]$、$AgCl_{(s)}$增加。
氯化銀與硝酸銀共存	AgCl難溶，如下： $AgCl_{(s)} \rightleftharpoons \boxed{Ag^+} + Cl^-$ AgNO₃完全解離，如下： $AgNO_3 \rightarrow \boxed{Ag^+} + NO_3^-$	AgCl之$K_{sp} = [Ag^+][Cl^-] = 2.8 \times 10^{-10}$ 當原AgCl溶液中加入AgNO₃，使平衡系中額外增加了Ag^+，致反應向左邊移動達新平衡，故溶液中$[Cl^-]$減少，$[Ag^+]$、$AgCl_{(s)}$增加。
氟化鈣與氯化鈣共存	CaF₂難溶，如下： $CaF_{2(s)} \rightleftharpoons \boxed{Ca^{2+}} + 2F^-$ CaCl₂完全解離，如下： $CaCl_2 \rightarrow \boxed{Ca^{2+}} + 2Cl^-$	CaF₂之$K_{sp} = [Ca^{2+}][F^-]^2 = 1.7 \times 10^{-10}$ 當原CaF₂溶液中加入CaCl₂，使原平衡系中額外增加了Ca^{2+}，致反應向左邊移動達新平衡，故溶液中$[F^-]$減少，$[Ca^{2+}]$、$CaF_{2(s)}$增加。
氫氧化鉛與氫氧化鈉共存	Pb(OH)₂難溶，如下： $Pb(OH)_{2(s)} \rightleftharpoons Pb^{2+} + 2\boxed{OH^-}$ NaOH完全解離，如下： $NaOH \rightarrow Na^+ + \boxed{OH^-}$	Pb(OH)₂之$K_{sp} = [Pb^{2+}][OH^-]^2 = 1.2 \times 10^{-15}$ 當原Pb(OH)₂溶液中加入NaOH，使原平衡系中額外增加了OH^-，致反應向左邊移動達新平衡，故溶液中$[Pb^{2+}]$減少，$[OH^-]$、$Pb(OH)_{2(s)}$增加。

【註3】「$\rightleftharpoons$」為可逆反應符號。

水處理常利用共同離子效應來改變（增加或減少）水溶液中某些離子之濃度，但須注意，「難溶性鹽類」溶液中（溶解性）重金屬離子濃度之增減（是否符合「水質標準」？）及含重金屬沉澱物成為化學性污泥（是否成為「有害事業廢棄物」？）。

例1：醋酸（CH₃COOH）溶液平衡濃度之計算
25℃時，0.010M之CH₃COOH水溶液，已知醋酸（CH₃COOH）之解離常數$K_a \fallingdotseq 1.8 \times 10^{-5}$
(1)當達平衡時，水溶液中[CH₃COOH]、[CH₃COO⁻]、[H⁺]各為？(mole/L，M)
解：假設達平衡時，CH₃COOH解離釋出之[CH₃COO⁻] = [H⁺] = X(M)
【註：假設溶液中H⁺來源僅為CH₃COOH，由H₂O解離之H⁺(= 1.0×10^{-7}M)可忽略不計】

	$CH_3COOH \rightleftharpoons$	CH_3COO^- +	H^+
初始：	0.010	0	0
平衡：	0.010 − X	X	X

代入$K_a = [CH_3COO^-][H^+]/[CH_3COOH] = 1.8 \times 10^{-5}$

$(X) \times (X)/(0.010 - X) = 1.8 \times 10^{-5}$

整理之，得：$X^2 + 1.81 \times 10^{-5}X - 1.8 \times 10^{-7} = 0$

$X = 4.15 \times 10^{-4}(M)$ 【註：$ax^2 + bx + c = 0$；解 $x = \dfrac{-b + \sqrt{b^2 - 4ac}}{2a}$ 】

得$[CH_3COO^-] = [H^+] = 4.15 \times 10^{-4}(mole/L，M)$

$[CH_3COOH] = 0.010 - X = 0.010 - (4.15 \times 10^{-4}) = 0.00959(mole/L，M)$

(2)0.010M CH_3COOH水溶液之解離度α(%)為？

解：解離度α(%) = (電解質所解離之容積莫耳濃度/電解質解離前之總容積莫耳濃度)×100%

$\qquad = (4.15 \times 10^{-4}/0.010) \times 100\%$

$\qquad = 4.15\%$

(3)0.010M CH_3COOH水溶液之pH為？

解：$pH = -\log[H^+] = -\log(4.15 \times 10^{-4}) = 3.38$

例2：共同離子效應—弱酸與其弱酸鹽共存

25℃時，取100cc0.010M之醋酸（CH_3COOH）溶液，加入0.082g醋酸鈉（CH_3COONa），試求

【已知CH_3COOH之解離常數$K_a \fallingdotseq 1.8 \times 10^{-5}$】（加入0.082g醋酸鈉之體積可忽略不計）

(1)當達平衡時，水溶液中$[CH_3COOH]$、$[CH_3COO^-]$、$[H^+]$各為？(mole/L，M)

解：CH_3COONa莫耳質量 = $12.01 \times 2 + 1.01 \times 3 + 16.00 \times 2 + 22.99 = 82.04$(g/mole)

$\quad CH_3COONa$容積莫耳濃度 = $(0.082/82.04)/(100/1000) \fallingdotseq 0.010$(mole/L，M)

$\quad CH_3COONa$溶於水完全解離，釋出CH_3COO^-、Na^+

$\quad$設達平衡時，由CH_3COOH解離釋出之$[CH_3COO^-] = [H^+] = X$(mole/L，M)

【註4：假設溶液中H^+來源僅為CH_3COOH；由H_2O解離之$H^+(= 1.0 \times 10^{-7}M)$可忽略不計】

$\qquad\qquad CH_3COONa \rightarrow \boxed{CH_3COO^-} + Na^+$

初始： $\quad$ 0.010 $\qquad$ 0 $\qquad$ 0

解離後： $\quad$ 0 $\qquad$ 0.010 $\quad$ 0.10

$\qquad\qquad CH_3COOH \rightleftharpoons \boxed{CH_3COO^-} + H^+$

初始： $\quad$ 0.010 $\qquad$ 0 $\qquad$ 0

平衡時：0.010 − X $\qquad$ X $\qquad$ X

故達新平衡時，醋酸根離子濃度$[CH_3COO^-] = 0.010 + X(M)$、氫離子濃度$[H^+] = X(M)$、醋酸濃度

$[CH_3COOH] = 0.010 - X(M)$

代入$K_a = [CH_3COO^-][H^+]/[CH_3COOH] = 1.8 \times 10^{-5}$

$(0.010 + X) \times (X)/(0.010 - X) = 1.8 \times 10^{-5}$

整理之，得：$X^2 + 0.010018X - 1.8 \times 10^{-7} = 0$

$X \fallingdotseq 1.79 \times 10^{-5}(M)$ 【註：$ax^2 + bx + c = 0$；解 $x = \dfrac{-b + \sqrt{b^2 - 4ac}}{2a}$ 】

得$[CH_3COO^-] = 0.010 + X = 0.010 + 1.79 \times 10^{-5} \fallingdotseq 0.010(M)$

$[H^+] = X = 1.79 \times 10^{-5}(mole/L，M)$

$[CH_3COOH] = 0.010 - X = 0.010 - (1.79 \times 10^{-5}) = 0.0099821 \fallingdotseq 0.010(mole/L，M)$

(2)CH_3COOH於水溶液之解離度α(%)為？

解：解離度α(%) = (電解質所解離之容積莫耳濃度 / 電解質解離前之總容積莫耳濃度)×100%

$\qquad = (1.79 \times 10^{-5}/0.010) \times 100\%$

$\qquad = 0.179\%$

(3)水溶液之pH為？

解：$pH = -\log[H^+] = -\log(1.79 \times 10^{-5}) = 4.75$

（續下表）

例3：共同離子效應—強酸與其弱酸鹽共存

25℃時，水溶液中含0.010M之CH_3COOH及0.010M之HCl，試求

【已知CH_3COOH之解離常數$K_a \fallingdotseq 1.8 \times 10^{-5}$】

(1)當達平衡時，水溶液中$[CH_3COOH]$、$[CH_3COO^-]$、$[H^+]$各為？(mole/L，M)

解：HCl溶於水完全解離，釋出H^+、Cl^-

設達平衡時，由CH_3COOH解離釋出之$[CH_3COO^-] = [H^+] = X(M)$

【註5：假設溶液中H^+來源僅為CH_3COOH；由H_2O解離之H^+($= 1.0 \times 10^{-7}$M)可忽略不計】

$$HCl \rightarrow Cl^- + \boxed{H^+}$$

初始：　　0.010　　0　　　0

解離後：　0　　　0.010　0.010

$$CH_3COOH \rightleftharpoons CH_3COO^- + \boxed{H^+}$$

初始：　　　0.010　　　　　0　　　　0

平衡時：0.010 − X　　　　X　　　　X

故達新平衡時，醋酸根離子濃度$[CH_3COO^-] = X(M)$、氫離子濃度$[H^+] = 0.010 + X(M)$、醋酸濃度$[CH_3COOH] = 0.010 - X(M)$

代入$Ka = [CH_3COO^-][H^+]/[CH_3COOH] = 1.8 \times 10^{-5}$

$(X) \times (0.010 + X)/(0.010 - X) = 1.8 \times 10^{-5}$

整理之，得：$X^2 + 0.010018X - 1.8 \times 10^{-7} = 0$

$X \fallingdotseq 1.79 \times 10^{-5}$(M)　　　　【註：$ax^2 + bx + c = 0$；解$x = \dfrac{-b + \sqrt{b^2 - 4ac}}{2a}$】

得$[CH_3COO^-] = X = 1.79 \times 10^{-5}$(M)

$[H^+] = 0.010 + X = 0.010 + 1.79 \times 10^{-5} \fallingdotseq 0.010$(mole/L，M)

$[CH_3COOH] = 0.010 - X = 0.010 - (1.79 \times 10^{-5}) \fallingdotseq 0.010$(M)

(2)CH_3COOH於水溶液之解離度α(%)為？

解：解離度α(%) = (電解質所解離之容積莫耳濃度 / 電解質解離前之總容積莫耳濃度)×100%

　　　　　 = $(1.79 \times 10^{-5}/0.010) \times 100\%$

　　　　　 = 0.179%

(3)水溶液之pH為？

解：$pH = -\log[H^+] = -\log(0.010) = 2.00$

例4：難溶性鹽類—氫氧化鈣$[Ca(OH)_2]$溶液平衡濃度之計算

25℃時，已知氫氧化鈣$Ca(OH)_2$飽和溶液之$K_{sp} = 4.0 \times 10^{-5}$；試求

(1)溶液中之$[Ca^{2+}]$為？(mole/L)

解：　　　　$Ca(OH)_{2(s)} \rightleftharpoons Ca^{2+}_{(aq)} + 2OH^-_{(aq)}$

　　平衡時：　　　　　　　X　　　2X

　　$K_{sp} = [Ca^{2+}][OH^-]^2 = (X) \times (2X)^2 = 4.0 \times 10^{-5}$

　　$4X^3 = 4.0 \times 10^{-5}$

　　$X = 0.0215$(mole/L，M) $= [Ca^{+2}]$

(2)$[Ca^{2+}]$相當於？(mg/L)【原子量：Ca = 40.08】

解：$[Ca^{2+}] = 0.0215$(mole/L) $= 0.0215$(mole/L)×40.08(g/mole)×1000(mg/g) = 861.7(mg/L)

(3)溶液之pH？

解：$[OH^-] = 2X = 2 \times 0.0215 = 0.043 = 1.0 \times 10^{-14}/[H^+]$

　　$[H^+] = (1.0 \times 10^{-14})/0.043 = 2.33 \times 10^{-13}$(mole/L，M)

　　$pH = -\log[H^+] = -\log[2.33 \times 10^{-13}] = 12.63$

例5：共同離子效應：難溶性鹽類—氫氧化鈣$[Ca(OH)_2]$與氫氧化鈉（NaOH）共存

取100cc$Ca(OH)_2$飽和溶液〔將$Ca(OH)_2$固體物濾除〕，加入0.10g氫氧化鈉（NaOH）使溶解之；試求（加入0.10g氫氧化鈉之體積可忽略不計）

(1)平衡時，溶液中之$[Ca^{2+}]$為？(mole/L)

（續下表）

解：NaOH莫耳質量 = 22.99 + 16.00 + 1.01 = 40.00(g/mole)

　　溶液中NaOH容積莫耳濃度 = (0.10/40.00)/(100/1000) = 0.025(mole/L，M)

　　NaOH溶於水完全解離，釋出Na^+、OH^-，則

$$NaOH_{(aq)} \rightarrow Na^+_{(aq)} + \boxed{OH^-}_{(aq)}$$

初始：　0.025　　　0　　　　0

解離後：　0　　　0.025　　0.025

設達新平衡時，由$Ca(OH)_2$解離釋出之$[Ca^{+2}] = X(M)$、$[OH^-] = 2X(M)$，則

$$Ca(OH)_{2(s)} \rightleftharpoons Ca^{2+}_{(aq)} + 2\boxed{OH^-}_{(aq)}$$

平衡時：　　　　　　X　　　　2X

故達新平衡時，鈣離子濃度$[Ca^{2+}] = X(M)$、氫氧根離子濃度$[OH^-] = 0.025 + 2X(M)$

代入$K_{sp} = [Ca^{2+}][OH^-]^2 = (X) \times (0.025 + 2X)^2 = 4.0 \times 10^{-5}$

$4X^3 + 0.1X^2 + 0.000625X - 4.0 \times 10^{-5} = 0$

$X \fallingdotseq 0.014(mole/L) = [Ca^{2+}]$　　　【註6：以二分逼近法（試誤法）求得。】

(2)$[Ca^{2+}]$相當於？(mg/L)【原子量：Ca = 40.08】

解：$[Ca^{2+}] = 0.014(mole/L) = 0.014(mole/L) \times 40.08(g/mole) \times 1000(mg/g) = 561.1(mg/L)$

(3)平衡時，溶液之pH？

解：$[OH^-] = 0.025 + 2X = 0.025 + (2 \times 0.014) = 0.053 = 1.0 \times 10^{-14}/[H^+]$

　　$[H^+] = (1.0 \times 10^{-14})/0.053 = 1.89 \times 10^{-13}(mole/L，M)$

　　$pH = -\log[H^+] = -\log[1.89 \times 10^{-13}] = 12.72$

例6：難溶性鹽類—氫氧化鉛$[Pb(OH)_2]$溶液平衡濃度之計算

25℃時，已知氫氧化鉛$Pb(OH)_2$飽和溶液之$K_{sp} = 1.2 \times 10^{-15}$；試求

(1)溶液中之$[Pb^{2+}]$為？（mole/L）

解：　　　　$Pb(OH)_{2(s)} \rightleftharpoons Pb^{2+}_{(aq)} + 2OH^-_{(aq)}$

　　平衡時：　　　　　　　X　　　2X

　　$K_{sp} = [Pb^{2+}][OH^-]^2 = (X) \times (2X)^2 = 1.2 \times 10^{-15}$

　　$4X^3 = 1.2 \times 10^{-15}$

　　$X = 6.694 \times 10^{-6}(mole/L，M) = [Pb^{+2}]$

(2)$[Pb^{2+}]$相當於？（mg/L）【原子量：Pb = 207.2】

解：$[Pb^{2+}] = 6.694 \times 10^{-6}(mole/L) = 6.694 \times 10^{-6}(mole/L) \times 207.2(g/mole) \times 1000(mg/g) = 1.387(mg/L)$

【註7：「放流水標準」中「鉛」最大限值為1.0mg/L；「飲用水水質標準」中「鉛」最大限值為0.01mg/L。】

(3)溶液之pH？

解：$[OH^-] = 2X = 2 \times 6.694 \times 10^{-6} = 1.339 \times 10^{-5} = 1.0 \times 10^{-14}/[H^+]$

　　$[H^+] = (1.0 \times 10^{-14})/(1.339 \times 10^{-5}) = 7.47 \times 10^{-10}(mole/L，M)$

　　$pH = -\log[H^+] = -\log[7.47 \times 10^{-10}] = 9.13$

例7：共同離子效應：難溶性鹽類—氫氧化鉛$[Pb(OH)_2]$與氫氧化鈉（NaOH）共存

取1000ccPb(OH)₂飽和溶液〔將Pb(OH)₂固體物濾除〕，加入0.10g氫氧化鈉（NaOH）使溶解之；試求（加入0.10g氫氧化鈉之體積可忽略不計）

(1)平衡時，溶液中之$[Pb^{2+}]$為？(mole/L)

解：NaOH莫耳質量 = 22.99 + 16.00 + 1.01 = 40.00(g/mole)

　　溶液中NaOH容積莫耳濃度 = (0.10/40.00)/(1000/1000) = 0.0025(mole/L，M)

　　NaOH溶於水完全解離，釋出Na^+、OH^-，則

$$NaOH_{(aq)} \rightarrow Na^+_{(aq)} + \boxed{OH^-}_{(aq)}$$

初始：　0.0025　　　0　　　　0

解離後：　0　　　0.0025　　0.0025

設達新平衡時，由$Pb(OH)_2$解離釋出之$[Pb^{+2}] = X(M)$、$[OH^-] = 2X(M)$，則

（續下表）

$$Pb(OH)_{2(s)} \rightleftharpoons Pb^{2+}_{(aq)} + 2\boxed{OH^-}_{(aq)}$$

平衡時：　　　　　　　　　X　　　　2X

故達新平衡時，鉛離子濃度$[Pb^{2+}] = X(M)$、氫氧根離子濃度$[OH^-] = 0.0025 + 2X(M)$

代入$K_{sp} = [Pb^{2+}][OH^-]^2 = (X) \times (0.0025 + 2X)^2 = 1.2 \times 10^{-15}$

$4X^3 + 0.01X^2 + 6.25 \times 10^{-6}X - 1.2 \times 10^{-15} = 0$

$X \doteqdot 1.92 \times 10^{-10}(\text{mole/L}) = [Pb^{2+}]$　　　　【註8：以二分逼近法（試誤法）求得。】

(2)$[Pb^{2+}]$相當於？(mg/L)【原子量：Pb = 207.2】

解：$[Pb^{2+}] = 1.92 \times 10^{-10}(\text{mole/L}) = 1.92 \times 10^{-10}(\text{mole/L}) \times 207.2(\text{g/mole}) \times 1000(\text{mg/g}) = 3.98 \times 10^{-5}(\text{mg/L})$

【註9：「放流水標準」中「鉛」最大限值為1.0mg/L；「飲用水水質標準」中「鉛」最大限值為0.01mg/L。】

(3)平衡時，溶液之pH？

解：$[OH^-] = 0.0025 + 2X = 0.0025 + 2 \times 1.92 \times 10^{-10} = 0.0025 = 1.0 \times 10^{-14}/[H^+]$

$[H^+] = (1.0 \times 10^{-14})/0.0025 = 4.00 \times 10^{-12}(\text{mole/L，M})$

$pH = -\log[H^+] = -\log[4.00 \times 10^{-12}] = 11.40$

(二)實驗部分

本實驗分四部分，說明如下：

1. 醋酸（CH_3COOH）溶液，加入醋酸鈉（CH_3COONa）、鎂（Mg）帶

反應方程式如下：

$$CH_3COOH_{(aq)} \rightleftharpoons \boxed{CH_3COO^-}_{(aq)} + H^+_{(aq)}$$

$$CH_3COONa_{(s)} \rightarrow \boxed{CH_3COO^-}_{(aq)} + Na^+_{(aq)}$$

$$Mg_{(s)} + 2H^+_{(aq)} \rightarrow Mg^{2+}_{(aq)} + H_{2(g)} \uparrow$$

醋酸（CH_3COOH）溶液加入醋酸鈉（CH_3COONa）時，因共同離子效應，平衡向左移動，使醋酸解離度變小，故〔H^+〕變小。若於溶液中加入鎂（Mg）帶，因〔H^+〕變小，將使鎂（Mg）與酸（H^+）反應之產氫（H_2）氣速率變慢。但不論有無共同離子存在，鎂（Mg）與酸（H^+）反應之產氫氣量不會改變。【註10：鎂（Mg）與酸（H^+）反應，將使平衡向右移動。】

2. 醋酸（CH_3COOH）溶液，加入醋酸鈉（CH_3COONa）、碳酸鈣（$CaCO_3$）

反應方程式如下：

$$CH_3COOH_{(aq)} \rightleftharpoons \boxed{CH_3COO^-}_{(aq)} + H^+_{(aq)}$$

$$CH_3COONa_{(s)} \rightarrow \boxed{CH_3COO^-}_{(aq)} + Na^+_{(aq)}$$

$$CaCO_{3(s)} + 2H^+_{(aq)} \rightarrow Ca^{2+}_{(aq)} + H_2O_{(l)} + CO_{2(g)} \uparrow$$

醋酸（CH_3COOH）溶液加入醋酸鈉（CH_3COONa）時，因共同離子效應，平衡向左移動，使醋酸解離度變小，故〔H^+〕變小。若於溶液中加入碳酸鈣（$CaCO_3$），因〔H^+〕變小，將使碳酸鈣（$CaCO_3$）與酸（H^+）反應之產二氧化碳（CO_2）氣體速率變慢。但不論有無共同

離子存在，碳酸鈣（$CaCO_3$）與酸（H^+）反應最終之產 CO_2 氣體量不會改變。【註 11：碳酸鈣（$CaCO_3$）與酸（H^+）反應，將使平衡向右移動。】

3. 氨水（$NH_3 \cdot H_2O$或NH_4OH）溶液，加入氯化銨（NH_4Cl）、酚酞指示劑

反應方程式如下：

$$NH_{3(aq)} + H_2O_{(l)} \rightleftharpoons \boxed{NH_4^+}_{(aq)} + OH^-_{(aq)}$$
$$NH_4Cl_{(s)} \rightarrow \boxed{NH_4^+}_{(aq)} + Cl^-_{(aq)}$$

氨水（$NH_3 \cdot H_2O$ 或 NH_4OH）溶液呈弱鹼性，加入酚酞指示劑呈紅色；另加入氯化銨（NH_4Cl）時，因共同離子效應，平衡向左移動，使氨水解離度變小，故〔OH^-〕變更小（pH 值降低，但仍為弱鹼性），酚酞指示劑顏色將由紅色轉為無色，此亦為共同離子效應。

4. 氫氧化鈣$Ca(OH)_2$飽和溶液，加入氫氧化鈉（$NaOH$）

反應方程式如下：

$$Ca(OH)_{2(s)} \rightleftharpoons Ca^{2+}_{(aq)} + 2\boxed{OH^-}_{(aq)}$$
$$NaOH_{(aq)} \rightarrow Na^+_{(aq)} + \boxed{OH^-}_{(aq)}$$

氫氧化鈣 $Ca(OH)_2$ 飽和溶液，加入氫氧化鈉（$NaOH$）時，因共同離子效應，平衡向左移動，使產生氫氧化鈣 $Ca(OH)_2$ 固體物（白色混濁），而〔Ca^{2+}〕變小，〔OH^-〕變大（pH 值升高），此亦為共同離子效應。

三、器材與藥品

1.10cc量筒	7.碳酸鈣（$CaCO_3$）	10.300cc燒杯
2.濃醋酸（CH_3COOH，99%以上）	8.100cc量筒	14.酚酞指示劑
3.醋酸鈉（CH_3COONa）	9.氨水（$NH_3 \cdot H_2O$或NH_4OH，28%）	15.pH計
4.鎂帶	10.氯化銨（NH_4Cl）	16.氫氧化鈣$Ca(OH)_2$
5.砂紙	11.酚酞指示劑	17.氫氧化鈉（$NaOH$）
6.小氣球	12.塑膠滴管	

18.配製2M醋酸（CH_3COOH）溶液1000cc：取1000cc定量瓶，內裝約700～800cc試劑水；以刻度吸管取115.0cc濃醋酸（約17.4M，99%以上），緩慢加入定量瓶中，搖勻之；再加入試劑水至標線。

【註12】實驗室濃醋酸（CH_3COOH）之重量百分率約99.5%、密度約1.05(g/cc)；CH_3COOH莫耳質量 = 12.01×2 + 1.008×4 + 16.00×2 = 60.052(g/mole)；故濃醋酸之容積莫耳濃度 = (1000×1.05×0.995/60.052)/(1000/1000)≒17.4(M)；設取濃醋酸體積為Vcc，則17.4×(V/1000) = 2×(1000/1000)，V≒115.0(cc)。

（續下表）

19. 配製1M氨水（$NH_3 \cdot H_2O$或NH_4OH）1000cc：取1000cc定量瓶，內裝約700～800cc試劑水；以刻度吸管取68.5cc濃氨水（約14.6M，28%以上），緩慢加入定量瓶中，搖勻之；再加入試劑水至標線。

【註13】實驗室濃氨水（$NH_3 \cdot H_2O$）之重量百分率約28%、密度約0.89(g/cc)；NH_3莫耳質量 = 14.01 + 1.008×3 = 17.034(g/mole)；故濃氨水之容積莫耳濃度 = (1000×0.89×0.28/17.034)/(1000/1000)≒14.6(M)；設取濃醋酸體積為Vcc，則14.6×(V/1000) = 1×(1000/1000)，V≒68.5(cc)。

20. 配製氫氧化鈣$Ca(OH)_2$飽和溶液1000cc：秤取1.00g之$Ca(OH)_2$，置入1000cc燒杯中，傾入1000cc試劑水，以玻棒或磁攪拌器充分攪拌（約3～5分鐘）使溶解之，因$Ca(OH)_2$過量故仍有未溶解之量，靜置使沉澱後取上澄液或以濾紙過濾得濾液，即得氫氧化鈣$Ca(OH)_2$飽和溶液。

四、實驗步驟與結果

(一)醋酸（CH_3COOH）溶液，加入醋酸鈉（CH_3COONa）、鎂（Mg）帶

1. 取 10cc 量筒 2 支（編號：A、B），分別加入 3cc2M 醋酸（CH_3COOH）溶液。
2. 另秤取 1g 醋酸鈉（CH_3COONa），加入 A 量筒中攪拌溶解之。
3. 於 A、B 量筒各加入約 2 公分鎂帶。【註 14：鎂帶須先以砂紙磨掉表面氧化物或雜質。】
4. 將 A、B 量筒之開口部各綁 1 小氣球。
5. 觀察並比較 A、B 量筒之反應情形、氣球之大小，記錄之。

試藥	產生氫氣（H_2）速率快慢	氣球體積大小
A.醋酸＋鎂帶		
B.醋酸＋醋酸鈉＋鎂帶		

【註 15】產生之氫氣不得接近火（熱）源，以免引起劇烈反應，發生危險。

(二)醋酸（CH_3COOH）溶液，加入醋酸鈉（CH_3COONa）、碳酸鈣（$CaCO_3$）

1. 取 100cc 量筒 2 支（編號：A、B），分別加入 5cc2M 醋酸（CH_3COOH）溶液。
2. 另秤取 10g 醋酸鈉（CH_3COONa），加入 A 量筒中攪拌溶解之。
3. 於 A、B 量筒各加入 5g 碳酸鈣（$CaCO_3$）。
4. 觀察並比較 A、B 量筒之反應快慢、產生二氧化碳（CO_2）氣泡之高度（體積），記錄之。

試藥	產生CO_2氣體速率快慢	產生CO_2氣泡之高度（體積）（cc）
A.醋酸＋碳酸鈣		
B.醋酸＋醋酸鈉＋碳酸鈣		

(三)氨水（NH$_3$·H$_2$O或NH$_4$OH）溶液，加入氯化銨（NH$_4$Cl）、酚酞指示劑

1. 取 300cc 燒杯，加入 250cc 試劑水。
2. 再滴入 3～4 滴酚酞指示劑，記錄溶液顏色。
3. 另逐滴加入 1M 氨水（NH$_3$·H$_2$O 或 NH$_4$OH），直至溶液顏色由無色變爲粉紅色。
4. 另逐漸加入少量氯化銨（NH$_4$Cl）固體，使溶解，直至溶液顏色由粉紅色變爲無色。

試藥	溶液顏色	溶液酸鹼性
A.試劑水＋酚酞		
B.試劑水＋酚酞＋氨水		
C.試劑水＋酚酞＋氨水＋氯化銨		

【註 16】酚酞指示劑 pH：8.2～10（無色→紅色）

(四)氫氧化鈣Ca(OH)$_2$飽和溶液，加入氫氧化鈉（NaOH）

1. 取 300cc 燒杯，加入 100cc 氫氧化鈣 Ca(OH)$_2$ 飽和溶液（若含有氫氧化鈣固體物，須先過濾取濾液）。
2. 以 pH 計測定溶液 pH 值，記錄之。
3. 加入 0.10g 氫氧化鈉（NaOH），使溶解之。
4. 觀察是否產生氫氧化鈣 Ca(OH)$_2$ 固體物（白色混濁），記錄之。
5. 再以 pH 計測定溶液 pH 值，記錄之。

項　目	結果記錄
A.氫氧化鈣Ca(OH)$_2$飽和溶液pH值	
B.加入氫氧化鈉（NaOH）是否產生白色混濁？	
C.產生白色混濁爲何物質？	
D.溶液中鈣離子（Ca^{2+}）濃度增加、減少或不變？	
E.加入氫氧化鈉（NaOH）後，溶液之pH值	

6. 實驗結束，廢液送廢（污）水處理廠處理。

五、心得與討論：

實驗 19：硝酸鉀溶解度曲線繪製及其精製回收

一、目的

(一) 測定硝酸鉀於水中溫度與溶解度之關係。

(二) 繪製硝酸鉀於水中之溶解度曲線（溫度－溶解度）。

(三) 學習再結晶法精製回收硝酸鉀。

二、相關知識

　　「硝酸鉀（KNO_3）」不是有機溶劑，是為固體之離子化合物，其溶於水中能解離出陰離子（硝酸根離子，NO_3^-）、陽離子（鉀離子，K^+）而均勻擴散至水中。

　　「離子化合物」係由金屬陽離子與非金屬陰離子或帶負電荷之原子團因靜電吸引力彼此互相吸引而形成離子鍵。表 1 所列為一些常見之離子化合物。

表 1：一些常見之離子化合物

離子	Na^+ （鈉離子）	K^+ （鉀離子）	Mg^{2+} （鎂離子）	Ca^{2+} （鈣離子）	Al^{3+} （鋁離子）	Fe^{3+} （鐵離子）
F^-（氟離子）	NaF	KF	MgF_2	CaF_2	AlF_3	FeF_3
Cl^-（氯離子）	$NaCl$	KCl	$MgCl_2$	$CaCl_2$	$AlCl_3$	$FeCl_3$
OH^-（氫氧根離子）	$NaOH$	KOH	$Mg(OH)_2$	$Ca(OH)_2$	$Al(OH)_3$	$Fe(OH)_3$
NO_3^-（硝酸根離子）	$NaNO_3$	KNO_3	$Mg(NO_3)_2$	$Ca(NO_3)_2$	$Al(NO_3)_3$	$Fe(NO_3)_3$
SO_4^{2-}（硫酸根離子）	Na_2SO_4	K_2SO_4	$MgSO_4$	$CaSO_4$	$Al_2(SO_4)_3$	$Fe_2(SO_4)_3$
CO_3^{2-}（碳酸根離子）	Na_2CO_3	K_2CO_3	$MgCO_3$	$CaCO_3$	$Al_2(CO_3)_3$	$Fe_2(CO_3)_3$
O^{2-}（氧離子）	Na_2O	K_2O	MgO	CaO	Al_2O_3	Fe_2O_3
S^{2-}（硫離子）	Na_2S	K_2S	MgS	CaS	Al_2S_3	Fe_2S_3

　　本實驗所稱「溶解（dissolution）」係指：固體之離子化合物溶於水中，解離為陰離子、陽離子而均勻擴散至水中。「溶解度（solubility）」係指定溫時，定量水所能溶解固體離子化合物之最大量（克）；此時溶液為「飽和溶液」。離子化合物於水中之溶解度不以「極性」、「非極性」觀之。

　　「溶解度」常用的表示法 (1) 每 100g 溶劑所能溶解溶質之最大克數，單位：g 溶質/100g 水於某溫度。例如：20℃、100g 水，最多可溶解 35.9g 的 NaCl，單位可寫成：35.9g NaCl/100g H_2O（20℃）；(2) 重量莫耳濃度（m）：每公斤溶劑所含溶質之莫耳數，單位：mole 溶質 /kg 水；(3) 體積莫耳濃度（M）：每 1 公升溶液所含溶質之莫耳數，單位：mole/L。

依濃度大小，有將溶解度分爲三類者：(1) 可溶（soluble）：溶解度大於 10^{-1}M(2) 微溶（slightly soluble）：溶解度介於 10^{-1}～10^{-4}M(3) 難溶（hardly soluble）：溶解度小於 10^{-4}M。【註 1】於水處理中，水中物質之含量多寡、物質溶於水中之濃度表示，常以質量體積濃度（mg/L）表示。

經驗上，許多離子化合物（電解質）於水中之溶解度已被歸納出一些規則，如表 2 所示。

表 2：常見離子化合物（電解質）於水中溶解度之規則

化合物含有下列離子時，多數可溶於水		例外說明
1	Li^+、Na^+、K^+、NH_4^+	沒有例外
2	NO_3^-、$CHCOO^-$、ClO_3^-、ClO_4^-	沒有例外（但醋酸銀CH_3COOAg爲適度可溶、醋酸鉻$(CH_3COO)_3Cr$難溶）
3	Cl^-、Br^-、I^-	與Ag^+、Cu^+、Hg_2^{2+}、Pb^{2+}配對之化合物爲不可溶
4	SO_4^{2-}	與Sr^{2+}、Ba^{2+}、Pb^{2+}、Hg_2^{2+}配對之化合物爲不可溶（但硫酸鈣、硫酸銀爲適度可溶）
化合物含有下列離子時，多數不可溶於水		例外說明
1	OH^-、S^{2-}	與Li^+、Na^+、K^+、NH_4^+配對之化合物爲可溶
2	OH^-	與Ca^{2+}、Sr^{2+}、Ba^{2+}配對之化合物爲適度可溶
3	S^{2-}	與Ca^{2+}、Sr^{2+}、Ba^{2+}配對之化合物爲可溶
4	CO_3^{2-}、SO_3^{2-}、PO_4^{3-}	與Li^+、Na^+、K^+、NH_4^+配對之化合物爲可溶

【註2】「可溶」：表示於水中之溶解度頗大。「適度可溶」：表示於水中之溶解度較小，但仍視爲可溶。「不可溶」：表示於水中之溶解度非常小，於水溶液中很容易產生沉降（澱）物。【此表僅爲溶解度大小約略之估計，無法定量；定量請參閱溶解度積常數K_{SP}。】

「溫度」爲影響離子化合物於水中溶解度之重要因子：固體物溶於水中，若爲吸熱者，則溫度升高溶解度會增加，例如：氯化鈉（NaCl）、硝酸鉀（KNO_3）等；若爲放熱者，則溫度升高溶解度會降低，例如：硫酸鈉（Na_2SO_4）、硫酸鈰〔$Ce_2(SO_4)_3 \cdot 2H_2O$〕等。固體物於水中溶解度隨溫度不同而改變，故表示溶解度時需標示溫度，例如：20℃、100g 水，最多可溶解 35.9g 的 NaCl，單位可寫成：35.9g NaCl/100g H_2O（20℃）。

吾人可經由實驗，得到各種不同溶質於不同溫度時，於水中之溶解度，並繪出「溫度－溶解度曲線」圖。此圖可經由內插，推估該溶質於某溫度時，於水中之溶解度；亦可應用各種鹽類之「溫度－溶解度曲線」之相互關係，藉「再結晶法」分離某些鹽類。

「結晶法」過程爲：「含某固體物之飽和水溶液→加熱（使溶解度增加，某固體物完全溶解）→過濾（濾除雜質或其他固體物）→冷卻濾液（使溶解度降低，但某固體物仍完全溶解）→過飽和水溶液→持續冷卻或投入晶種，使析出結晶→飽和水溶液（含析出之某固體物晶體）→過濾→濾紙（含晶體）烘乾→回收精製純化之晶體」。例如：以「再結晶法」，可將蔗糖之「過飽和溶液」製作高純度的冰糖。

本實驗以結晶法測定硝酸鉀（KNO_3）於水中溫度與溶解度之關係，繪製溫度－溶解度曲線；利用再結晶法精製回收硝酸鉀。

三、器材與藥品

1.試管	7.濾紙
2.硝酸鉀（KNO₃）	8.塑膠滴管
3.鐵架（鐵環、陶瓷纖維網、三叉夾）	9.燒杯（500或1000cc）
4.溫度計	10.減壓抽氣過濾裝置
5.玻棒	11.烘箱
6.漏斗	

四、實驗步驟與結果

(一)測定硝酸鉀（KNO_3）於水中溫度（T）與溶解度（S）之關係

1. 取試管 1 支，加入 8.0g 硝酸鉀（KNO_3）固體，再加入 5.0cc 水。【註 3：忽略溫度差異，視水密度爲 1.0g/cc】

2. 架鐵架（鐵環、陶瓷纖維網、三叉夾），取 500（或 1000）cc 燒杯，置入適量（約半滿）冷水，將 1. 之試管放入燒杯中（試管液面略低於燒杯液面），隔水加熱（熱水浴應避免超過 80℃），以玻棒緩緩攪拌溶液，直至所有固體完全溶解，停止加熱。【註 4：過程應盡量避免水分蒸發，以免誤差放大】

3. 取出試管置試管架上，使溶液自然冷卻，同時將溫度計置試管之硝酸鉀溶液中，緩慢攪拌（增加粒子碰撞機會，須注意：切勿用力以免溫度計破裂），觀察晶體析出時之溫度（T1℃），記錄之（此時爲硝酸鉀飽和溶液）。【註 5：溶解度爲：8.0g KNO_3/5.0g H_2O（T_1℃）= 160.0g KNO_3/100.0g H_2O（T_1℃）】

4. 再於步驟 3. 之試管中，另外再加入 1cc 之水，重複步驟 2.、3.（燒杯中之熱水可重複使用），觀察並記錄晶體析出時之溫度（T_2℃）。【註 6：溶解度爲：8.0g KNO_3/6.0g H_2O（T_2℃）= 133.3g KNO_3/100g H_2O（T_2℃）】

5. 再於步驟 4. 之試管中，另外再加入 1cc 之水，重複步驟 2.、3.，觀察並記錄晶體析出時之溫度（T_3℃）。【註 7：溶解度爲：8.0g KNO_3/7.0g H_2O（T_3℃）= 114.3g KNO_3/100g H_2O（T_3℃）】

6. 再於步驟 5. 之試管中，另外再加入 1cc 之水，重複步驟 2.、3.，觀察並記錄晶體析出時之溫度（T_4℃）。【註 8：溶解度爲：8.0g KNO_3/8.0g H_2O（T4℃）= 100.0g KNO_3/100g H_2O（T_4℃）】

7. 再於步驟 6. 之試管中，另外再加入 2cc 之水，重複步驟 2.、3.，觀察並記錄晶體析出時之溫度（T_5℃）。【註 9：溶解度爲：8.0g KNO_3/10.0g H_2O（T_5℃）= 80.0g KNO_3/100g H_2O（T_5℃）】

8. 再於步驟 7. 之試管中，另外再加入 2cc 之水，重複步驟 2.、3.，觀察並記錄晶體析出時

之溫度（T_6℃）。【註 10：溶解度為：8.0g KNO_3/12.0g H_2O（T_6℃）= 66.7g KNO_3/100g H_2O（T_6℃）】

9. 實驗結果記錄與計算

溶解8.0g KNO_3 水之質量(g)	溶解度單位1 （X g KNO_3/100g H_2O）	溶解度單位2 （Y mole KNO_3/kg H_2O）	晶體析出時之溫度（T℃）
A. 5.0	160.0	15.82	T_1 =
B. 5.0 + 1.0 = 6.0			T_2 =
C. 6.0 + 1.0 = 7.0			T_3 =
D. 7.0 + 1.0 = 8.0			T_4 =
E. 8.0 + 2.0 = 10.0			T_5 =
F. 10.0 + 2.0 = 12.0			T_6 =
【註11】溶解度單位轉換例：8.0g KNO_3/5.0g H_2O = X(g KNO_3/100g H_2O) = Y(mole KNO_3/kg H_2O) 解：KNO_3莫耳質量 = 39.10 + 14.01 + 16.00×3 = 101.11(g/mole)　(1)8.0g KNO_3/5.0g H_2O = X g KNO_3/100.0g H_2O　　X = 160.0(g KNO_3/100g H_2O)　(2)Y = 8.0g KNO_3/5.0g H_2O = (8.0/101.11)mole KNO_3/(5.0/1000)kg H_2O = 15.82(mole KNO_3/kg H_2O)　　或Y = 160.0g KNO_3/100g H_2O = (160.0/101.11)mole KNO_3/(100/1000)kg H_2O = 15.82(mole KNO_3/kg H_2O)			

10. 繪製硝酸鉀（KNO_3）之溫度（X 軸）－溶解度（Y 軸）曲線於方格紙

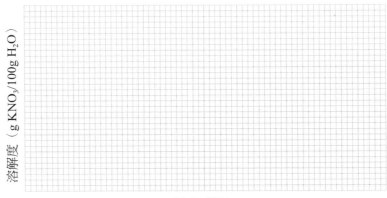

縱軸：溶解度（g KNO_3/100g H_2O）　橫軸：溫度（℃）

【註 12】 上述實驗方法較節省硝酸鉀（KNO_3）用量，但因加熱過程水分會蒸發，易累積並放大溶解度計算之誤差。亦可以下述方法進行實驗（誤差較小）：取 4 支試管，分別加入 5.0cc 水；再分別秤取硝酸鉀各 2.0、4.0、6.0、8.0g，依序加入各試管中；依實驗步驟（一)2.、（一)3. 分別進行實驗，觀察並記錄晶體析出時之溫度（T℃）；即可得硝酸鉀於水中溫度（T℃）與溶解度（S）之關係。

水之質量（g）	溶解KNO_3量（g）	（換算）溶解度 $(X \text{ g } KNO_3 / 100g \text{ } H_2O)$	晶體析出時之溫度（T℃）
5.0	2.0	40.0	$T_1 =$
5.0	4.0	80.0	$T_2 =$
5.0	6.0	120.0	$T_3 =$
5.0	8.0	160.0	$T_4 =$

【註13】溶解度單位轉換例：$2.0g \text{ } KNO_3 / 5.0g \text{ } H_2O = X(g \text{ } KNO_3/100g \text{ } H_2O)$
解：$2.0g \text{ } KNO_3 / 5.0g \text{ } H_2O = X \text{ g } KNO_3/100g \text{ } H_2O$
　　$X = 40.0$〔即溶解度為：$40.0 \text{ g } KNO_3/100g \text{ } H_2O$〕

(二)再結晶法精製回收硝酸鉀

1. 將實驗 (一) 試管中之硝酸鉀溶液倒入小燒杯，加熱（水浴）使溶解。
2. 將小燒杯置冰水浴中冷卻，觀察有否（硝酸鉀）結晶析出。
3. 備濾紙一張，秤重，記錄之。
4. 將濾紙置漏斗上，取步驟 2. 小燒杯（含有硝酸鉀結晶之溶液）過濾之（重力過濾或抽氣減壓過濾皆可）；另取塑膠滴管吸取濾液淋洗小燒杯中之殘留物，使過濾。
5. 將含有硝酸鉀結晶之（濕）濾紙置入 103～105℃烘箱烘乾之，取出置乾燥器中冷卻後秤重，記錄之。
6. 計算硝酸鉀之回收率。
7. 硝酸鉀結晶回收再利用，含硝酸鉀廢液置無機廢液桶集中收集貯存。
8. 實驗結果記錄與計算

項　　目	結果記錄與計算
A.原硝酸鉀溶液中硝酸鉀之初始重量w_0(g)	
B.濾紙空重(g)	
C.烘乾後（濾紙＋硝酸鉀晶體）重(g)	
D.烘乾後硝酸鉀晶體重w_1(g)	
E.硝酸鉀回收率（%）＝$(w_1/w_0) \times 100\%$　【$(D/A) \times 100\%$】	

9. 含硝酸鉀廢液貯存於無機廢液桶待處理，硝酸鉀結晶回收再用。

五、心得與討論：

實驗 20：手工香皂之製作

一、目的

(一) 了解油、脂之化學組成。

(二) 了解皂化反應。

(三) 了解肥皂配方之計算。

(四) 練習製作手工香皂。

二、相關知識

(一)油、脂概說

「油（oils）」、「脂肪（fats）」於化學上皆屬「酯類」，即油與脂肪皆爲「脂肪酸的甘油酯」；植物油和動物性脂肪之主要成分爲「三酸甘油酯」；於常溫時「脂肪酸甘油酯」呈液態者，稱爲油，呈固態者，稱爲脂肪；於化學性質上其皆屬相似者。以化學通式表示如下：

脂肪酸 + 甘油（丙三醇）→脂肪酸甘油酯（油或脂肪）+ 水

$3R\text{-}COOH + C_3H_5(OH)_3 \rightarrow C_3H_5\text{-}(OOCR)_3$〔油或脂肪〕$+ 3H_2O$

脂肪酸甘油酯（油或脂肪）中之脂肪酸（fatty acid，R-COOH）可能皆相同，亦可能各不相同。

脂肪酸爲一類長鏈的羧酸，或爲飽和（沒有雙鍵）或爲不飽和（帶有雙鍵），多爲直鏈（直鏈飽和脂肪酸通式爲：$C_nH_{2n+1}COOH$），亦有支鏈。表 1 例舉出某些「油或脂肪」所含有的「酸」及其來源。

表 1：某些「油或脂肪」所含有的「酸」及其來源（參考文獻 11.）

名稱	分子式	來源
丁酸	C_3H_7COOH	牛油
己酸	$C_5H_{11}COOH$	牛油、椰子油
辛酸	$C_7H_{15}COOH$	牛油、棕櫚油
癸酸	$C_9H_{19}COOH$	椰子油
月桂酸	$C_{11}H_{23}COOH$	椰子油、鯨腦
棕櫚酸（軟脂酸）	$C_{15}H_{31}COOH$	棕櫚油、動物脂肪
硬脂酸	$C_{17}H_{35}COOH$	動植物油與脂肪
花生酸	$C_{20}H_{40}O_2$	花生油
油酸	$C_{18}H_{34}O_2(C_{17}H_{33}COOH)$	動植物油與脂肪
亞油酸	$C_{18}H_{32}O_2(C_{17}H_{31}COOH)$	棉籽油

　　另於各種油與脂肪中所含主要脂肪酸之相對含量亦大不相同，表 2 例舉出某些「油或脂肪」所含有的「酸」之相對含量。

表 2：某些「油或脂肪」所含有的「酸」之相對含量（參考文獻 11.）

名稱	油酸	亞油酸	亞　酸	硬脂酸	肉豆蔻酸	棕櫚酸	花生酸
牛油	27.4	—	—	11.4	22.6	22.6	—
羊脂	36.0	4.3	—	30.5	4.6	24.6	—
橄欖油	84.4	4.6	—	2.3	微量	6.9	0.1
棕櫚油	38.4	10.7	—	4.2	1.1	41.1	—
花生油	60.6	21.6	—	4.9	—	6.3	3.3
大豆油	32.0	49.3	2.2	4.2	—	6.5	0.7

(二)皂化反應

　　「肥皂（soaps）」之製作，係經由「皂化反應（saponification）」製成，皂化反應為：脂肪酸甘油酯（油或脂肪）與強鹼〔氫氧化鈉 NaOH 或氫氧化鉀 KOH〕加水混合作用，被水解為脂肪酸（羧酸）與甘油（丙三醇）；生成之脂肪酸（羧酸）再被鹼所中和，得到高級脂肪酸的鈉（或鉀）鹽（肥皂），而使反應完全。反應表示如下：

　　油、脂肪 + 水 + 氫氧化鈉→皂鹽（脂肪酸的鈉鹽）+ 甘油（丙三醇）

　　$(CH_2OOCR)(CHOOCR)(CH_2OOCR) + 3NaOH \rightarrow 3RCOONa + C_3H_5(OH)_3$

其中 R- 基可能相同，亦可能不同，但生成之 R-COONa 都可以做肥皂。

例如：

　　三硬脂精（三硬脂酸甘油酯、三 - 十八酸甘油酯）+ 水→硬脂酸 + 甘油

　　硬脂酸 + 氫氧化鈉→硬脂酸鈉 + 水

化學反應方程式如下：

$$
\begin{array}{l}
\quad\quad\quad \overset{O}{\overset{\|}{}} \\
CH_2O\!-\!C\!-\!CH_2(CH_2)_{15}CH_3 \\
\mid \quad\quad O \\
\mid \quad\quad \| \\
CHO\!-\!C\!-\!CH_2(CH_2)_{15}CH_3 + 3H_2O \rightarrow 3C_{17}H_{35}COOH + C_3H_5(OH)_3 \\
\mid \quad\quad O \quad\quad\quad\quad\quad （水）（硬脂酸或十八酸）（甘油）\\
\mid \quad\quad \| \\
CH_2O\!-\!C\!-\!CH_2(CH_2)_{15}CH_3 \\
\quad\quad （三硬脂精）
\end{array}
$$

$C_{17}H_{35}COOH + NaOH \rightarrow C_{17}H_{35}COONa + H_2O$

（硬脂酸）（氫氧化鈉）（硬脂酸鈉）　（水）

　　以油脂、混合氫氧化鈉、水所製作成的皂，稱之「冷製皂」。由化學反應式中可知油脂、氫氧化鈉、水為製皂之原料，只需氫氧化鈉秤量適當正確，能夠與油脂完全反應，則反應完成後的成品即為：肥皂＋甘油；即無氫氧化鈉之殘留。

　　皂化反應將油或脂肪分解成皂鹽〔脂肪酸的鈉（或鉀）鹽〕與甘油；皂鹽（例如：硬脂酸鈉 $C_{17}H_{35}COONa$）分子具親水基與疏水基，屬界面活性劑之一種，具清潔油污之能力；甘油為一種保濕劑，能使肌膚滋潤不乾澀。

　　肥皂之特性視所使用油或脂肪之種類而定，牛油、棉子油被用於製造低級肥皂；椰子油被用於製造化妝用肥皂；手工肥皂則以橄欖油、棕櫚油、椰子油等，加上氫氧化鈉溶液，調配於一定比例快速拌勻，再加入精油或香精後，倒入模型中，則成滋潤肌膚的手工香皂。

　　一般肥皂之主要成分多為硬脂酸鈉（$C_{17}H_{35}COONa$），於其中若加入染料和香料，即成有顏色、香味之香皂；若加入藥物〔如硼酸（H_3BO_3）、甲酚（$CH_3C_6H_4OH$，cresol）或石碳酸（C_6H_5OH，phenol，苯酚）〕，即成藥皂。【註 1：藥皂添加之藥物皆為有毒害之化學品，切勿自行任意添加。】

1. 氫氧化鈉量之計算

　　「氫氧化鈉」之用量關乎手工肥（香）皂製作之成敗，「加鹼」過量則有殘留，致成皂呈強鹼性，將傷害肌膚；但若「減鹼」過量，氫氧化鈉完全（皂化）反應，則有油脂殘留（成品較滋潤不乾澀），致成皂過軟或容易出油酸敗。故於設計皂基配方時，如何計算出適當之氫氧化鈉用量極為重要。肥皂之酸鹼性可以 pH 值測試，可判斷水溶液呈酸性或鹼性；pH＝7 為中性，pH＞7 為鹼性，pH＜7 為酸性。測試肥皂 pH 值之簡易方法為：將肥皂表面以水潤濕，或加水將肥皂搓出泡沫來，再使用「廣用試紙」測之，觀察試紙呈色再與標準顏色比較即得。若肥皂之 pH 值在 7～9 之間，即可使用；若 pH 值過高，則呈強鹼性，使用恐傷害肌膚。

　　依油脂種類不同，所需之氫氧化鈉用量亦不同，需視油脂之「皂化值（Saponification Value，SAP Value，皂化價）」以決定氫氧化鉀（鈉）之用量。「皂化值」即中和並皂化 1 克油脂所需要「氫氧化鉀」之毫克數。表 3 為各種油脂之皂化值（價）；其中 NaOH 是製作冷製皂（手工皂，固體皂）時使用，KOH 是製作液體皂時使用。【註 2：「冷製皂」係以油脂混和氫氧化鈉及水所製成之皂，完成後的成品稱為「冷製皂」，至少需放置 3 週以上，俟皂的鹼性下降，熟成後方能使用。】

表 3：各種油脂之皂化值（價）及 INS 值（參考文獻 12、13、14、15、17、18）

油脂種類	英文名	氫氧化鈉皂化值(mg NaOH/g油)	氫氧化鉀皂化值(mg KOH/g油)	INS 值	油脂種類	英文名	氫氧化鈉皂化值(mg NaOH/g油)	氫氧化鉀皂化值(mg KOH/g油)	INS 值
椰子油	Coconut Oil	190.0	266.0	258	小麥胚芽油	Wheatgerm Oil	131.0	183.4	58
棕櫚油	Palm Oil	141.0	197.4	145	玫瑰果籽油	Rosehip Oil	137.8	193.0	16
棕櫚脂	Palm Butter	156.0	218.4	183	杏桃核油	Apricot Kernel Oil	135.4	189.0	91
棕櫚核油	Palm Kernel Oil	156.0	218.4	227	巴西核果油	Babasu, Brazil Nut	175.0	245.0	230
橄欖油	Olive Oil	134.0	187.6	109	大豆油	Soybean Oil	135.0	189.0	61
葵花籽油	Sunflower Seed Oil	134.0	187.6	63	玉米油	Corn Oil	136.0	190.4	69
蓖麻油	Castor Oil	128.6	180.0	95	棉籽油	Cottonseed Oil	138.6	194.0	89
芥花籽油	Canola	128.0	179.2	56	夏威夷核果油	Kukui Nut Oil	135.0	189.0	24
芥花籽油	Canola Ⅰ (Org)	132.4	185.3	56	水蜜桃核仁油	Peach Kernel Oil	137.0	191.8	96
芥花籽油	Canola Ⅱ (Jpn)	124.0	173.6	56	開心果油	Pistachio Nut Oil	132.8	186.3	92
白油	Shortening (veg.)	136.0	190.4	115	南瓜籽油	Pumpkin seed Oil	133.1	186.3	67
花生油	Peanut Oil	136.0	190.4	99	苧麻油	Ramic Oil	124.0	173.6	56
葡萄籽油	Grapeseed Oil	126.5	177.1	66	油菜花籽油	Rapeseed Oil	124.0	173.6	56
芝麻油	Sesame Oil	133.0	186.2	81	紅花籽油	Safflower	136.0	190.4	47
米糠油	Rice Bran Oil	128.0	179.2	70	核桃油	Walnut Oil	135.3	189.4	45
甜杏仁油	Sweet Almond Oil	136.0	190.4	97	亞麻籽油	Flaxseed Oil	135.7	189.9	-6
蜜(蜂)蠟	Beeswax	69.0	96.6	84	硬脂酸	Stearic Acid	141.2	198.0	196
乳油木果脂	Shea Butter	128.0	179.2	116	棕櫚硬脂酸	Palm Stearic	141.0	197.7	157
酪梨油	Avocado Oil	133.0	186.2	99	芒果油	Mango Oil	128.0	179.2	120

（續下表）

可可脂	Cocoa Butter	137.0	191.8	157	芒果脂	Mango Butter	137.1	192.0	146
榛果油	Hazelnut Oil	135.6	189.8	94	山茶花油（苦茶油）	Camellia Oil	136.2	191.0	108
月見草油	Evening Primrose Oil	135.7	190.0	30	牛油、牛脂	Butterfat, Cow	161.9	226.6	191
大麻籽油	Hempseed Oil	134.5	183.3	39	牛油、牛脂	Tallow	143.0	200.6	147
荷荷芭油	Jojoba Oil	69.0	96.6	11	豬油	Lard Fat	141.0	197.8	139
澳洲胡桃油	Macadamia Oil	139.0	194.6	119	羊毛脂	Lanolin	74.1	103.7	83

【註3】各種油脂之皂化價會因產地、製程不同而有差異，或取平均值為參考；本表參考時須注意：1. 中英文名稱是否相符，2. 原料之產地、純度、成分、等級、規格、不純物與用途，3. 相關數值之正確性。應由供貨商處取得正確之資訊。

例1：硬脂酸（Stearic Acid）化學式為$C_{17}H_{35}COOH$，試計算其氫氧化鈉皂化值為？（mg NaOH/g油）

解：$C_{17}H_{35}COOH$莫耳質量 $= 17 \times 12.01 + 35 \times 1.008 + 2 \times 16.00 + 1.008 = 284.468$(g/mole)

NaOH莫耳質量 $= 22.99 + 16.00 + 1.008 = 39.998$(g/mole)

設1g之$C_{17}H_{35}COOH$可與x g之NaOH反應，則

$C_{17}H_{35}COOH + NaOH \rightarrow C_{17}H_{35}COONa + H_2O$

$$\frac{1}{(1/284.468)} = \frac{1}{(x/39.998)}$$

x = 0.1406(g) = 140.6(mg)

氫氧化鈉皂化值 = 0.1406(g NaOH/g $C_{17}H_{35}COOH$) = 140.6(mg NaOH/g $C_{17}H_{35}COOH$)

NaOH 之皂化值與 KOH 之皂化值可互相轉換，即

NaOH 之皂化值（mg NaOH/g 油）

= （39.998/56.108）×KOH 之皂化值（mg KOH/g 油）

= 0.713×KOH 之皂化值（mg KOH/g 油）

或

KOH 之皂化值（mg KOH/g 油）= 1.403×NaOH 之皂化值（mg NaOH/g 油）

例2：已知甜杏仁油的皂化價為190.4（mg KOH/g甜杏仁油），則為？（mg NaOH/g甜杏仁油）

解：KOH莫耳質量 = 39.10 + 16.00 + 1.008 = 56.108(g/mole)

NaOH莫耳質量 = 22.99 + 16.00 + 1.008 = 39.998(g/mole)

則 （39.998/56.108）×190.4 （mg KOH/g甜杏仁油）= 135.8 （mg NaOH/g甜杏仁油）

(1)手工皂理論氫氧化鈉用量之計算

理論氫氧化鈉用量 = 各油脂重量與各油脂之皂化價乘積的總和

A. 單一油脂：

所需理論 NaOH 的重量 = 油脂重量 × 油脂之皂化價

B. 多種油脂：

所需理論 NaOH 的總重量 = A 油脂重量 ×A 油脂之皂化價 + B 油脂重量 ×B 油脂之皂化價 + …

例3：椰子油皂化值為190.0，即1g椰子油需190.0mg(=0.1900g)NaOH行皂化反應；100g椰子油需19000.0mg(= 19.00g)NaOH行皂化反應。

---

2. 肥皂軟硬程度之評估計算（INS值，Iodine Number Saponification Value）

各種油脂之「INS」值會影響成皂之軟硬度，「INS」值用來評估手工皂完成後之軟硬度。一般而言：軟油越多，INS 值越低，成皂會越軟；INS 值越高，成皂會越硬。過軟或過硬的肥皂都不適合使用，於作皂之前，需先了解各別油脂之 INS 值，並計算該皂油脂配比之 INS 值是否適當，以評估成皂的軟硬度是否恰當。一般建議 INS 值在 120～170 為可被接受之硬度。

表 3 為各種油脂之 INS 值。須注意者，INS 值係一參考值，成皂的硬度與水分蒸發程度有關，藉由 INS 值，可以預測肥皂完成後之軟硬程度，減少失敗之機率。

皂基配方之 INS 值計算公式：

皂基配方之 INS 值 = ∑（個別油脂之 INS 值 × 個別油脂所占皂基比例）

= ∑〔個別油脂之 INS 值 ×（個別油脂重量 / 全部油脂總重量）〕

= A 油脂之 INS 值 ×A 油脂比例 + B 油脂之 INS 值 ×B 油脂比例 + …

例4：皂基配方：橄欖油250g（INS值 = 109）、椰子油150g（INS值 = 258）、棕櫚油100g（INS值 =145）；試計算皂基配方之INS值為？

解：全部油脂總重量 = 250 + 150 + 100 = 500(g)

混合後皂基之INS值 = 109×(250/500) + 258×(150/500) + 145×(100/500) = 160.9

（介於120～170間，可接受）

例5：皂基配方：椰子油400g（INS值 = 258）、橄欖油100g（INS值 = 109）；試計算皂基配方之INS值為？

解：全部油脂總重量 = 400 + 100 = 500(g)

混合後皂基之INS值 = 258×(400/500) + 109×(100/500) = 228.2

（大於170，過硬；本配方適於家事用皂，因要求清潔力強，故皂基之INS值超過一般身體使用之範圍。若使用於身體，則需重新評估INS值。）

---

3. 水量的估算

皂化反應中，需要的水量與配方中使用油脂種類有關，例如較堅硬之純椰子油製之皂水量需求會較多；但過多的水量，於熟成過程將使成品硬化得較慢，不足之水量可能使皂化反

應不均勻；又水量之多寡亦會影響倒模時之體積及皂體脫模乾燥後體積之收縮程度。然若配方之油脂量和氫氧化鈉重量比例適當，些許之水量差異對成品影響不大。

又因鹼（氫氧化鈉）有不足量之添加（鹼化率%）方式，如表4所示，故所需水量亦需隨之調整。

表4：鹼（氫氧化鈉）有不足量之添加（鹼化率%）（參考文獻 15.）

鹼化率（＝）	說　明
100	為皂化反應之理論需鹼（NaOH）量；適用於製作「超脂皂」，即調製好之皂液於倒模前，額外加入一些油脂（建議額外添加量，不超過參與反應配方油重量之6%），此油脂是不參與反應的，於計算氫氧化鈉用量時不予計算，通常此類油脂為高貴的油品，期望其直接被包覆於肥皂內，使用時可使肌膚產生滋潤感，表現出油脂之特性。
95	適用油性膚質，即加鹼量為理論量之95%，使少部分油脂未皂化。
90	適用一般膚質，即加鹼量為理論量之90%，使部分油脂未皂化。
85	適用乾性膚質，即加鹼量為理論量之85%，使較多之油脂未皂化。

皂化反應所需水量之估算方法頗多，本文採固定氫氧化鈉溶液之濃度，僅需算出（理論）氫氧化鈉用量即可算出所需水量。以下有2種建議算法：

(1) 建議算法1：

調配氫氧化鈉溶液之重量體積百分濃度（w/v）為30%，即每100cc氫氧化鈉溶液中含有氫氧化鈉30g。〔秤取30g NaOH加入水中，使最終溶液體積為100cc即是。需注意者，水量非為100cc，而是溶液（水＋氫氧化鈉）之體積為100cc。〕

計算如下：

〔理論氫氧化鈉重量（g）× 鹼化率〕/ 溶液體積（cc）＝ 30（g NaOH）/ 100（cc 溶液）

(2) 建議算法2：

調配氫氧化鈉溶液為：每100cc水中加入35g氫氧化鈉。

計算如下：

〔理論氫氧化鈉重量（g）× 鹼化率〕/ 水體積（cc）＝ 35（g NaOH）/ 100（cc 水）

加水量係為參考值，適合之水量仍應依（個人）經驗來調整水量。

可製皂之油脂（性質及成分）種類繁多，油脂種類決定了肥皂成品之特性和質感。拜網路發達之賜，製皂之各種油脂特性可由網路查得，可依個人需求及喜好，決定配方中油脂種類及比例，為個人製作專屬的手工皂。

例6：改%良式馬賽皂配方（重量百分比）如下：

　　橄欖油72%，橄欖油NaOH皂化價 = 134.0（mg NaOH/g油）、INS值 = 109。

　　椰子油18%，椰子油NaOH皂化價 = 190.0（mg NaOH/g油）、INS值 = 258。

　　可可脂10%，可可脂NaOH皂化價 = 137.0（mg NaOH/g油）、INS值 = 157。

(1)試計算此配方油脂之NaOH皂化價為？（mg NaOH/g油）

解：$(0.72 \times 134.0) + (0.18 \times 190.0) + (0.10 \times 137.0) = 144.4$（mg NaOH/g油）

(2)若配方總油脂為500g，則行皂化反應理論所需氫氧化鈉量為？（g）

解：理論所需氫氧化鈉量 = 500（g油）$\times$ 144.4（mg NaOH/g油）= 72200 (mg NaOH) = 72.2(g NaOH)

(3)假設所提供之氫氧化鈉純度為95.0%（其餘5%為不純物），則實際需要量為？(g)

解：設實際需要（純度95.0%）氫氧化鈉量為w(g)，則

　　$72.2 = w \times 95.0\%$

　　$w = 76.0(g)$

例7：試計算前例皂基配方之INS值為？

解：$(0.72 \times 109) + (0.18 \times 258) + (0.10 \times 153) = 140.22$（介於120～170間，可接受）

例8：試計算前例皂基配方所需之水量為？（g或cc）

解：

方法1：調配氫氧化鈉溶液之重量體積百分濃度(w/v)為30%

鹼化率 100%	鹼化率 90%
設所需「溶液」體積為V(cc) $(72.2 \times 100\%)/V = 30/100$ $V \doteqdot 241$（cc溶液） 即秤取純度95.0%氫氧化鈉76.0g加入水中，使溶液最終體積為241cc即是。	設所需「溶液」體積為V(cc) $(72.2 \times 90\%)/V = 30/100$ $V \doteqdot 217$（cc溶液） 即秤取純度95.0% 氫氧化鈉76.0g加入水中，使溶液最終體積為217cc即是。

方法2：調配氫氧化鈉溶液濃度為：每100cc水中加入35g氫氧化鈉

鹼化率 100%	鹼化率 90%
設所需「水」體積為V(cc) $(72.2 \times 100\%)/V = 35/100$ $V \doteqdot 206$（cc水） 即秤取純度95.0% 氫氧化鈉76.0g加入206cc水中，即是。	設所需「水」體積為V(cc) $(72.2 \times 90\%)/V = 35/100$ $V \doteqdot 185$（cc水） 即秤取純度95.0% 氫氧化鈉76.0g加入185cc水中，即是。
驗算：已知（純）氫氧化鈉密度為2.13g/cm³，則 　72.2g之氫氧化鈉體積 = 72.2/2.13 $\doteqdot$ 34(cm³) 則溶液體積 = 206 + 34 = 240(cc) 註：假設體積具有加成性，不純物體積忽略不計。	**驗算**：已知（純）氫氧化鈉密度為2.13g/cm³，則 　72.2g之氫氧化鈉體積 = 72.2/2.13 $\doteqdot$ 34(cm³) 則溶液體積 = 185 + 34 = 219(cc) 註：假設體積具有加成性，不純物體積忽略不計。

4. 其他添加物

(1) 耐鹼性水性色素：調色用。

(2) 香精：調香味用。

(3) 精油：如玫瑰、洋甘菊、薰衣草、羅勒、檸檬、茉莉、香茅、… 等；或有特殊氣味、成分及適用膚質，添加於手工皂者，其主要「功效」係為清潔潤（護）膚，而非食用、

治療之功效。

(4) 乾燥植物：裝飾用。

(5) 礦物粉：磨砂去角質用。

(6) 基礎油：又稱基底油，如甜杏仁油、葡萄籽油、月見草油、杏桃核仁油、酪梨油、…等，或有特殊氣味、成分及適用膚質，添加於手工皂者，其主要「功效」係為清潔潤（護）膚，而非食用、治療之功效。添加比例需視油脂種類性質並配合鹼化率調整（鹼化率高，可稍多；鹼化率低，應減少），不宜過多，以免成皂出（過）油，易酸敗不易保存。

三、器材與藥品

(一)材料：

1. 椰子油：17.0g。

2. 葵花籽油：17.0g。

3. 棕櫚油：11.4g。

4. 理論氫氧化鈉：【註 4：鹼化率請自行擇一即可；假設氫氧化鈉純度為 99%。】

   (1)7.1g NaOH（鹼化率 = 100%）

   (2)6.8g NaOH（鹼化率 = 95%）。

5. 水：20.3cc（鹼化率 = 100%）；19.4cc（鹼化率 = 95%）。

6. 基礎油：1%（可加可不加；如橄欖油、甜杏仁油、葡萄籽油、月見草油、酪梨油、乳油木果脂、胡桃油、榛果油、水蜜桃核仁油、荷荷芭油…等。）。

7. 耐鹼性水性色素：少許（調色用，可加可不加；不建議使用）。

8. 精油：少許（可加可不加）。

9. 香精：少許（可加可不加；不建議使用）。

10. 乾燥植物（裝飾品）：少許（可加可不加）。

11. 礦物粉：少許（可加可不加）。

(二)器材：

1. 溫度計 2 支（一支測油脂溫度、一支測鹼水溫度）。

2. 不鏽鋼鍋 2 個。

3. 塑膠或玻璃量杯（用來量水）。

4. 耐熱玻璃容器（裝鹼水用）。

5. 攪拌用具：不鏽鋼湯匙、玻璃攪拌棒、竹棒或木棒 1 支或電動攪拌器（慢速）。

6. 秤（秤量至 0.01 克）。

7. 模型：100～250～500cc 容器皆可，如鋁箔包紙盒、鮮奶紙盒、洋芋片盒、布丁盒、果凍盒、小塑膠碗杯、豆腐盒、餅乾盒、PVC 皂模、矽膠皂模。

8. 羊皮紙或牛皮紙：用來鋪在模子上（做蛋糕用之羊皮紙或牛皮紙）。

9. 乳膠手套。

10. 加熱器：本生燈、瓦斯爐或電磁爐。

四、實驗步驟與結果〔冷製法（Cold Process）手工香皂的製作〕

(一)評估

A.配方油總量(g)	（椰子油17.0g）＋（葵花籽油17.0g）＋（棕櫚油11.4g）＝ 45.4(g)		
B.皂化價（mg NaOH/g油）	椰子油 ＝ 190.0	葵花籽油 ＝ 134.0	棕櫚油 ＝ 141.0
C.【鹼化率＝100%】皂基所需理論氫氧化鈉量（g NaOH）	$(17.0 \times 190.0) + (17.0 \times 134.0) + (11.4 \times 141.0)$ ＝ 7115.4(mg NaOH) ＝ 7.1154(g NaOH) ≒ 7.1(g NaOH)		
D.【鹼化率＝95%】皂基所需理論氫氧化鈉量（g NaOH）	$7.1154 \times 95\% = 6.7596 ≒ 6.8$(g NaOH)		
E.INS值	椰子油 ＝ 258	葵花子油 ＝ 63	棕櫚油 ＝ 145
F.皂基軟硬程度之評估（INS值：120～170）	$(17.0/45.4) \times 258 + (17.0/45.4) \times 63 + (11.4/45.4) \times 145$ ＝ 156.6（介於120～170間，可接受）		
G.水量評估（調配氫氧化鈉溶液濃度為：每100cc水中加入35g氫氧化鈉）	鹼化率＝100%	設所需「水」體積為V(cc) $7.1/V = 35/100$ V≒20.3（cc水）	
	鹼化率＝95%	設所需「水」體積為V(cc) $6.76/V = 35/100$ V≒19.4（cc水）	

【註5：鹼化率請自行擇一即可。】

(二)製皂

1. 製作鹼水：於空氣流通處，將稱好之氫氧化鈉（依鹼化率計算結果，請自行擇一即可）分次少量緩慢倒入冷水中（耐110℃塑膠或不鏽鋼容器），緩緩攪拌使溶解作成鹼水（此時水溫會急速上昇並產生氣體，請注意並勿吸入）；將攪拌溶解完成之鹼水靜置，於室溫降溫，並隨時以溫度計測量溫度，降溫至約45～50℃。【註6：注意：切勿直接將水加入氫氧化鈉中，以避免劇烈反應、噴濺造成危險。氫氧化鈉為強鹼之腐蝕性化學品，應分次少量將氫氧化鈉慢慢置入水中，以免引起劇烈放熱反應，會使溶液溫度上升，操作時最好戴口罩與手套，於通風處操作，避免直接接觸皮膚、眼睛及呼吸道，如不小心濺到，應盡快以大量清水沖洗。另攪拌初始可見鹼煙冒出，應避免吸入。】

2. 混合油脂：將配方中所有油脂（椰子油 + 葵花籽油 + 棕櫚油）於不鏽鋼鍋（或燒杯）中混合。

3. 加熱、融化油脂：若油脂呈固態，將油脂以微火加熱（或隔水加熱）至約 45～50℃，至完全融化混合均勻爲止。

4. 混合鹼水與油脂：（停止加熱）將鹼水緩緩加入液態油脂中，以（電動）攪拌器或玻棒持續攪拌，注意勿使皂液四處飛濺，直至皂液呈黏稠狀；一般攪拌約 10～20～30～40 分鐘可呈黏稠狀。【註 7：皂基混合時不同種類的油脂及配比，攪拌達到濃稠狀所需的時間亦不相同，例如配方中若有橄欖油則需較長攪拌時間。】

5. 攪拌至濃稠狀：直到鹼水和油脂完全融合爲乳化皂液，狀似美奶滋般濃稠，以攪拌器劃過表面會留下明顯痕跡爲止。皂液若沒完全混合，靜置觀察會出現分層（表面有一層油），即需繼續攪拌至完全融合爲止。【註 8：此即爲「皂基」，爲一種做肥皂的基礎原料，僅將油脂與氫氧化鈉、水混合，行皂化反應而得，無其他添加物所做成的皂。一般皂基大多使用椰子油、棕櫚油製成】

6. 可加入約 1% 的基礎油（依油性或乾性肌膚調整基礎油比例）。【註 9：基礎油可加亦可不加，此油不參與皂化反應，爲功能性油，滋潤肌膚用；各種油之特性可上網搜尋。】

7. 加入添加物：如欲加入其它材料如：耐鹼性水性色素（調色）、（幾滴）香精（香味）、精油、或其他添加物（例如：荷荷芭微粒－增加磨砂及顏色點綴效果或礦泥粉或其它乾燥植物等）。將其加入，再攪拌數下使均勻混合。【註 10：添加物依個人喜好酌量添加，惟不可過多。】

8. 備模：可使用鋁箔包紙盒、鮮奶（紙）盒、布丁盒、豆腐盒等，可在入模前先以刷子塗上一層薄油脂（如白臘油或沙拉油）或將羊皮紙鋪於模子上，會較容易脫模。

9. 入模：將攪拌混合均勻之皂液倒入模型中，上蓋封好保溫（可使用大毛巾或舊衣服，使反應稍快、均勻），靜置隔夜。

10. 脫模：待皂液凝固成形稍硬後，即可脫模；脫模時間視配方不同而有所差異，一般等待約 1～2～3 天較適當。（勿置入冰箱，並避免日光直曬）

11. 切塊、風乾、熟成：若模子中的肥皂成形變硬，將其取出，切割成塊，靜置於乾燥通風處約 3～6 週即可，期間避免陽光直射。切塊時仍需戴手套爲宜，亦可等熟成後再切塊，惟較硬。

12. 手工香皂製成後呈強鹼性，暫勿使用，約待 4～5 週後 pH 值約降至 9；隨放置時間增加，pH 值會慢慢降至 8 左右，呈弱鹼性。【註 11：自然情形下 pH 值不易降至 7，一般市售肥皂大多呈弱鹼性。】

13. 簡易 pH 值測試：將肥皂表面以水潤濕，或加水將肥皂搓出泡沫；使用「廣用試紙」測之，觀察試紙呈色，再與標準顏色比較即得，記錄於下表。【註 12：皂化熟成時間：依配方不同，所需熟成時間亦不同，或需 3 週、或需 6 週，使用前先以廣用（pH）試紙測試之，若於 7～9 之間即可使用。】

時間（天）																
pH值（約）																

五、討論與心得

項　目	結　果	
A.油脂重量（g）	（椰子油17.0g）＋（葵花籽油17.0g）＋（棕櫚油11.4g）＝45.4(g)	
B.理論氫氧化鈉量（g）	7.1g（鹼化率＝100%）	6.8g（鹼化率＝95%）
C.鹼化率（%）	100	95
D.實際氫氧化鈉量（g）		
E.水量（g或cc）	20.3	19.4
(1)pH值之檢討（氫氧化鈉量）		
(2)鹼化率之檢討（出油或乾澀）		
(3)肥皂軟硬程度之檢討（INS值）		
(4)加水量之檢討（原為參考值）〔適合之水量應依經驗來調整〕		
(5)熟成時間之檢討		
(6)洗淨力之檢討		
(7)氣味之檢討		
(8)泡沫多寡、細緻程度		
(9)出油之檢討		
(10)其他之檢討（說明）		

參考文獻

1. Karen C. Timberlake 原著，王正隆、溫雅蘭、陳威全、康雅斐譯，普通化學（第 9 版），學銘圖書有限公司，2008.5.

2. 章裕民，環境工程化學，文京圖書有限公司，1995.1.

3. 維基百科網站，網址：http://zh.wikipedia.org/wiki

4. Vernon L. Snoeyink, David Jenkins, WATER CHERMISTRY，新智出版社有限公司，1980

5. http://host6.wcjhs.tyc.edu.tw/~ta530010/xoops/web4/a3-1.htm

6. 王萬拱、朱穗君、李玉英、林耀堅、邱瑞宇、邱春惠、黃武章、張如燕編著，化學實驗，高立圖書有限公司，2005.9.10.

7. 廖明淵等編著，化學實驗 — 環境保護篇（第 4 版），新文京開發出版股份有限公司，2010.9.25.

8. 石鳳城編著，水質分析與檢測（第 3 版），新文京開發出版股份有限公司，2009.2.25.

9. 侯萬善翻譯，離子交換（原文：USEPA EPA 625/-81-007 June 1981），網址：http://www.ecaa.ntu.edu.tw/weifang/water/%E9%9B%A2%E5%AD%90%E4%BA%A4%E6%8F%9B%E6%A8%B9%E8%84%82.pdf

10. 郭偉明著，圖解化學實驗，全威圖書有限公司，2005.8.10. 初版 2 刷

11. CN. Sawyer, PL. McCarty 原著，謝立生、黃建華譯述，環境工程化學，乾泰圖書有限公司，1985.5.

12. http://lisa-web.myweb.hinet.net/new_page_8.htm（新色調手工香皂坊）

13. http://www.tina520.com/（Tina'S 皂美之旅）

14. http://ame.blogbus.com/logs/5403668.html（手工皂油脂的皂化价与 INS 值）

15. http://far-day.blogspot.com/（香氛花蝶生活館 — 手工香皂研究中心）

16. 互動百科網站，網址：http://www.hudong.com/wiki/

17. http://blog.sina.com.cn/s/blog_5e9bdff50100hkf9.html（新浪博客：手工皂水、油、鹼的量以及 INS 值的計算）

18. http://www.bike9.com/tm07.htm（自製肥皂智庫）

19. 莊麗貞編著，化學實驗 — 生活實用版，新文京開發出版股份有限公司，2002.8.20.

20. http://web.kmsh.tnc.edu.tw/~c2375/t0108.htm（查理與給呂薩克）

21. http://natural.cmsh.tc.edu.tw/senior/chem/h2text/3-3

22. O'Melia, C.R., "Coagulation and Flocculation", Physicochemical Processes for Water Quality Control, W.J.Weber, Jr., ed., John Wiley & Sons, Inc., New York, 1972

23. 國科會高瞻自然科學教學資源平台，網址：http://case.ntu.edu.tw/hs/wordpress/?p=18914；

酸鹼滴定（Acid-Base Titration）、緩衝溶液

24. 黃汝賢、紀長國、吳春生、何俊杰、尤伯卿編著，環工化學，三民書局，1997.2.

國家圖書館出版品預行編目資料

普通化學實驗／石鳳城著. －－初版.
－－臺北市：五南，2013.09
　面；　公分
ISBN 978-957-11-7344-3（平裝）

1. 化學實驗

347.2　　　　　　　　　　　102019060

5BH0

普通化學實驗
Chemical Experiments

作　　　者－ 石鳳城

發 行 人－ 楊榮川

總 編 輯－ 王翠華

主　　　編－ 王正華

責任編輯－ 金明芬

封面設計－ 簡愷立

出 版 者－ 五南圖書出版股份有限公司

地　　　址：106台北市大安區和平東路二段339號4樓

電　　　話：(02)2705-5066　　傳　　真：(02)2706-6100

網　　　址：http://www.wunan.com.tw

電子郵件：wunan@wunan.com.tw

劃撥帳號：01068953

戶　　　名：五南圖書出版股份有限公司

台中市駐區辦公室/台中市中區中山路6號

電　　　話：(04)2223-0891　　傳　　真：(04)2223-3549

高雄市駐區辦公室/高雄市新興區中山一路290號

電　　　話：(07)2358-702　　傳　　真：(07)2350-236

法律顧問　林勝安律師事務所　林勝安律師

出版日期　2013年9月初版一刷

定　　　價　新臺幣300元